U0224724

药学实践教学创新系列教材

总编委会

总 主 编　李校堃　叶发青

总编委会　（按姓氏笔画排序）

仇佩虹　王晓杰　叶发青　叶晓霞

李校堃　林　丹　林　丽　金利泰

胡爱萍　赵应征　高红昌　梁　广

谢自新　董建勇　蔡　琳　潘建春

数字课程（基础版）

生物制药工程 实习实训教程

主编　王晓杰

登录方法：
1. 访问http://abook.hep.com.cn/41739
2. 输入数字课程用户名（见封底明码）、密码
3. 点击"进入课程"

账号自登录之日起一年内有效，过期作废
使用本账号如有任何问题
请发邮件至：medicine@pub.hep.cn

生物制药工程实习实训教程　主编 王晓杰

| 用户名 | 密码 | 验证码 | 0362 | 进入课程 |

内容介绍　　纸质教材　　版权信息　　联系方式

数字课程（基础版）配套了课程对应的PPT和实验技术录像等内容，是对纸质教材的拓展和补充，有利于教师备课，也有利于学生提纲挈领地基本掌握实验原理与操作技能。

使用说明

数字课程网站
网址：http://abook.hep.com.cn/41739
　　　http://abook.edu.com.cn/41739

用户名：输入教材封底的16位明码；密码：刮开"增值服务"涂层，输入16位暗码；输入正确的验证码后，点击"进入课程"开始学习。

相关教材

药物分析模块实验教程
主编 林丽

药剂学模块实验教程
主编 赵应征

大型分析仪器使用教程
主编 高红昌

药学实验室安全教程
主编 林丹 高红昌

生物制药工程实习实训教程
主编 王晓杰

中药学专业基础实验（上册）
主编 仇佩红

高等教育出版社

http://abook.hep.com.cn/41739

▶ 序言

　　《教育部等部门关于进一步加强高校实践育人工作的若干意见》（教思政〔2012〕1号）中指出，实践教学是高校教学工作的重要组成部分，是深化课堂教学的重要环节，是学生获取、掌握知识的重要途径。各高校要全面落实本科专业类教学质量国家标准对实践教学的基本要求，加强实践教学管理，提高实验、实习、实践和毕业设计（论文）质量。此外还指出要把加强实践教学方法改革作为专业建设的重要内容，重点推行基于问题、基于项目、基于案例的教学方法和学习方法，加强综合性实践科目设计和应用。

　　药学是一门实践性很强的学科，药学人才应具备技术覆盖面广、实践能力强的特点。在传统的药学教育中，各门专业课程自成体系，每门课程的实验项目又被分解为许多孤立的操作单元，实验内容缺乏学科间的相互联系。每一个实验项目的针对性比较集中，训练面窄，涉及的知识点单一，很大程度上影响了实验技能训练的系统性，不符合科学技术认识和发展的内在规律。因此，建立科学完善的药学专业实践教学体系具有重要意义。

　　温州医科大学药学院经过多年实践建立了"学校－企业－医院"循环互动培养药学人才的教学模式，结合药学的定位和依托优势学科，充分利用校内外实习实训基地等资源，以培养学生的创新、创业精神和实践能力为目的，加强整合，注重实践，深化改革，建立了药学实践教学创新体系并编写了系列教材。该系列教材具有以下特点：

　　1. 提出了药学教育理念。"厚基础、宽口径、强实践、求创新"是药学高等教育的理念，是药学实践教学创新体系和系列教材的编写必须遵循的教育理念。

　　2. 创建并实践了药学本科专业"三三制"实践教学新体系。药学本科专业"三三制"实践教学新体系的内容是由实验教学、实训实习、科研实践三部分组成，每一部分包括三个阶段内容。实验教学包括基础性实验（四大模块实验）、药学多学科综合性实验和设计性实验；实训实习包括野外见习和企业见习、医院和企业实训、医院和企业实习；科研实践包括开放实验、科技训练和毕业论文三个阶段内容。

3. 构建药学实践教材体系。 为了更好实施药学实践教学创新体系，编写一系列实验、实训、实习教材，包括《药物化学模块实验教程》《药物分析模块实验教程》《药理学模块实验教程》《药剂学模块实验教程》《药学综合性与设计性实验教程》《生物制药综合性与设计性实验教程》《中药学专业基础实验（上册）》《中药学专业基础实验（下册）》《药学毕业实习教程》《生物制药工程实习实训教程》《大型分析仪器使用教程》《药学实验室安全教程》共 12 本教材，包含了基础实验、专业实验、综合性实验、设计性实验、仪器操作及安全和实训实习等内容，该实践教学教材具有系统性和创新性。

4. 坚持五项编写原则。 该系列教材的编写原则主要包括以下五个方面。

（1）"课程整合法"原则。 根据药学专业特点，采用"课程整合法"构建与理论教学有机联系又相对独立的四大模块实验课程。按照学科把相近课程有机地组合起来，避免实验操作和项目的重复。其教学目标是培养学生掌握实验基本理论、基本知识、基本方法、基本技能，以及受到科学素质的基本训练。其教材分别是《药物化学模块实验教程》（专业基础课无机化学实验、有机化学实验和专业课药物化学实验课程整合而成）、《药物分析模块实验教程》（专业基础课分析化学实验、仪器分析实验和专业课药物分析实验、制剂分析实验课程整合而成）、《药剂学模块实验教程》（专业基础课物理化学实验、专业课药剂学和药物动力学实验课程整合而成）和《药理学模块实验教程》（专业课药理学实验、临床药理学实验、毒理学实验课程整合而成）。

（2）课程之间密切联系的原则。 以药物研究为主线，在四个模块完成的基础上开设，是将现代的仪器分析方法和教师新的研究技术引入实验教学中。让学生从实验方法学的角度，理解新药研究全过程，即药物设计—药物合成—结构鉴定—制剂确定—质量控制—药效及安全性评价的一体化实验教学内容。实验教材是《药学综合性与设计性实验教程》。其教学目标是让学生综合应用多门实验课的方法与技能，掌握药学专业各学科的联系，建立药物研究的整体概念，培养学生发现问题、解决问题的能力。

（3）"教学与科研互动"的原则。 促使"科研成果教学化，教学内容研究化"，将教师的科研成果、学科的新技术和新方法、现代实验技术与手段引入到实验教学中。开展自主研究性实验，学生在教师指导下自由选题、查阅文献、设计实验方案、实施操作过程、观察记录数据，分析归纳实验结果，撰写报告。其教学目标是使学生受到科学研究的初步训练，了解科研论文写作过程。

（4）系统性原则。 按照人才培养目标和实验理论、技术自身的系统性、科学性，统筹设计了基础性实验，以此进行基本技能强化训练；再通过多学科知识完成综合性实验，为毕业实习和应用型人才就业打下良好的基础；再进一步开展设计性实验，给定题目，学生自己动手查阅文献，自行设计，独立操作，最后总结。系列实验教材内容由浅入深、循序渐进、相互联系。

（5）坚持"强实践，求创新"的原则。 从学生的学习、就业特点以及综合素质培养出发，构建见习、实训和实习三大平台多样性、立体化的教学体系，以加强学生的实践能力；依托优势学科，通过开放性实验、大学生创新科技训练和毕业论文三阶段循序展开，创建学生科研实践与教学体系。

此外，为了适应时代的需求，也便于学生课外自主学习，本系列教材每本均配有数字课程，数字化资源包括相关图片、视频、教学 PPT、自测题等，有助于提升教学效果，培养学生自主学习的能力。

药学实践教学创新系列教材是由总编委会进行了大量调研的基础上设计完成的。在教材编写过程中，由于时间仓促，涉及交叉学科多，药学实践教学还有一些问题值得探讨和研究，需要在实践中不断总结和发展，因此，错误和不当之处难以避免，恳请专家、同仁和读者提出宝贵意见，以便今后修改、补充和完善。

李校堃　叶发青
2014 年 2 月于温州医科大学

▶ 前言

本教材为"药学实践教学创新系列教材"之一，以实践药学本科专业"三三制"实践教学新体系和"厚基础、宽口径、强实践、求创新"的药学高等教育理念为宗旨编写而成，旨在提高学生自主学习、综合分析和解决较复杂问题的能力，培养学生科学思维和创新思维能力。

熟悉现代生物制药企业生产及检测流程，了解中国及国际生物制药企业 GMP 法规，使大学生更加适应现代生物制药企业对工程化及应用型人才的需求，是《生物制药工程实习实训教程》编写的主要目的。

生物制药工程实习、实训是生物制药应用型人才培养的重要组成部分。生物制药工程实习、实训教学是为了训练和培养学生进行常规生物制药工作的基本能力。根据生物制药工作的实际需要，结合生物制药工程专业教学计划和教学大纲的要求，本书围绕基因工程药物的生产过程，重点介绍了生物制药原液、制剂的生产过程；生物制药质量检验及过程控制要求；生物制药企业公用系统的设计及要求；药品生产质量管理规范，药品注册管理办法及 ICH 和药品国际注册等内容。通过对生物制药技术中的各个环节、各种类型的生物检测项目、检测方法及要求的训练，使学生能够独立按照标准操作规程完成常规生物制药工作。

本教程体现了多门课程、多技术领域的交叉渗透，具有综合性、技术实践性、实用性和可操作性的特点，为学生应用知识、技术和满足岗位需要奠定良好基础。本书适用于生物制药工程专业实习、实训指导，也可作为生物制药企业相关岗位的岗前培训和继续教育的参考书。

本书的编者均具有多年生物制药相关专业的教学和研究经验，特别值得一提的是，为了使本书更具有实践的指导性，部分章节的编写聘请了长春金赛药业股份有限公司、长春生物制品研究所、江苏博发生物技术有限公司、上海新生源医药集团有限公司、厦门北大之路生物工程有限公司等国内外知名生物制药企业高层管理人员，以及美国南加州大学资深抗体药物和神经药物研究员参与编写。在写作过程中，各位编者精诚合作，不断修正，在此对他们的辛勤工作表示由衷的感谢！

由于受水平限制，加上编写时间仓促，书中不足之处在所难免，恳切希望读者给予批评和指正。

王晓杰

2014 年 9 月

目　录

第一章　生物制药原液生产过程及过程控制

第二章　生物制药制剂生产过程及过程控制

第三章　重组技术产品质量检验与控制

第四章 制药企业 HVAC 的设计与要求

第五章 制药企业用汽系统设计与要求

第六章 制药企业工艺气体设计与要求

第七章 制药企业用水系统的设计与要求

第八章 实用法规介绍

第一章

生物制药原液生产过程及过程控制

第一节

常用缓冲溶液的配制

一、缓冲溶液

缓冲溶液(buffer solution)由弱酸及其共轭碱或弱碱及其共轭酸组成,具有一定的 pH,不因稀释或加入少量的酸或碱而明显改变 pH 的溶液。

二、缓冲体系的组成

(1) 弱酸及其盐(如 HAc-$NaAc$,H_3PO_4-Na_2HPO_4)。

(2) 弱碱及其盐($NH_3 \cdot H_2O$-NH_4Cl)。

(3) 多元弱酸的酸式盐及其对应的次级盐(如 NaH_2PO_4 – Na_2HPO_4,$NaHCO_3$ – Na_2CO_3)。

三、缓冲溶液的作用机理

在缓冲溶液中既有质子的接受物质(共轭碱),又有质子的提供物质(酸),所以当溶液中 H^+ 浓度增加时,共轭碱与其反应;当溶液中 H^+ 浓度减少时,酸可以提供质子予以补充,以保持溶液酸度基本不变。

四、缓冲溶液的缓冲容量

当向缓冲溶液中加入强酸溶液的浓度接近其共轭碱浓度,或加入强碱溶液的浓度接近其酸的浓度时,溶液对酸度的抵抗能力就很弱,因而失去缓冲作用。可见缓冲溶液的缓冲作用是有一定限度的。缓冲容量是衡量缓冲溶液缓冲能力大小的尺度。定义为使 1 L 缓冲溶液 pH 增加 1 所需的加入强碱的量,或者使 pH 减少 1 所需的加入强酸的量。缓冲溶液的缓冲容量越大,其缓冲能力越强。缓冲容量的影响因素如下。

(1) 与缓冲溶液的浓度有关。缓冲溶液的浓度大,其缓冲容量也大。

(2) 与缓冲组分浓度比有关。缓冲物质总浓度相同时,组分浓度比越接近 1,缓冲容量也越大。

五、缓冲溶液的配制原则

(1) 选择合适的缓冲体系,使配制溶液的 pH 在所选择的缓冲系的缓冲范围内。

(2) 缓冲溶液的总浓度要适当,使其有足够的缓冲容量。一般缓冲溶液的总浓度常选择 0.05 ~ 0.2 mol/L 之间。

(3) 缓冲溶液对分析过程没有干扰,所选缓冲对不能与溶液中主要物质发生作用。

(4) 校正。实际 pH 与计算 pH 常有出入,用 pH 计或精密 pH 试纸校正。

六、常用缓冲溶液的配制方法

1. 甘氨酸 – 盐酸缓冲液(0.05 mol/L)

母液:0.2 mol/L 甘氨酸溶液、0.2 mol/L 盐酸溶液。

将甘氨酸溶液与盐酸溶液混合,加水稀释至 200 mL。

pH	0.2 mol/L 甘氨酸/mL	0.2 mol/L 盐酸/mL	pH	0.2 mol/L 甘氨酸/mL	0.2 mol/L 盐酸/mL
2.2	50	44.0	3.0	50	11.4
2.4	50	32.4	3.2	50	8.2
2.6	50	24.2	3.4	50	6.4
2.8	50	16.8	3.6	50	5.0

2. 邻苯二甲酸 – 盐酸缓冲液(0.05 mol/L)

母液:0.2 mol/L 邻苯二甲酸溶液、0.2 mol/L 盐酸溶液。

将邻苯二甲酸溶液与盐酸溶液混合,加水稀释至 200 mL。

pH	0.2 mol/L 邻苯二甲酸/mL	0.2 mol/L 盐酸/mL	pH	0.2 mol/L 邻苯二甲酸/mL	0.2 mol/L 盐酸/mL
2.2	50	46.7	3.2	50	14.7
2.4	50	39.6	3.4	50	9.9
2.6	50	33.0	3.6	50	6.0
2.8	50	26.4	3.8	50	2.6
3.0	50	20.3			

3. 柠檬酸 – 磷酸氢二钠缓冲液

母液:0.1 mol/L 柠檬酸溶液;0.2 mol/L 磷酸氢二钠溶液。

将柠檬酸溶液与磷酸氢二钠溶液混合,加水稀释到 100 mL。

pH	0.1 mol/L 柠檬酸/mL	0.2 mol/L 磷酸氢二钠/mL	pH	0.1 mol/L 柠檬酸/mL	0.2 mol/L 磷酸氢二钠/mL
2.6	44.6	5.4	4.0	30.7	19.3
2.8	42.2	7.8	4.2	29.4	20.6
3.0	39.8	10.2	4.4	27.8	22.2
3.2	37.7	12.3	4.6	26.7	23.3
3.4	35.9	14.1	4.8	25.2	24.8
3.6	33.9	16.1	5.0	24.3	25.7
3.8	32.3	17.7	5.2	23.3	26.7

续表

pH	0.1 mol/L 柠檬酸/mL	0.2 mol/L 磷酸氢二钠/mL	pH	0.1 mol/L 柠檬酸/mL	0.2 mol/L 磷酸氢二钠/mL
5.4	22.2	27.8	6.4	15.4	34.6
5.6	21.0	29.0	6.6	13.6	36.4
5.8	19.7	30.3	6.8	9.1	40.9
6.0	17.9	32.1	7.0	6.5	43.5
6.2	16.9	33.1			

4. 柠檬酸 – 柠檬酸钠缓冲液(0.02 mol/L)

母液:0.1 mol/L 柠檬酸溶液、0.1 mol/L 柠檬酸钠溶液。

将柠檬酸溶液与柠檬酸钠溶液混合,加水稀释到 100 mL。

pH	0.1 mol/L 柠檬酸/mL	0.1 mol/L 柠檬酸钠/mL	pH	0.1 mol/L 柠檬酸/mL	0.1 mol/L 柠檬酸钠/mL
3.0	46.5	3.5	4.8	23.0	27.0
3.2	43.7	6.3	5.0	20.5	29.5
3.4	40.0	10.0	5.2	18.0	32.0
3.6	37.0	13.0	5.4	16.0	34.0
3.8	35.0	15.0	5.6	13.7	36.3
4.0	33.0	17.0	5.8	11.8	38.2
4.2	31.5	18.5	6.0	9.5	40.5
4.4	28.0	22.0	6.2	7.2	42.8
4.6	25.5	24.5			

5. 乙酸 – 乙酸钠缓冲液(0.1 mol/L)

母液:0.2 mol/L 乙酸溶液、0.2 mol/L 乙酸钠溶液。

将乙酸溶液与乙酸钠溶液混合,加水稀释到 100 mL。

pH	0.2 mol/L 乙酸/mL	0.2 mol/L 乙酸钠/mL	pH	0.2 mol/L 乙酸/mL	0.2 mol/L 乙酸钠/mL
3.6	46.3	3.7	4.8	20.0	30.0
3.8	44.0	6.0	5.0	14.8	35.2
4.0	41.0	9.0	5.2	10.5	39.5
4.2	36.8	13.2	5.4	8.8	41.2
4.4	30.5	19.5	5.6	4.8	45.2
4.6	25.5	24.5			

6. 磷酸盐缓冲液

（1）磷酸氢二钠 – 磷酸二氢钾缓冲液（1/15 mol·L⁻¹）

母液：1/15 mol·L⁻¹磷酸氢二钠溶液、1/15 mol·L⁻¹磷酸二氢钾溶液。

将磷酸氢二钠溶液与磷酸二氢钾溶液混合。

pH	1/15 mol·L⁻¹ 磷酸氢二钠/mL	1/15 mol·L⁻¹ 磷酸二氢钾/mL	pH	1/15 mol·L⁻¹ 磷酸氢二钠/mL	1/15 mol·L⁻¹ 磷酸二氢钾/mL
5.3	0.25	9.75	6.8	5.00	5.00
5.6	0.50	9.50	7.0	6.00	4.00
5.9	1.00	9.00	7.2	7.00	3.00
6.2	2.00	8.00	7.4	8.00	2.00
6.5	3.00	7.00	7.7	9.00	1.00
6.6	4.00	6.00	8.0	9.50	0.50

（2）磷酸氢二钠 – 磷酸二氢钠缓冲液（0.1 mol/L）

母液：0.2 mol/L 磷酸氢二钠溶液、0.2 mol/L 磷酸二氢钠溶液。

将磷酸氢二钠溶液与磷酸二氢钠溶液混合，加水稀释至200 mL。

pH	0.2 mol/L 磷酸氢二钠/mL	0.2 mol/L 磷酸二氢钠/mL	pH	0.2 mol/L 磷酸氢二钠/mL	0.2 mol/L 磷酸二氢钠/mL
5.7	6.5	93.5	6.9	55.0	45.0
5.8	8.0	92.0	7.0	61.0	39.0
5.9	10.0	90.0	7.1	67.0	33.0
6.0	12.3	87.7	7.2	72.0	28.0
6.1	15.0	85.0	7.3	77.0	23.0
6.2	18.5	81.5	7.4	81.0	19.0
6.3	22.5	77.5	7.5	84.0	16.0
6.4	26.5	73.5	7.6	87.0	13.0
6.5	31.5	68.5	7.7	89.5	10.5
6.6	37.5	62.5	7.8	91.5	8.5
6.7	43.5	56.5	7.9	93.0	7.0
6.8	49.0	51.0	8.0	94.7	5.3

注：磷酸盐缓冲液易染菌，配制后最好高压灭菌再保存。

7. 磷酸二氢钾 – 氢氧化钠缓冲液（0.05 mol/L）

母液：0.2 mol/L 磷酸二氢钾溶液、0.2 mol/L 氢氧化钠溶液。

将磷酸二氢钾溶液与氢氧化钠溶液混合,加水稀释至 20 mL。

pH	0.2 mol/L 磷酸二氢钾/mL	0.2 mol/L 氢氧化钠/mL	pH	0.2 mol/L 磷酸二氢钾/mL	0.2 mol/L 氢氧化钠/mL
5.8	5	0.372	7.0	5	2.963
6.0	5	0.570	7.2	5	3.500
6.2	5	0.860	7.4	5	3.950
6.4	5	1.260	7.6	5	4.280
6.6	5	1.780	7.8	5	4.520
6.8	5	2.365	8.0	5	4.680

8. 巴比妥钠 - 盐酸缓冲液(0.05 mol/L)

母液:0.2 mol/L 巴比妥钠溶液、0.2 mol/L 盐酸溶液。

将巴比妥钠溶液与盐酸溶液混合,加水稀释至 200 mL。

pH	0.2 mol/L 巴比妥钠/mL	0.2 mol/L 盐酸/mL	pH	0.2 mol/L 巴比妥钠/mL	0.2 mol/L 盐酸/mL
6.8	50	45.0	8.2	50	12.7
7.0	50	43.0	8.4	50	9.0
7.2	50	39.0	8.6	50	6.0
7.4	50	32.5	8.8	50	4.0
7.6	50	27.5	9.0	50	2.5
7.8	50	22.5	9.2	50	1.5
8.0	50	17.5			

9. PBS 缓冲液(0.01 mol/L)

pH	7.6	7.4	7.2	7.0
H_2O	1 000 mL	1 000 mL	1 000 mL	1 000 mL
NaCl	8.5 g	8.5 g	8.5 g	8.5 g
Na_2HPO_4	2.2 g	2.2 g	2.2 g	2.2 g
NaH_2PO_4	0.1 g	0.2 g	0.3 g	0.4 g

注:PBS 缓冲溶液易受温度影响,最好是配制后马上使用。

10. Tris - 盐酸缓冲液(0.05 mol/L)

母液:0.2 mol/L Tris 溶液、0.2 mol/L 盐酸溶液。

取 50 mL Tris 溶液与盐酸溶液混合,加水稀释至 200 mL。

pH	0.2 mol/L Tris/mL	0.2 mol/L 盐酸/mL	pH	0.2 mol/L Tris/mL	0.2 mol/L 盐酸/mL
7.2	50	44.2	8.2	50	21.9
7.4	50	41.4	8.4	50	16.5
7.6	50	38.4	8.6	50	12.2
7.8	50	32.5	8.8	50	8.1
8.0	50	26.8	9.0	50	5.0

注:Tris 溶液可从空气中吸收二氧化碳,使用时注意将瓶盖严。

11. 硼酸 – 硼砂缓冲液(0.05 mol/L)

母液:0.2 mol/L 硼酸溶液、0.05 mol/L 硼酸钠溶液。

取 50 mL 硼酸溶液与硼酸钠溶液混合,加水稀释至 200 mL。

pH	0.2 mol/L 硼酸/mL	0.2 mol/L 硼酸钠/mL	pH	0.2 mol/L 硼酸/mL	0.2 mol/L 硼酸钠/mL
7.6	50	2.0	8.7	50	22.5
7.8	50	3.1	8.8	50	30.0
8.0	50	4.9	8.9	50	42.5
8.2	50	7.3	9.0	50	59.0
8.4	50	11.5	9.1	50	83.0
8.6	50	17.5	9.2	50	115.0

注:硼酸易失去结晶水,必须在带塞的瓶中保存。

12. 甘氨酸 – 氢氧化钠缓冲液(0.05 mol/L)

母液:0.2 mol/L 甘氨酸溶液、0.2 mol/L 氢氧化钠溶液。

取 50 mL 甘氨酸溶液与氢氧化钠溶液混合,加水稀释至 200 mL。

pH	0.2 mol/L 甘氨酸/mL	0.2 mol/L 氢氧化钠/mL	pH	0.2 mol/L 甘氨酸/mL	0.2 mol/L 氢氧化钠/mL
8.6	50	4.0	9.6	50	22.4
8.8	50	6.0	9.8	50	27.2
9.0	50	8.8	10.0	50	32.0
9.2	50	12.0	10.4	50	38.6
9.4	50	16.8	10.6	50	45.5

13. 硼酸盐 – 氢氧化钠缓冲液

母液:0.05 mol/L 硼酸钠溶液、0.2 mol/L 氢氧化钠溶液。

取 50 mL 硼酸钠溶液与氢氧化钠溶液混合,加水稀释至 200 mL。

pH	0.05 mol/L 硼酸钠/mL	0.2 mol/L 氢氧化钠/mL	pH	0.05 mol/L 硼酸钠/mL	0.2 mol/L 氢氧化钠/mL
9.28	50	0.0	9.7	50	29.0
9.35	50	7.0	9.8	50	34.0
9.4	50	11.0	9.9	50	38.0
9.5	50	17.0	10.0	50	43.0
9.6	50	23.0	10.1	50	46.0

14. 碳酸钠–碳酸氢钠缓冲液(0.05 mol/L)

母液:0.2 mol/L 无水碳酸钠溶液、0.2 mol/L 碳酸氢钠溶液。

取碳酸钠溶液与碳酸氢钠溶液混合,加水稀释至200 mL。

pH	0.2 mol/L 碳酸钠/mL	0.2 mol/L 碳酸氢钠/mL	pH	0.2 mol/L 碳酸/mL	0.2 mol/L 碳酸氢钠/mL
9.2	4.0	46.0	10.0	27.5	22.5
9.3	7.5	42.5	10.1	30.0	20.0
9.4	9.5	40.5	10.2	33.0	17.0
9.5	13.0	37.0	10.3	35.5	14.5
9.6	16.0	34.0	10.4	38.5	11.5
9.7	19.5	30.5	10.5	40.5	9.5
9.8	22.0	28.0	10.6	42.5	7.5
9.9	25.0	25.0	10.7	45.0	5.0

15. 碳酸氢钠–氢氧化钠缓冲液(0.025 mol/L)

母液:0.05 mol/L 碳酸氢钠溶液、0.1 mol/L 氢氧化钠溶液。

取50 mL 碳酸氢钠溶液与氢氧化钠溶液混合,加水稀释至100 mL。

pH	0.05 mol/L 碳酸氢钠/mL	0.1 mol/L 氢氧化钠/mL	pH	0.05 mol/L 碳酸氢钠/mL	0.1 mol/L 氢氧化钠/mL
9.6	50	5.0	10.4	50	16.5
9.7	50	6.2	10.5	50	17.8
9.8	50	7.6	10.6	50	19.1
9.9	50	9.1	10.7	50	20.2
10.0	50	10.7	10.8	50	21.2
10.1	50	12.2	10.9	50	22.0
10.2	50	13.8	11.0	50	22.7
10.3	50	15.2			

第二节
菌种保藏、复苏与传代、鉴定

一、菌种保藏

1. 菌种保藏原理

主要根据菌种的生理、生化特性,人工创造如低温、干燥、隔绝空气或氧气、缺乏营养物质等环境条件,使菌体的代谢活性处于最低状态或休眠状态,使其长期保存。

2. 菌种保藏注意事项

（1）菌种在保藏前所处状态 待保藏菌种,培养时间短则保存时容易死亡;培养时间长则生产机能衰退。一般选择对数生长中期的菌种作为保藏用菌。

（2）菌种保藏所用基质 菌种保藏用培养基,营养成分高、碳源丰富则易导致菌种代谢活动增强,易产生酸,影响保藏时间。一般细菌用液体培养基为 LB 培养基,固体培养基为含 2 % LB 琼脂培养基,冷冻干燥所用的保护剂为脱脂牛奶。

（3）操作过程对细胞结构的损害 冷冻过程易导致细胞内形成较大冰晶,对细胞结构造成机械损伤。甘油菌保存时,依次放 4 ℃冷却、−20 ℃充分冻结后再放入超低温冰箱保存;冷冻干燥保存时加入保护剂尽量减轻冷冻干燥所引起的对细胞结构的破坏。

3. 菌种保藏方法

包括斜面传代保藏法、半固体穿刺保藏法、液体石蜡封存保藏法、甘油保藏法、干燥保藏法、冷冻干燥法、液氮超低温保藏法等。常用的几种细菌保藏方法如下。

（1）斜面传代保藏法（固体保藏法）

准备	菌种、LB 培养基、2 % LB 琼脂试管(含抗生素)、生物净化工作台、全温摇床、恒温培养箱、冰箱、酒精灯、75 % 酒精棉球、接种环、记号笔
操作步骤	斜面琼脂试管制备──→菌种活化──→菌划线斜面──→恒温培养──→4 ℃冰箱保存
操作过程	净化工作台中,将菌种接种至 LB 培养基(含抗生素)中,37 ℃振荡培养至 A_{600} 为 0.8 ~ 1.2。将接种环在火焰下灼烧,待其冷却,将活化的菌用接种环沾取,划线到含有 2 % LB 琼脂斜面中(划线方法为按"Z"字型划线不得重复,从斜面底部向上划),并置于恒温培养箱中,37 ℃培养 12 ~ 16 h 长成平滑的菌落后,管口用封口膜密封,放 4 ℃冰箱保存
注意事项	此法适用于菌种短期保藏,期限一般为 1 ~ 3 个月,需继续传代保藏。温度不能低于 0 ℃,否则培养基会结冰脱水,造成菌种性能衰退或死亡。管口密封要好,否则易脱水,对菌种造成机械损伤

（2）甘油保藏法

准备	菌种、LB 培养基、2 % LB 琼脂平板、甘油、生物净化工作台、全温摇床、恒温培养箱、冰箱、超低温冰箱、酒精灯、75 % 酒精棉球、接种环、记号笔、封口膜

9

续表

操作步骤	琼脂平板制备——菌种活化——平板划线——恒温培养——挑单菌 接种 LB 培养基——振荡培养——加甘油混匀——分装——低温保藏
操作过程	净化工作台中,将菌种接种至 LB 培养基(含抗生素),37 ℃振荡培养至 A_{600} 为 0.8 ~ 1.2。将接种环在火焰下灼烧,待其冷却,将活化的菌种用接种环沾取,划线到含有 2 % LB 琼脂平板中(划线方法为按"乙"字型划线不得重复),并置于恒温培养箱,37 ℃培养至 12 ~ 16 h 长成平滑的单菌落。用接种环挑取单菌落,接种到 LB 培养基中,振荡培养至 A_{600} 值为 1.2 ~ 1.5,加 80 % 灭菌甘油至终浓度为 10 % ~ 30 %,混匀后分装、低温保藏
注意事项	此法常用于生产过程中的工作菌种的保藏,期限一般为 1 ~ 2 年。分装后菌种管要用封口膜密封好,依次放 4 ℃冷却,−20 ℃充分冻结后再放入超低温冰箱保存。平板划线时可分为四个区依次划线,使菌液逐步稀释,培养出单颗菌株

（3）冷冻干燥法

准备	菌种、LB 培养基、2 % LB 琼脂平板、脱脂牛奶、生物净化工作台、全温摇床、恒温培养箱、冰箱、超低温冰箱、冷冻干燥机、酒精灯、75 % 酒精棉球、接种环、记号笔、封口膜
操作步骤	琼脂平板制备——菌种活化——菌划线平板——恒温培养——挑单菌 接种 LB 培养基——振荡培养——加脱脂牛奶混匀——分装——冷冻干燥——封口、低温保藏
操作过程	净化工作台中,将菌种接种至 LB 培养基(含抗生素)中,37 ℃振荡培养至 A_{600} 为 0.8 ~ 1.2。将接种环在火焰下灼烧,待其冷却,将活化的菌种用接种环沾取,划线到含有 2 % LB 琼脂平板中(划线方法为按"Z"字型划线不得重复),并置于恒温培养箱中,37 ℃培养至 12 ~ 16 h 长成平滑的单菌落。用接种环挑取单菌落,接种到 LB 培养基中,振荡培养至 A_{600} 值为 1.2 ~ 1.5,加消毒后的脱脂牛奶,与菌液 1:1 混合均匀后,分装、冷冻干燥、封口、贴签,低温保藏
注意事项	此法常用于生产过程中的原始种子与主代种的保藏,期限一般达 5 ~ 10 年。一般采用安瓿瓶真空熔封,冻干菌种的水份含量低于 3 %。脱脂牛奶一般采用巴氏消毒法进行处理,要保证其消毒完全

二、菌种复苏与传代

生产或实验过程中,需要将保藏的菌种从休眠状态进行复苏、传代、扩增。一般将原始保藏菌种设定为第 0 代,转接一次设定为第 1 代,一般菌种的传代次数不得超过 5 代。常用的几种保藏菌种复苏和传代过程如下。

（1）冻干粉复苏与传代

准备	冻干菌种、LB 培养基、生物净化工作台、全温摇床、移液器、酒精灯、75 % 酒精棉球、记号笔
操作步骤	冻干菌种——溶解——接种复苏——传代扩增
操作过程	净化工作台中,用砂轮片在安瓿瓶瓶颈上划一条线,用手轻轻掰开。用移液器取少量 LB 培养基至安瓿瓶中溶解冻干菌种,转接至含 5 ~ 10 mL LB(含抗生素)的试管中,振荡培养过夜,再根据扩增需求转接新的培养基中传代培养。一般接种比例为 1:20 ~ 1:10(菌种:培养基)

（2）甘油菌复苏与传代

准备	甘油菌种、LB 培养基、生物净化工作台、全温摇床、移液器、酒精灯、75 % 酒精棉球、记号笔
操作过程	净化工作台中，用手快速将冷冻的甘油菌融化，用移液器量取菌种以 1∶200 ~ 1∶100 比例接种至 LB 培养基中（含抗生素），振荡培养 4 ~ 6 h 进行复苏，再以 1∶20 ~ 1∶10 接种比例进行扩增

（3）斜面保藏菌种复苏与传代

准备	斜面保藏菌种、LB 培养基、生物净化工作台、全温摇床、接种环、酒精灯、75 % 酒精棉球、记号笔
操作步骤	斜面保藏菌种——→接种环挑取——→接种复苏——→传代扩增
操作过程	净化工作台中，将接种环在火焰下灼烧，待其冷却，伸入斜面保藏管中，先在近壁空白琼脂上蘸以降低其温度，稍冷后刮取菌苔，接种至 5 ~ 10 mL LB 培养基中（含抗生素），振荡培养 4 ~ 6 h 进行复苏，再以 1∶20 ~ 1∶10 接种比例进行扩增

三、菌种鉴定

微生物保藏及传代过程中很容易发生污染、变异或性能衰退，因此菌种质量的检测对保证菌体性能至关重要。不仅要对保藏菌种的鉴定，还应对每次传代都要进行质量的控制。以下介绍菌种鉴定的常规指标和方法。

1. 菌种形态检测

准备	菌种、LB 培养基、2 % LB 琼脂平板(含抗生素)、生物净化工作台、全温摇床、恒温培养箱、酒精灯、75 % 酒精棉球、接种环、记号笔
操作步骤	LB 琼脂平板配制——→菌种活化——→菌种划种 LB 平板——→恒温培养——→观察结果
操作过程	净化工作台中，将接种环在火焰下灼烧，待其冷却，将活化的菌种用接种环沾取，划线到含有 2 % LB 琼脂平板中（划线方法为按"Z"字型划线不得重复），并倒置于恒温培养箱中，37 ℃培养过夜
结果判定	应形成光滑白色菌落，呈典型大肠杆菌集落形态，无其他杂菌生长

2. 染色镜检

准备	菌种、结晶紫染液、碘液、复红溶液、无水乙醇、载玻片、香柏油（显微镜用）、生物显微镜、酒精灯
操作步骤	涂片——→干燥固定——→结晶紫初染——→碘液媒染——→酒精脱色——→复红复染——→镜检
操作过程	涂片：取洁净载玻片 1 张，放 1 接种环生理盐水，再用接种环取少量菌均匀涂于载玻片的生理盐水中，涂抹成直径约 1 cm² 大的面积。 干燥：在空气中自然干燥，或在弱火焰上方烘干。

续表

操作过程	固定:将已干燥的涂片来回通过火焰3次,每次约2~3 s。 结晶紫初染:在已经固定好冷却了的涂片上端加结晶紫1~2滴,染液量以能盖住涂抹面即可,静止1~2 min,用细水流从玻片的一端把游离的染液洗去 碘液媒染:滴加碘液,作用1~2 min。碘液是媒染剂,能使染料和革半氏阳性菌结合得更牢固,但对革兰氏阴性菌则无此作用。 酒精脱色:滴加95%酒精数滴,转动玻片使酒精在涂抹面上流动,直到涂抹面无紫色脱下为止(需30 s到1 min,视涂抹面薄厚而不同),立即水洗。革兰氏阳性菌经结晶紫初染与碘液媒染后,不易被酒精脱色仍保留紫色,革兰氏阴性菌则易被酒精脱去紫色,而变成染色前的无色半透明状态。 复红复染:滴加稀释复红液1~2滴,作用1~2 min后水洗。已着上紫色的革氏阳性菌再经稀释复红的作用显紫色,而被酒精脱去紫色的革兰氏阴性菌则经稀释复红的作用而染成红色。 镜检:水洗后的玻片夹在吸水滤纸中,吸取玻片上残留的水分,滴加香柏油,然后取显微镜,用油镜观察标本片
结果判定	红色为革兰氏染色阴性细菌(以 G^- 表示) 紫色为革兰氏染色阳性细菌(以 G^+ 表示)

3. 对抗生素抗性检测

准备	菌种、对照菌株、LB培养基、2% LB琼脂平板(含抗生素)、生物净化工作台、全温摇床、恒温培养箱、酒精灯、75%酒精棉球、接种环、记号笔
操作步骤	LB琼脂平板配制——→菌种活化——→菌种划种LB平板——→恒温培养——→对照观察结果
操作过程	净化工作台中,将接种环在火焰下灼烧,待其冷却,将活化的菌种及对照菌株用接种环沾取,分别划线到含有2% LB琼脂平板中(划线方法为按"Z"字型划线不得重复),并倒置于恒温培养箱中,37 ℃培养过夜
结果判定	表达菌株在含抗生素琼脂平板中生长,证明表达菌株具有该抗生素性,对照菌株不在含抗生素LB琼脂平板中生长,证明对照菌株无抗性

4. 电镜检查

准备	菌种、LB培养基、生物净化工作台、全温摇床、微量移液器、酒精灯、75%酒精棉球、铜网、电子显微镜
操作步骤	菌种活化——→恒温培养——→取样沾膜——→复染——→电镜观测
操作过程	取已活化主代菌液1 mL,再用洁净的微量移液管吸取适量样品,滴于附有Formeva膜的电镜网上,静止1 min,样品充分吸附于膜上。用滤纸吸去铜网上多余的样品,再将1%的磷钨酸滴于粘有样品的膜面上,样品完成复染色,此染色过程应有1~2 min。除染液,待样品在室内自然干燥后,即可用于电镜观测
结果判定	形态检测:菌体应为没有变异的典型大肠杆菌形态,以100个菌体为一个有效统计单位,合格菌体应高于95个。 外源因子检测:取视野清晰的电镜铜网,在20 000倍条件下进行观察,观察改为3个铜网,每个铜网观察100个视野,应没有支原体、噬菌体及其他细菌、病毒形态出现

5. 生化反应

（1）糖发酵试验

准备	菌种、LB 培养基、生物净化工作台、全温摇床、恒温培养箱、酒精灯、75 % 酒精棉球、接种环、记号笔、葡萄糖发酵管及乳糖发酵管
原理	各种细菌因含有不同的分解糖(醇、苷)类的酶,所以分解糖类的能力各不相同,而且分解相应糖类后形成的最终产物亦随细菌种类而异,有的产酸,有的还可产生气体,借此作为鉴别细菌的依据
操作过程	将活化菌种,分别接种葡萄糖发酵管及乳糖发酵管各 1 支置 37 ℃培养 18～24 h 后,观察结果
结果判定	观察结果时,首先确定细菌是否生长,细菌生长是呈混浊。再确定细菌对糖类分解情况,如发酵糖类产酸,则培养基中指示剂(溴甲酚紫)变为黄色,可用" + "号表示,如果发酵糖类后产酸又产气时培养基除变黄色外,在倒置管中有气泡出现,可用"⊕"表示。如细菌不分解该糖时,则指示剂不变色,倒置小管无气泡,以" – "表示

（2）VP 试验

准备	菌种、葡萄糖蛋白胨水培养基、生物净化工作台、恒温培养箱、酒精灯、75 % 酒精棉球、接种环、记号笔、VP 试剂
原理	某些细菌(如产气肠杆菌)具有丙酮酸脱羧酶,可使分解葡萄糖后产生的丙酮酸脱羧生成中性的乙酰甲基甲醇。后者在碱性条件下,可被空气中的 O_2 氧化成二乙酰,二乙酰可与培养基中含胍基的物质起作用,生成红色化合物
操作过程	将菌种接种于上述培养基中,置 37 ℃培养 24～48 h,分别取 2 mL 培养,加入 6 % 2 – 萘酚酒精溶液 1 mL,再入 40 % 氢氧化钾溶液 0.4 mL,充分振荡,室温下静置 5～30 min 后观察结果
结果判定	呈红色反应为阳性,如无红色出现,而且置 37 ℃仍无红色反应者为阴性。本试验常与甲基红试验一起使用,本试验阳性甲基红试验阴性,反之亦然

（3）甲基红(M. R)试验

准备	菌种、葡萄糖蛋白胨水培养基、生物净化工作台、恒温培养箱、酒精灯、75 % 酒精棉球、接种环、记号笔、甲基红指示剂
原理	有些细菌分解葡萄糖产生丙酮酸后 可继续分解丙酮酸产生乳酸、甲酸、乙酸等,由于产生大量有机酸,使培养基 pH 降至 4.5 以下,加入甲基红指示剂即显红色;而有些细菌如产气肠杆菌则分解葡萄糖产酸量少,或产生的酸进一步转化为其他物质如醇、酮、醛等,则培养的 pH 在 6.2 以上,加入甲基红指示剂显黄色
操作过程	将菌种菌接种于上述培养基中,置 37 ℃培养 18～24 h 后,各取 2 mL 培养液,加入甲基红指示剂 2 滴,轻摇后观察
结果判定	出现红色反应为阳性,黄色为阴性

（4）吲哚试验（靛基质法试验）

准备	菌种、蛋白胨水培养基、生物净化工作台、恒温培养箱、酒精灯、75％酒精棉球、接种环、记号笔、吲哚试剂
原理	有些细菌具有色氨酸酶，能分解蛋白胨中的色氨酸产生吲哚。吲哚无色，不能直接观察，加入吲哚试剂（对二甲基氨基苯甲醛），与之作用生成玫瑰吲哚而呈红色
操作过程	将菌种接种于蛋白胨水培养基中，置37 ℃培养18～24 h后，沿管壁徐徐加入吲哚试剂0.5 mL（2～3滴），使试剂浮于培养物表面，形成两层，即刻观察结果
结果判定	两液面交界处呈红色为阳性，无变化者为阴性

（5）枸橼酸盐利用试验

准备	菌种、枸橼酸盐培养基、生物净化工作台、恒温培养箱、酒精灯、75％酒精棉球、接种环、记号笔
原理	枸橼酸盐培养基不含任何糖类，枸橼酸盐为唯一碳源，磷酸二氢铵为唯一氮源。当有的细菌（产气肠杆菌）能利用盐作为唯一氮源，并能同时用枸橼酸盐唯一碳源时，便可在此培养基上生长，分解枸橼酸钠，使培养基变碱，培养基中的溴麝香草酚蓝指示剂由绿色变为深蓝色
操作过程	将菌种接种于上述培养基斜面上，于37 ℃培养1～4 d，每日观察结果
结果判定	培养基斜面上有细菌生长，而且培养基变蓝色为阳性；无细菌生长，培养基颜色不变，保持绿色为阴性

（6）硫化氢试验

准备	菌种、乙酸铅或克氏铁琼脂培养基、生物净化工作台、恒温培养箱、酒精灯、75％酒精棉球、接种环、记号笔
原理	有的细菌能分解培养基中含硫氨基酸（如胱氨酸、半胱氨酸），生成硫化氢，硫化氢遇铅或铁离散子形成黑色硫化铅或硫化亚铁沉淀物
操作过程	将菌种接种于上述培养基中，于37 ℃培养1～2 d后，观察结果
结果判定	乙酸铝培养基出现黑色沉淀为阳性，不变色为阴性；克氏铁琼脂在底层和斜面交界出现黑色沉淀者为阳性，不变色为阴性

（7）脲酶试验

准备	菌种、脲素培养基、生物净化工作台、恒温培养箱、酒精灯、75％酒精棉球、接种环、记号笔
原理	某些细菌产生脲酶，能分解尿素产氨，使培养基变碱，培养基中酚红指示剂变红色
操作过程	将菌种接种于上述培养基中，于37 ℃培养18～24 h后，观察结果
结果判定	培养基红色者为阳性，不变色者为阴性

6. 表达量测定

准备	菌种、LB 培养基、生物净化工作台、全温摇床、电泳仪、电泳槽、凝胶成像仪、酒精灯、75 % 酒精棉球、记号笔
操作步骤	菌种活化——菌种传代——诱导表达——SDS-PAGE 电泳——结果分析
操作过程	净化工作台中,用手快速将冷冻的甘油菌融化,用移液器量取菌种以 1∶200～1∶100 比例接种至 LB 培养基中(含抗生素),振荡培养 4～6 h 进行复苏,再以 1∶20～1∶10 接种比例进行扩增至 A_{600} 值为 0.8～1.0,诱导 4 h,取样进行 SDS-PAGE 电泳,并与原始菌种的表达量进行比较
结果判定	在摇床培养中,应不低于原始菌种的表达量

7. 质粒检查

准备	菌种、LB 培养基、生物净化工作台、全温摇床、恒温水浴锅、琼脂糖电泳仪、暗箱紫外分析仪、质粒提取试剂盒、限制性内切酶、0.1 % BSA、10×buffer、EP 管、PE 手套
原理	限制性内切酶是一种工具酶,能够识别双链 DNA 分子上的特意核苷酸顺序的能力,能切断 DNA 的双链,形成一定长度和顺序 DNA 片段。用已知相对分子质量的线状 DNA 为对照,通过电泳迁移率的比较,进行基因图谱鉴定
操作步骤	菌种活化——菌种传代——质粒提取——酶切——琼脂糖凝胶电泳——结果分析
操作过程	净化工作台中,用手快速将冷冻的甘油菌融化,用移液器量取菌种以 1∶200～1∶100 比例接种至 LB 培养基中(含抗生素),振荡培养过夜,A_{600} 值为 4～5 为宜,用质粒提取试剂盒按操作说明提取质粒。配置双酶切体系(20 μL)按顺序加入 ddH_2O 9 μL、10×缓冲液 2 μL、0.1 % BSA 2.5 μL、质粒 6 μL(1 μg)、限制性内切酶 0.5 μL,混匀后,4 000 r/min 离心 30 s,放置 37 ℃恒温水浴锅中温浴 2 h。制琼脂糖凝胶板,上样 10 μL,检测酶切图谱
结果判定	与原始菌种酶切图谱比较,应一致
注意事项	限制性内切酶保存在 –20 ℃,使用时要将其放在冰盒中,加酶要迅速,一面酶降解影响实验;琼脂糖电泳过程中,要带好一次性手套,避免 EB 等有害物质接触皮肤

8. 目的基因核苷酸序列检测

将提取的质粒送测序公司进行核苷酸序列检测,进行比较。

四、工程菌稳定性检测

1. 工程菌质粒遗传稳定性测试

从含抗性的 LB 抗性平板上挑取单菌落接种于不含抗性的 LB 试管斜面上,37 ℃培养过夜,次日转接于另一支不含抗性的 LB 试管斜面上,转接一次为一代,依次转接传代至 50 代为止。在此过程中,每隔十代取菌液适量稀释,涂布于不含抗性的 LB 平板上,待长出菌落后,随机挑 100 个单菌落,接种于含抗性的 LB 平板上,37 ℃培养过夜并计数。所有细胞都能在不含抗性的 LB 平板上生长,但只有保留表达质粒的细胞才能在含抗性的 LB 平板上生长。所以能在抗性平板上长出的菌落百分数就可以反映保留表达质粒的细胞的比例。

用该百分数来表示工程菌质粒遗传的稳定性。用该方法分别测定了工程菌连续转接传代10、20、30、40、50 次后的质粒遗传稳定性。

2. 工程菌质粒结构的稳定性

将工程菌在抗性培养基上连续转接传代 50 次,每传代 10 次从工程菌中抽提质粒DNA,再用限制酶进行酶切,酶切片段进行凝胶电泳分析,检查表达质粒结构是否发生变化证实工程菌经连续 50 代传代,质粒结构没有发生变化。

3. 工程菌表达水平的稳定性

将工程菌在抗性培养基上连续转接传代 50 次,每传代 10 次进行发酵,并用凝胶电泳测定发酵液的表达水平(电泳图)。

工程菌质粒稳定性检测

传代	0	10	20	30	40	50
质粒稳定性/%						
结构的稳定性						
表达水平的稳定性						

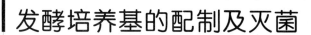

第三节

发酵培养基的配制及灭菌

发酵培养基是供菌种生长、繁殖和合成产物之用。它既要使种子接种后能迅速生长,达到一定的菌丝浓度,又要使长好的菌体能迅速合成需产物。因此,要求发酵培养基的组成应丰富、完全,碳、氮源要注意速效和迟效的互相搭配,少用速效营养,多加迟效营养;还要考虑适当的碳氮比,加缓冲剂稳定 pH;并且还要有菌体生长所需的生长因子和产物合成所需要的元素、前体和促进剂等。但若因生长和生物合成产物需要的总的碳源、氮源、磷源等的浓度太高,或生长和合成两阶段各需的最佳条件要求不同时,则可考虑培养基用分批补料来加以满足。

一、细菌培养基配制原则

1. 根据不同微生物的营养需要配制不同的培养基

不同的微生物对培养基的要求也不相同,应根据具体情况,从微生物营养要求特点和生产工艺要求,使其既能满足微生物生长需求,又有利于产物的表达和积累。一般作为种子培养基,营养要丰富些,尤其单元的含量要较高(即 C/N 比低),有利于菌株的快速复苏和扩增;一般作为发酵培养基,它的碳氮比较种子培养基低(即 C/N 比高)。

2. 营养物的浓度与比例应恰当

(1) 浓度过高则菌体大量繁殖,增加了发酵液的黏度,影响溶解氧浓度,易引起菌体代谢异常并影响产物的合成;浓度过低则不能满足微生物生长的需要,影响细菌的繁殖。

(2) 选择适宜碳氮比(C/N),否则直接影响微生物生长与繁殖及代谢物的形成与积累。碳氮比偏小,将导致菌体旺盛生长,易造成菌体衰老自溶,影响产物积累;碳氮比过大,菌体繁殖数量少,影响产物积累。

大多数化能易养菌的培养基中,各组分的比例大体符合以下递减规律:

要素:　水　＞　C 源　＞　N 源　＞　P、S　＞　K、Mg　＞　生长因子
含量:($\sim 10^{-1}$)　($\sim 10^{-2}$)　($\sim 10^{-3}$)　($\sim 10^{-4}$)　($\sim 10^{-5}$)　($\sim 10^{-6}$)

(3) 速效性碳(或氮)源与迟效性碳(或氮)源的比例　微生物培养过程中,根据培养基中的氮源或碳源营养物质消耗速率的快慢分为速效或迟效碳(氮)源。一般速效碳源有:葡萄糖、蔗糖等;迟效碳源有:甘油、乳糖、淀粉等。一般速效氮源有:牛肉膏、玉米浆、铵盐等无机氮盐;迟效氮源有:蛋白胨。在发酵培养基的配置制过程中,应选择适宜速效性碳(或氮)源与迟效性碳(或氮)源的比例,既满足快速生长需要提供能量,又防止菌体生长过快,影响溶解氧浓度,易引起菌体代谢异常并影响产物的合成。

3. 各种金属离子间的比例,不能发生化学反应。

无机盐是微生物生命活动不可缺少的物质,它是构成菌体成分、调节培养基渗透压、pH、氧化还原电极等。一般微生物所需要的无机盐有磷酸盐、硫酸盐、氯化物和含有 K、

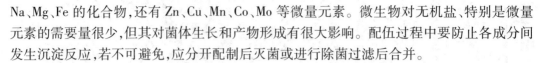

Na、Mg、Fe 的化合物,还有 Zn、Cu、Mn、Co、Mo 等微量元素。微生物对无机盐、特别是微量元素的需要量很少,但其对菌体生长和产物形成有很大影响。配伍过程中要防止各成分间发生沉淀反应,若不可避免,应分开配制后灭菌或进行除菌过滤后合并。

4. 物理化学条件适宜

(1) pH 各类微生物一般都有适合生长的 pH 范围。细菌最适 pH 在 6.5~7.5 间;放线菌在 7.5~8.5 间;酵母菌在 3.8~6.0 间;霉菌在 4.0~5.8 之间。一般在配制培养基过程中添加磷酸盐缓冲对,对 pH 进行调节。

(2) 渗透压 渗透压是由溶液中所含分子或离子的质点数所决定。等重的物质,其分子或离子越小,质点数越多,产生的渗透压就越大。一般微生物均在等渗溶液中易于生长,高渗溶液会使细胞发生质壁分离,导致细胞脱水;低渗溶液则使细胞吸水而膨胀,甚至会导致细胞破裂。等渗溶液的渗透压为 290~310 mmol/L。

(3) 氧化还原电位 E_h 是指氢电极为标准时某氧化还原系统的电极电位值。各种微生物对其培养基的氧化还原电位有不同要求。一般说,适宜好氧微生物生长的 E_h 为 +0.3~+0.4 V,在 +0.1 V 以上环境中均能生长;兼性厌氧微生物在 +0.1 V 以上时进行好氧呼吸,在 +0.1 V 以下时则进行发酵;厌氧微生物只能在 +0.1 V 以下才能生长。

5. 原料来源稳定、廉价及质量可控。

二、培养基配制注意事项

(1) 培养基组分混合时一般按配方的顺序,用少于总量的水溶解,配置用的水一般用纯化水配制。配制过程中,粉末类的组分防止其潮解及粉尘产生;像肉膏之类的黏稠物料,可盛在烧杯或表面器皿中称量,加入水充分溶解后再加入到配制培养基的容器中。加热溶化要充分,加热过程中所蒸发的水分应补足。

(2) 配制培养基的器皿要洁净,最好是玻璃容器,勿用铜质或铁质器皿。灭菌前的培养基根据要求用盐酸或 5 mol/L 氢氧化钠调节,最后定容。

(3) 有些盐类如磷酸盐与镁盐混合加热时会产生沉淀,应该分别灭菌,最后在无菌条件下混合。还有如三氯化铁、硫酸铜灭菌时会产生沉淀,可在灭菌前加入少量盐酸使其溶液显酸性或用无菌滤器除菌过滤。此外,微量元素配制时,可先配成高浓度的母液,在配制时分别加入一定量,既方便有减少称量造成的偏差。

(4) 培养基灭菌时,若将葡萄糖之类的碳源与其他成分一起灭菌,碳源会分解或变成褐色。因此,最好是将糖单独除菌过滤或灭菌,再与其他培养基混合,尿素等亦如此。121 ℃高压灭菌时,葡萄糖易碳化,培养基也是营养成分受到较大程度破坏,因此一般采用115 ℃,灭菌 20 min,既保证杀菌效果又降低营养成分的损失。培养基灭菌后一般放在37 ℃恒温培养箱培育 24 h,无菌生长方可使用。

三、培养基的主要成分

培养基的成分大致分为碳源,氮源,无机盐,微量元素,特殊生长因子和水等几大类。对不同的微生物,微生物不同的生长阶段,不同的发酵产物以及不同的发酵工艺条件等,所使用的培养基都是不同的,这些也都是培养基配置需要考虑的因素。培养基提供了菌体生长和形成产物所必须的营养和能量,适宜的 pH 和渗透压,是影响发酵水平的关键因素。在建立一个高效的发酵过程之前,通常都要对培养基进行优化。

（一）碳源

即提供微生物菌种的生长繁殖所需的能源和合成菌体所必需的碳成分,同时提供合成目的产物所必须的碳成分。常见的来源主要有糖类、油脂、有机酸、正烷烃等。工业上常用的糖类主要包括:葡萄糖、甘油、乳糖、糖蜜(制糖生产时的结晶母液)、淀粉等。在工业发酵过程中,碳源往往是消耗量最大的一种原材料,是发酵成本中的重要部分。

1. 葡萄糖

葡萄糖是最容易利用的碳源之一,几乎所有的微生物都能利用葡萄糖,所以葡萄糖常作为培养基的一种主要成分,并且作为加速微生物生长的一种速效碳源。但是过多的葡萄糖会过分加速菌体的呼吸,以至于培养基中的溶解氧不能满足需要,使一些中间代谢物(如丙酮酸、乙酸、乳酸等)不能完全氧化而积累在菌体或者培养基中,导致 pH 下降,影响某些酶的活性,从而抑制微生物的生长和产物的合成。在发酵生产上常用流加的方式解决这一问题。

2. 其他糖类

除葡萄糖外,糖类中其他单糖也是很好的碳源;其次是双糖(如蔗糖、麦芽糖、乳糖)和多糖(淀粉和纤维素);再次就是有机酸,醇类,烃类等。

（1）糖蜜 糖蜜是制糖工业中用甘蔗或甜菜制糖时的副产物,含有丰富的糖类物质、含氮物质、无机盐和维生素,在发酵工业中常将其做为一种营养丰富碳源使用。一般来说糖蜜含总糖 45 % ~50 % 蔗糖,2.5 % ~8 % 的氮源,粗灰分 4 % ~12.5 %。糖蜜中氮组分在灭菌时会产生两种结果。一方面,糖与氮不能分离,不可避免地会产生美拉德反应;另一方面,含氮化合物以多肽形式存在,灭菌时容易形成泡沫。为了减少泡沫,可以在灭菌之前加入消泡剂。

（2）乳糖 许多微生物代谢乳糖的速度很慢,因此它常用于次级代谢产物为产品的发酵过程中,如青霉素发酵。补加葡萄糖也可以达到同样的效果,所以现在乳糖使用的很少。因为乳糖被利用较为缓慢,对抗生素物生物合成很少有抑制或者阻遏作用,因此能在高浓度条件下应用,以延长发酵周期,提高产量。

（3）淀粉和糊精 淀粉,糊精等多糖也是常用的碳源,糊精是 α - 淀粉酶讲解淀粉的产物,经喷干而成。淀粉是大多数微生物均可利用的碳源;果胶,半纤维素也可被许多微生物产生的胞外酶分解。淀粉可以用玉米,小麦,大麦,燕麦,马铃薯等制成。多糖一般都要经过菌体产生的胞外酶水解成单糖后再被吸收利用。

（4）脂肪 油和脂肪也能被许多微生物用作碳源和能源。这些微生物都具有比较活跃的脂肪酶。在脂肪酶作用下,油和脂肪被水解成甘油和脂肪酸,在溶解氧的参与下,进一步氧化成 CO_2 和 H_2O,并释放大量的能量。因此,当微生物利用脂肪作为碳源时,要供给比糖代谢更多的氧,不然大量脂肪酸和代谢中的有机酸积累,会引起发酵液 pH 下降和影响微生物酶系统的作用。脂肪酸被氧化成短链形式时也可以直接参与微生物目的产物的合成。

（5）有机酸 有些微生物对许多有机酸(琥珀酸,柠檬酸,乳酸等)有很强的利用能力,因此有机酸或者它们的盐也能作为微生物的碳源。但应该注意的是,有机酸的利用会使 pH 上升。

（6）甘油　微生物代谢甘油的速度很慢，但其在代谢过程中不会产生乙酸副产物，影响菌体的生长和表达，同时有利于溶解氧的控制，延长菌体的对数生长周期，较葡萄糖作为碳源，能达到更高的菌密度。因此，常用于高密度培养中的补加碳源。

（二）氮源

微生物细胞的干物质中氮的含量仅次于碳和氧，占 10 %。它主要用于构成菌体细胞物质（氨基酸，蛋白质、核酸等）和含氮代谢物，为微生物提供能源，合成含氮代谢产物，在碳源不足的时候，也可以用氮源。

常用的氮源可分为两大类：有机氮源和无机氮源。有机氮源和无机氮源应当混合使用，在发酵早期应使用容易利用易同化的氮源，即无机氮源；到了中期，菌体的代谢酶系已形成，则利用有机氮源。无机氮源主要包括氨盐、硝酸盐、亚硝酸盐和氨水等；有机氮源包括胰蛋白胨、酵母粉、牛肉膏等。

总的来说，微生物在有机氮源培养基上生长要比在无机氮源培养基上旺盛，这主要是由于有机氮源的成分一般比较复杂，营养也较无机氮源丰富。有机氮源中除含有一定比例的蛋白质、多肽及游离氨基酸外，还含有少量的糖类、脂质以及各种无机盐、维生素、碱基等。由于微生物可以直接从培养基中获得这些营养成分，所以微生物在有机氮源上的生长一般较好，更有一些微生物必须依赖有机氮源提供的营养才能生长。

（三）无机盐与微量元素

无机盐和微量元素是指除碳、氮元素外其他各种重要元素及其供体。其中凡是微生物生长所需浓度在 $10^{-3} \sim 10^{-1}$ mol/L 范围内的元素，可称之为大量元素，主要是 P、S、K、Mg、Ca、Na 和 Fe 等；凡微生物生长所需浓度在 $10^{-8} \sim 10^{-6}$ mol/L 范围内的元素，可称之为微量元素，主要是 Cu、Zn、Mn、Mo 和 Co 等。无机盐的用量虽然不如碳源、氮源的用量大，但是对于微生物却又极其重要的生理作用，如构成菌体成分，作为酶的组成部分或者其激活剂、抑制剂，调节渗透压、菌体内部 pH 以及氧化还原电位等。无机盐尤其是微量元素在低浓度时对微生物的生长和产物的合成一般有促进作用，但是在高浓度时常表现为明显的抑制作用，有时甚至是毒性作用。而各种不同的微生物及同种微生物在不同的生长阶段对这些物质的最适浓度要求均不相同。因此，在生产中要通过试验预先了解菌体对无机盐和微量元素的最适宜的需求量，以稳定或提高产量（表 1−1）。

表 1−1　无机盐成分一般所用的浓度范围

成分	浓度/$g \cdot L^{-1}$	成分	浓度/$g \cdot L^{-1}$
KH_2PO_4	1.0 ~ 4.0	$CuSO_4 \cdot 5H_2O$	0.003 ~ 0.01
$MgSO_4 \cdot 7H_2O$	0.25 ~ 3.0	$CaCO_3$	5.0 ~ 17.0
KCl	0.5 ~ 12.0	$Na_2MoO_4 \cdot 2H_2O$	0.01 ~ 0.1
$ZnSO_4 \cdot 8H_2O$	0.1 ~ 1.0	$FeSO_4 \cdot 4H_2O$	0.01 ~ 0.1
$MnSO_4 \cdot H_2O$	0.01 ~ 0.1		

（四）生长调节物质

发酵培养基中某些成分的加入有助于调节产物的形成,这些添加的物质一般被称为生长辅助物质包括生长因子、前体、产物促进剂。

1. 生长因子

生长因子是一类对微生物必不可少的物质,一般为一些小分子有机物,需求量很少。从广义上讲,凡是微生物生长不可缺少的微量的有机物质,如氨基酸、嘌呤、嘧啶、维生素等均称生长因子,狭义的生长因子一般仅指维生素。微生物所需的维生素多为 B 族维生素,如维生素 B_1（硫胺素）、维生素 B_2（核黄素）、维生素 B_3（泛酸）等,在生化代谢中多为各种辅酶(表 1 - 2)。

表 1 - 2　一些维生素生长因子及其生理功能

维生素	生理功能
维生素 B_1（硫胺素）	脱酸酶辅酶,与酮基转移有关
维生素 B_2（核黄素）	构成核黄素单核苷酸(FMN)和黄素腺嘌呤二核苷酸(FAD),作为电子传递链中的递 H 体
维生素 B_3（泛酸）	辅酶 A(CoA)的前体物质之一,递酰基体,是细胞内多种酶的辅酶
维生素 B_5（烟酸）	又称尼克酸,是辅酶Ⅰ(CoⅠ,NADH)、辅酶Ⅱ(CoⅡ,NADPH)的前体,参与细胞内很多氧化还原反应
维生素 B_6（吡哆醇）	其磷酸酯是转氨酶辅酶,也与氨基酸消旋和脱羧有关
维生素 B_{11}（叶酸）	构成四氢叶酸(THFA),传递各种 C_1 分子
维生素 B_{12}（钴胺素）	变位酶辅酶
维生素 H（生物素）	羧化酶辅酶,在脂肪酸代谢中有重要作用
硫辛酸	递酰基体,常与 CoA、维生素 B_1 协同作用

2. 前体

前体指某些化合物加入到发酵培养基中,能直接为微生物在生物合成过程中合成到产物分子中去,而其自身的结构并没有多大变化,但是产物的产量却因加入前体而有较大的提高的一类化合物(表 1 - 3)。

表 1 - 3　几种常用的前体

产物	前体	产物	前体
青霉素 G	苯乙酸、苯乙酰胺等	金霉素	氯化物
青霉素 O	烯酰基 - 巯基乙酸	溴四环素	溴化物
青霉素 V	苯氧乙酸	红霉素	丙酸、丙醇、丙酸盐、乙酸盐
灰黄霉素	氯化物	胡萝卜素	β - 紫罗兰酮
放线菌素 C_3	肌氨酸	L - 色氨酸	临氨基苯甲酸
维生素 B_{12}	钴化物	L - 异亮氨酸	α - 氨基丁酸、D - 苏氨酸
链霉素	肌醇、甲硫氨酸、精氨酸	L - 丝氨酸	甘氨酸

3. 产物促进剂和抑制剂

促进剂是一类刺激因子,它们并不是前体或者营养物质,但加入后却能提高产量的添加剂,这类物质的加入或可以影响微生物正常代谢,或促进中间代谢产物的积累,或提高刺激代谢产物量。常用的促进剂种类繁多,它们的作用机制也不相同。其提高产量的机制还不完全清楚,其原因可能是多方面的,主要包括:有些促进剂本身是酶的诱导物;有些促进剂是表面活性剂,可改善细胞的透性,改善细胞与氧的接触从而促进酶的分泌与生产,也有人认为表面活性剂对酶的表面失活有保护作用;有些促进剂的作用是沉淀或螯合有害的重金属离子。各种促进剂的效果除受菌种、种龄的影响外,还与所用的培养基组成有关,即使是同一产物的促进剂、用同一菌株,生产同一产物,在使用不同的培养基时效果也会不一样的。

产物抑制剂主要是对一些对生产菌代谢途径有某些调节能力的物质。如在甘油发酵中加入亚硫酸氢钠,由于亚硫酸氢钠可以与代谢的中间产物乙醛反应使乙醛不能受氢还原为乙醇,从而激活另一条受氢途径,最后水解为甘油。另外,在带抗生素抗性的工程菌发酵中加入该种抗生素以淘汰非重组细胞、突变细胞和质粒丢失细胞等。总的来说,发酵过程中添加产物促进剂和抑制剂一般都是比较高效专一的。

(五)水

水是所有培养基的主要组成成分,也是微生物机体的重要组成成分。因此,水在微生物代谢过程中占着及其重要的地位。它除直接参加一些代谢外,又是进行代谢反应的内部介质。此外,水是微生物体内和体外的媒介,通过水微生物才能吸收营养物质和排泄废物。此外,由于水的比热容较高,能有效地吸收代谢过程中所释放出的热,使细胞内温度不致骤然上升。同时水又是一种热的良导体,有利于散热,可调节细胞温度。由此可见,水的功能是多方面的,它为微生物生长繁殖和合成目的产物提供了必需的生理环境。

四、常用培养基的配制及灭菌

1. 种子培养基

种子培养基是供微生物生长和大量繁殖,并使菌体长得粗壮,成为活力强的"种子",所以种子培养基的营养成分要求比较丰富和完全,氮源和维生素的含量也要高些,但总浓度以略稀薄为好,这样可达到较高的溶解氧,供大量菌体生长繁殖。种子培养基的成分要考虑在微生物代谢过程中能维持稳定的 pH,其组成还要根据不同菌种的生理特征而定。一般种子培养基都用营养丰富而完全的天然有机氮源,因为有些氨基酸能刺激孢子发芽。但无机氮源容易利用,有利于菌体迅速生长,所以在种子培养基中常包括有机及无机氮源。最后一级的种子培养基的成分最好能较接近发酵培养基,这样可使种子进入发酵培养基后能迅速适应,快速生长。常用细菌种子培养基如下:

液体培养基 1——LB(Luria-Bertani)培养基(菌种复苏用)(1 L)	
组成	胰化蛋白胨 10 g、酵母提取物 5 g、氯化钠 10 g
配制	称量好上述组分,加入 950 mL 纯化水中,摇动容器直至溶质溶解。用 5 mol/L NaOH(约 0.2 mL)调 pH 至 7.0 ±0.2。用纯化水定容至 1 L

灭菌	115 ℃,高压蒸汽灭菌 20 min
孵育	37 ℃,恒温培养箱培育 24 h,无菌生长方可使用

固体培养基——LB 琼脂培养基(菌种复苏用)(1 L)	
组成	胰化蛋白胨 10 g、酵母提取物 5 g、氯化钠 10 g、琼脂粉 15 g
配制	称量好上述组分(除琼脂粉外),加入 950 mL 纯化水中,摇动容器直至溶质溶解。用 5 mol/L NaOH(约 0.2 mL)调 pH 至 7.0,加入琼脂粉,加热溶解,用纯化水定容至 1L
灭菌	115 ℃,高压蒸汽灭菌 20 min。注意:琼脂温度低于 40 ℃易凝结成固体
孵育	分装后,37 ℃,恒温培养箱培育 24 h,无菌生长方可使用

液体培养基 2——种子培养基(菌种扩增用)(1 L)	
组成	胰化蛋白胨 10 g、酵母提取物 10 g、氯化钠 4 g、磷酸氢二钾 2.5 g、磷酸二氢钾 1.0 g
配制	称量好上述组分,加入 950 mL 纯化水中,摇动容器直至溶质溶解。用 5 mol/L NaOH(约 0.2 mL)调 pH 至 7.0±0.2。用纯化水定容至 1L
灭菌	115 ℃,高压蒸汽灭菌 20 min
孵育	37 ℃,恒温培养箱培育 24 h,无菌生长方可使用

2. 发酵培养基

发酵培养基是供菌种生长、繁殖和合成产物之用。它既要使种子接种后能迅速生长,达到一定的菌丝浓度,防止菌体过早衰老,又要使长好的菌体能迅速合成需产物。因此,发酵培养基的组成除有菌体生长所必需的元素和化合物外,还要有产物所需的特定元素、前体和促进剂等。但若因生长和生物合成产物需要的总的碳源、氮源、磷源等的浓度太高,或生长和合成两阶段各需的最佳条件要求不同时,则可考虑培养基用分批补料来加以满足。

一般细菌发酵培养基培养基如下表:

普通发酵培养基(1 L)	
组成	胰化蛋白胨 17 g、酵母提取物 17 g、氯化钠 4 g、磷酸氢二钾 2.5 g、磷酸二氢钾 1 g、葡萄糖 5 g、氯化钙 0.01 g、硫酸镁 1 g、维生素 B1 0.005 g
配制	称量好上述前五种组分,加入 900 mL 纯化水中,摇动容器直至溶质溶解。后四种分装于各自容器中,除菌过滤或灭菌后再加入。最后用灭菌纯化水定容至 1 L
灭菌	115 ℃,高压蒸汽灭菌 20 min

M9 发酵培养基(无机盐培养基)(1 L)	
组成	硫酸镁、磷酸氢二钠、磷酸氢二钾、氯化钠、氯化铵、氯化钙、葡萄糖
配制	先配制 1 mol/L $MgSO_4$ 溶液:$MgSO_4 \cdot 7H_2O$ 2.46 g 加纯化水 10 mL 溶解; 配制 1 mol/L $CaCl_2$ 溶液:无水 $CaCl_2$ 1.11 g 加纯化水 10 mL 溶解; 配制 5×M9 盐溶液:$Na_2HPO_4 \cdot 7H_2O$ 12.8 g、KH_2PO_4 3.0 g、NaCl 0.5 g、NH4Cl 1.0 g,加纯化水 200 mL 溶解;

续表

配制	配制 20% 葡糖糖溶液:4 g 葡萄糖加纯化水 20 mL 溶解; 无菌操作配制 M9 培养基: 5 × M9 盐溶液 200 mL 1 mol/L MgSO$_4$ 溶液 2 mL 1 mol/L CaCl$_2$ 溶液 0.1 mL 20% 葡糖糖溶液 20 mL 加灭菌纯化水至 1 000 mL
灭菌	盐类组分可 121 ℃高压灭菌 30 min 备用;葡萄糖 115 ℃高压灭菌 20 min 或除菌过滤后备用

3. 补料培养基

为使工艺条件稳定,有利于菌生长和代谢,延长对数生长期,提高产量与表达量,一般在发酵的一定时期需要间歇或连续补加各种必要的营养物质,如碳源、氮源、前体等。补料培养基可以单独配置分别加入,也可按一定比例制成复合补料培养基,培养基的组成根据培养菌株的特性调节。补料培养基一般均经单独高压灭菌或除菌过滤后方可添加。

第四节

发酵过程控制

发酵产品生产过程是非常复杂的生物化学反应过程,涉及诸多因素。微生物发酵的生产水平出取决于生产菌种本身的性能外,还取决于微生物合适的环境条件才能发挥和表现出它的优良生产能力。研究和了解与生产菌种相关的环境条件,如培养基组成、温度、pH、氧的需求、泡沫、发酵过程中补料等,采取各种不同方法测定生物代谢过程中代谢变化的各种参数如 pH、温度、溶解氧、罐压、搅拌速度、空气流量、基质含量、黏度、产物浓度、氧化还原电位、尾气中的氧及二氧化碳等变化情况,得到菌体比生长速率、产物比生长速率、氧及糖的比消耗速率,并结合代谢控制理论可以为掌握菌种在发酵过程中的代谢变化规律,进行合理的生产工艺控制才能有效控制发酵过程。

不管是微生物发酵还是动植物细胞的培养过程,均是细胞按照生命固有的一系列遗传信息,在所处的营养和培养条件下,进行复杂而细微的各种动态的生化反应的集合。为了充分表达生物细胞的生产能力,对某一特定的生物来讲,就要研究细胞的生长发育和代谢等生物过程,以及各种生物、理化和工程环境因素对这些过程的影响。因此研究菌体的培养规律、外界控制因素对过程影响及如何优化条件,达到最佳效果是发酵工程的重要任务。

一、发酵过程中的代谢变化与控制参数

微生物的分批发酵过程,因其代谢产物的种类不同而有一定的差异,但大体上是相同的。产生菌体经过一定时间不同级数的种子培养,达到一定菌体量后,移种到发酵罐进行纯种和通气搅拌发酵(发酵工业中,绝大部分是好氧发酵),到规定时间即结束。细胞在初期和后期的生理活性也不相同,因此了解各种不同菌体在发酵过程中的生长曲线及代谢变化,有利于对发酵过程进行控制。

从产物形成来说,代谢变化就是反映发酵中的菌体生长、发酵参数的变化(培养基和培养条件)和产物生成速率这三者之间的关系。如果将它们随时间变化的过程绘制成图,就形成所谓的生长曲线(图 1 - 1)。

具体进入发酵罐以后开始生长、繁殖,直至达到一定的菌浓。其生长过程可分为四个阶段即延缓期、对数期生长期、稳定期和衰亡期。在发酵过程中即使是同一菌种,由于生理状态和培养条件差异,各期的时间长短也不尽相同。在工业发酵中往往接种对数期的(特别是对数生长中期)的菌液,尽量缩短发酵时间,并在尚未达到衰亡期即进行放罐处理。

微生物发酵是在一定条件下进行的,其代谢变化是通过各种检测参数反映出来的。一般发酵过程控制主要参数有以下几种。

(1) pH(酸碱度) 发酵液的 pH 是发酵过程中各种生化反应的综合结果,它是发酵工艺控制的重要参数之一。pH 的高低与菌体生长和产物生成有着重要的关系。

(2) 温度(℃) 是指发酵整个过程或不同阶段中所维持的温度。它的高低与发酵中

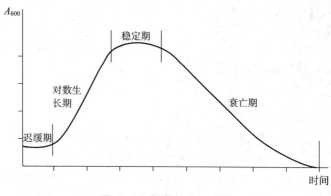

图 1-1 细菌的生长曲线

的酶反应速率、氧在培养液中的溶解度和传递速率、菌体生长速率和产物生成速率等有密切关系。不同的菌种,不同产品,发酵不同阶段所维持的温度亦不同。

（3）溶解氧浓度（DO 值,简称溶氧） 溶解氧是好氧菌发酵的必备条件。氧是微生物体内的一系列经细胞色素氧化酶催化产能反应的最终电子受体,也是合成某些代谢产物的基质,所以,溶氧大小的影响是多方面的。利用溶氧的变化,可了解产生菌对氧利用的规律,反映发酵的异常情况,也可作为发酵中间控制的参数及设备供氧能力的指标。溶氧一般用绝对含量（mg/L）来表示,有时也用在相同条件下氧在培养液中饱和度的百分数（%）来表示。

（4）基质含量 是指发酵液中糖、氮、磷等重要营养物质的浓度。它们的变化对产生菌的生长和产物的合成有着重要的影响,也是提高代谢产物产量的重要控制手段。因此,在发酵过程中,必须定时测定糖（还原糖和总糖）、氮（氨基氮或铵氮）等基质的浓度。

（5）空气流量 是指每分钟内每单位体积发酵液通入空气的体积,也可叫通风比,也是好氧发酵的控制参数。它的大小与氧的传递和其他控制参数有关,一般控制在 0.5～1.0 L/（L·min）。

（6）压力 是指发酵过程中发酵罐维持的压力。罐内维持正压可以防止外界空气中的杂菌侵入而避免污染,以保证纯种的培养。同时罐压的高低还与 O_2 和 CO_2 在培养液中的溶解度有关,间接影响菌体代谢。罐压一般维持在 0.02～0.05 MPa。

（7）搅拌转速 对好氧性发酵,在发酵的不同阶段控制发酵罐搅拌器不同的转数,以调节培养基中的溶氧。搅拌转速是指搅拌器在发酵过程中的转动速度,通常以转/min 来表示。它的大小与氧在发酵液中的传递速率和发酵液的均匀性有关。

（8）搅拌功率 是指搅拌器搅拌时所消耗的功率,常指每立方米发酵液所消耗的功率（kW/m³）。它的大小与液相体积氧传递系数 $K_{L\alpha}$ 有关。

（9）黏度 黏度大小可以作为细胞生长或细胞形态的一项标志,也能反映发酵罐中菌丝分裂过程的情况,通常用表观黏度表示之。它的大小可改变氧传递的阻力,又可表示相对菌体浓度。

（10）浊度（OD 值） 浊度是能及时反映单细胞生长状况的参数,用于澄清培养液中低浓度非丝状菌的测量,测得的 OD 值与细胞浓度成线性关系。一般采用分光光度计的波长 420～660 nm 测量,要求吸光率 0.3～0.7。波长 600～660 nm 间,一个吸光率单位大约相当于 1.5 g 细胞干重/L。浊度对氨基酸、核苷酸等产品的生产是极其重要的。

(11)料液流量 这是控制流体进料的参数。

(12)产物的浓度 这是发酵产物产量高低或合成代谢正常与否的重要参数,也是决定发酵周期长短的根据。

(13)氧化还原电位 培养基的氧化还原电位是影响微生物生长及其生化活性的因素之一。对各种微生物而言,培养基最适宜的与所允许的最大电位值,应与微生物本身的种类和生理状态有关。氧化还原电位常作为控制发酵过程的参数之一,特别是厌氧发酵和某些氨基酸发酵是在限氧条件下进行的,溶氧电极已不能精确使用,这时用氧化还原电位参数控制则较为理想。

(14)废气中的氧含量 废气中的氧含量与产生菌的摄氧率和 $K_{L\alpha}$ 有关。从废气中的 O_2 和 CO_2 的含量可以算出产生菌的摄氧率、呼吸熵和发酵罐的供氧能力。

(15)废气中的 CO_2 含量 废气中的 CO_2 就是产生菌呼吸放出的 CO_2。测定它可以算出产生菌的呼吸熵,从而了解产生菌的呼吸代谢规律。

(16)菌丝形态 丝状菌发酵过程中菌丝形态的改变是生化代谢变化的反映。一般都以菌丝形态作为衡量种子质量、区分发酵阶段、控制发酵过程的代谢变化和决定发酵周期长短的依据之一。

(17)菌体浓度(简称菌浓) 是控制微生物发酵的重要参数之一,特别是对抗生素次级代谢产物的发酵。它的大小和变化速度对菌体的生化反应都有影响,因此测定菌体浓度具有重要意义。菌浓与培养液的表观黏度有关,间接影响发酵液的溶氧浓度。在生产上,常常根据菌浓度来决定适合的补料量和供氧量,以保证生产达到预期的水平。

根据发酵液的菌体量和单位时间的菌浓、溶氧、糖浓度、氮浓度和产物浓度等的变化值,即可分别算出菌体的比生长速率、氧比消耗速率、糖比消耗速率、氮比消耗速率和产物比生成速率。这些参数也是控制产生菌的代谢、决定补料和供氧工艺条件的主要依据,多用于发酵动力学的研究。

除上述外,还有跟踪细胞生物活性的其他化学参数,如 NAD-NADH 体系、ATP-ADP-AMP 体系、DNA、RNA、生物合成的关键酶等。

表 1-4 发酵过程中要控制参数的测定方法及目的

参数名称	单位	测定方法	目的与作用
pH	–	pH 传感器	反映菌体代谢情况,便于优化控制
温度	℃	温度传感器	维持生长,合成代谢产物
压力	MPa、kg/cm²	压力表	维持正压、增加溶氧
溶解氧	%	溶氧传感器	反映氧的供给与消耗情况,便于优化控制
空气流量	m³/h	流量计	供氧,排泄废气
搅拌转速	r/min	传感器	物料混合、提高传质传热效果
泡沫	–	传感器	反映发酵代谢情况

参数名称	单位	测定方法	目的与作用
产物浓度	mg/L	分光光度计测定	确定诱导与发酵结束时机
黏度	Pa·s	黏度计	反映菌体生长情况及传氧系数变化
氧化还原电位	mV	传感器	反映菌体代谢情况
排气氧浓度	%	传感器、热磁氧分析仪	了解耗氧情况
排气二氧化碳浓度	%	传感器、红外吸收	了解菌体呼吸情况
总糖	kg/m^3	生化分析仪测定	了解发酵进程及是否补糖
比生长速率 μ	h^{-1}	计算测定	控制影响菌体产量与表达的代谢副产物（如乙酸）

二、影响发酵的主要因素及控制

1. 温度对发酵的影响及控制

在影响微生物生长繁殖的各种物理因素中，温度的作用是最重要因素之一。由于微生物的生长繁殖和产物的合成都是在各种酶的催化下进行的，而温度是保证酶活性的重要条件，因此在发酵过程中必须保证稳定而又合适的温度环境。温度对发酵的影响是多方面的，对微生物细胞的生长和代谢、产物合成的影响是各种因素综合表现的结果。

（1）温度对微生物细胞生长的影响 大多数微生物适宜在 20～40 ℃的温度范围内生长。嗜冷菌在温度低于 20 ℃生长速率最大，嗜中温菌在 30～35 ℃左右生长，嗜热菌在 50 ℃以上生长。在最适宜的温度范围内，微生物的生长速率可以达到最大，当温度超过最适生长温度，生长速率随温度的增加而下降。

温度对细胞生长的影响是多方面的，一方面在其最适温度范围内，生长速率随温度的升高而增加，一般当温度增加 10 ℃，生长速率大致增长一倍。这是由于生长代谢以及繁殖都是酶促反应，根据酶促反应的动力学来看，温度升高，反应速度加快，呼吸强度加强，必然最终导致细胞生长繁殖加快。当温度超过最适生长温度，生长速率将随温度的增加而迅速下降。高温会使微生物细胞内的蛋白质发生变性或者凝固，同时破坏微生物细胞内的酶活性，从而杀死微生物，温度越高，微生物的死亡就越快。微生物的种类不同，所具有的酶系及其性质不同，生长所要求的温度也不同。即使同一种微生物，由于培养条件的不同，其最适的温度也有所不同。另一方面，不同生长阶段的微生物对温度的反应不同，处于迟滞期的细菌对温度最敏感。将其置于最适生长温度，可以大大缩短迟滞期，反之会增加发酵时间。对于对数生长期的细菌，即使在发酵过程中升温，对其破坏作用也较弱。因此一般在发酵过程中，在最适温度范围内提高对数生长期的温度，即加快菌体生长，又避免了热作用的破坏。

（2）温度对发酵产物的影响 温度除了影响发酵过程中菌体生长和产物形成外，还间接影响菌生物合成途径。它通过影响基质和氧在发酵液中的溶解速度和传递速率，影响菌对某些基质的分解吸收速度，使生物合成途径发生改变。如在某些重组工程菌的表达过程中,在较低温度下以可溶或大部分为可溶的形式表达目的蛋白,而在较高温度下易形成包含体。

（3）温度的控制

① 最适温度的选择。最适发酵温度是既适合菌体的生长、又适合代谢产物合成的温度。但最适生长温度与最适生产温度往往是不一致的。各种微生物在一定条件下,都有一个最适的温度范围。微生物种类不同,所具有的酶系不同,所要求的温度不同。同一微生物,培养条件不同,最适温度不同。

最适发酵温度随着菌种、培养基成分、培养条件和菌体生长阶段不同而改变。理论上,整个发酵过程中不应只选一个培养温度,而应根据发酵不同阶段,选择不同的培养温度。在生长阶段,应选择最适生长温度;在产物生成阶段,应选择最适生产温度。发酵温度可根据不同菌种,不同产品进行控制。但在工业发酵中,由于发酵液的体积很大,升降温度都比较困难,所以在整个发酵过程中,往往采用一个比较适合的恒定培养温度,使得到的产物产量最高,或者在可能条件下进行变温发酵。实际生产中,为了得到较高的发酵效率,获得满意的产物得率,往往采用二级或三级管理温度。

② 温度的控制。在发酵过程中随着微生物对营养物质的利用,以及机械搅拌的作用,将产生一定的热能。同时因为罐壁散热、水分蒸发等也会带走部分热量。在发酵过程中,引起温度变化的原因是由于发酵过程中所产生的净热量,称为发酵热（$Q_{发酵}$）。它包括生物热、搅拌热、蒸发热、通气热、辐射热和显热等。因此,要维持一定的发酵温度,必须采取保温措施,利用自动控制或手动调整的阀门,通过冷却水循环降温或通过循环水加热方式升温。

2. pH 对发酵的影响及其控制

pH 是影响微生物生长和产物合成最重要的因素之一,是代谢活动的综合指标。不同种类的微生物对 pH 的要求不同。大多数细菌最适 pH 为 6.5～7.5,霉菌一般为 4.0～5.8,酵母菌为 3.8～6.0,放线菌为 6.5～8.0。控制适宜的 pH 不仅是保证微生物正常生长与产物的合成,还是防止杂菌污染的有效措施。

（1）pH 对发酵的影响　发酵培养基的 pH,对微生物生长具有非常明显的影响,也是影响发酵过程中各种酶活的重要因素。pH 对微生物的生长繁殖和产物合成的影响有以下几个方面:①影响酶的活性,当 pH 抑制菌体中某些酶的活性时,会阻碍菌体的新陈代谢;②影响微生物细胞膜所带电荷的状态,改变细胞膜的通透性,影响微生物对营养物质的吸收和代谢产物的排泄;③影响培养基中某些组分的解离,进而影响微生物对这些成分的吸收;④pH 不同,往往引起菌体代谢过程的不同,使代谢产物的质量和比例发生改变。

培养基中营养物质的代谢,是引起 pH 变化的主要原因,发酵液 pH 的变化乃是菌体代谢的综合效果。由于 pH 不当,可能严重影响菌体的生长和产物的合成,因此对微生物发酵来说有各自的最适生长 pH 和最适生产 pH。各种不同的微生物,对 pH 的要求不同。在微生物的生长过程和产物的合成过程的最适 pH 也可能有所不同。多数微生物生长都有最适pH 范围及其变化的上下限:上限都在 8.5 左右,超过此上限,微生物将无法忍受而自溶;下限以酵母为最低(2.5),但菌体内的 pH 一般认为是中性附近。pH 对产物的合成有明显的影响,因为菌体生长和产物合成都是酶反应的结果,仅仅是酶的种类不同而已,因此代谢产物的合成也有自己最适的 pH 范围,另外,pH 还会影响某些菌的形态。

（2）发酵过程 pH 的变化　在发酵过程中,pH 往往处于动态变化中。pH 的变化决定于所用的菌种、培养基的成分和培养条件。在产生菌的代谢过程中,菌体本身具有一定的调整周围环境 pH,构建最适 pH 的能力。但外界条件发生较大变化时,pH 将会不断波动。一方面,微生物通过代谢活动分泌有机酸如乳酸、乙酸、柠檬酸等或一些碱性物质,导致发酵环境的 pH 变化;另一方面,微生物通过利用发酵培养基中的酸性物质或碱性物质,导致发酵环境的 pH 变化。

培养基中的营养物质的代谢,也是引起 pH 变化的重要原因。微生物生长或合成产物过程中消耗碳源释放二氧化碳,pH 降低;消耗蛋白质或其他含氮有机物释放氨,pH 上升。发酵所用的碳源种类不同,pH 变化也不一样。发酵液的 pH 变化是菌体代谢反应的综合结果。从代谢曲线的 pH 变化就可以推测发酵罐中的各种生化反应的进展和 pH 变化异常的可能原因。在发酵过程中,要选择好发酵培养基的成分及其配比,并控制好发酵工艺条件,才能保证 pH 不会产生明显的波动,维持在最佳的范围内,得到良好的结果。实践证明,维持稳定的 pH,对产物的形成有利。

（3）发酵 pH 的确定和控制

① 发酵 pH 的确定。微生物发酵的最适 pH 范围一般是在 5～8 之间,但发酵的 pH 又随菌种和产品不同而不同。由于发酵是多酶复合反应系统,各酶的最适 pH 也不相同,因此,同一菌种,生长最适 pH 可能与产物合成的最适 pH 是不一样的。因此,应该按发酵过程的不同阶段分别控制不同的 pH 范围,使产物的产量达到最大。

最适 pH 是根据实验结果来确定的。将发酵培养基调节成不同的出发 pH 进行发酵,在发酵过程中,定时测定和调节 pH 以维持出发,或者利用缓冲液配制培养基来维持。定时观察菌体的生长情况,以菌体生长达到最高值的 pH 为菌体生长的最适 pH。以同样的方法,可测得产物合成的最适 pH。但同一产物的最适 pH,还与所用的菌种、培养基组成和培养条件有关。在确定发酵最适 pH 时,要不定期考虑培养温度的影响,若温度提高或降低,最适 pH 也可能发生变动。

② pH 的控制。发酵过程中为稳定保持最适 pH,首先需要考虑发酵培养基的基础配方,使它们有个适当的配比,使发酵过程中的 pH 变化在合适的范围内。在培养基的组成中加入一定量的碳酸钙或磷酸盐,形成缓冲溶液调节缓发酵过程中的 pH 变化;还可以在培养基中加入一定量的生理酸性或生理碱性化合物,综合代谢过程中产生得酸或碱,以维持一定 pH。利用上述方法调节 pH 的能力是有限的,如果达不到要求,可以用在发酵过程中直接补加酸或碱和补料的方式来控制,特别是补料的方法效果比较明显。过去是直接加入酸（如 HCl）或碱（如 NaOH）来控制,但现在常用的是以碳源（如葡萄糖）和碱性物质（如氨水、尿素）来控制。它们不仅可以调节 pH,还可以补充碳源或氮源。当发酵的 pH 降低时,补加氨水,就可达到调节 pH 和补充氨氮的目的;反之,pH 升高,就补加碳源。

目前,常采用补料的方法来调节 pH,这种方法既可以达到稳定 pH 的目的,又可以不断补充营养物质,解除对产物合成的阻遏作用,提高产物产量。也就是说,采用补料的方法,可以同时实现补充营养、延长发酵周期、调节 pH 和培养液的特性（如菌浓等）等几个目的。

3. 溶解氧对发酵的影响及其控制

好气性生物的生长发育和产物的合成都需要消耗氧气,它们只有在氧分子存在的情况下才能完成生物氧化作用。菌群在大量扩增过程中,进行耗氧的氧化分解代谢,发酵过程中随溶解氧浓度的下降,细胞生长减慢;外源基因的高效转录和翻译需要大量的能量,促进细胞的呼吸作用,提高对氧的需求。因此维持较高水平的溶解氧浓度,才能提高菌的生长及外源蛋白产物的合成。一般在生长过程中溶解氧浓度≥40%,产物合成过程中解氧浓度≥30%。

(1) 溶解氧对发酵的影响 在25 ℃,0.10 MPa下,空气中的氧在水中的溶解度为0.25 mmol/L,在发酵液中的溶解度只有0.22 mmol/L,而发酵液中的大量微生物耗氧迅速(耗氧速率大于25~100 mmol·L^{-1}·h^{-1})。因此,供氧对于好氧微生物来说是非常重要的。在好氧发酵中,微生物对氧有一个最低要求,满足微生物呼吸的最低氧浓度叫临界溶氧浓度(critical value of dissolved oxygen concentration),用C临界表示。在C临界以下,微生物的呼吸速率随溶解氧浓度降低而显著下降。一般好氧微生物C临界很低,约为0.003~0.050 mmol/L,需氧量一般为25~100 mmol·L^{-1}·h^{-1},其C临界大约是氧饱和溶解度的1%~25%。

当不存在其他限制性基质时,溶氧高于C临界,细胞的比耗氧速率保持恒定;如果溶氧低于C临界,细胞的比耗氧速率就会大大下降,细胞处于半厌氧状态,代谢活动受到阻碍。培养液中维持微生物呼吸和代谢所需的氧保持供氧与耗氧的平衡,才能满足微生物对氧的利用。

在发酵过程中,影响溶解氧的因素有以下几方面。①培养基的成分和菌浓显著影响耗氧。培养液营养丰富,菌体生长快,耗氧量大;菌浓高,耗氧量大;发酵过程补料或补糖,微生物对氧的摄取量随之增大;②菌龄影响耗氧。对数生长期呼吸旺盛,耗氧量大;发酵后期菌体处于衰老状态,耗氧量自然减弱。③发酵条件影响耗氧。在最适条件下发酵,耗氧量大。④发酵过程中,排除有毒代谢产物如二氧化碳、挥发性的有机酸和过量的氨,也有利于提高菌体的摄氧量。

(2) 供氧与微生物呼吸代谢的关系 好氧微生物生长和代谢均需要氧气,因此供氧必须满足微生物在不同阶段的需要。由于各种好氧微生物所含的氧化酶系(如过氧化氢酶、细胞色素氧化酶、黄素脱氢酶、多酚氧化酶等)的种类和数量不同,在不同的环境条件下,各种不同的微生物的吸氧量或呼吸强度是不同的。微生物的吸氧量常用呼吸强度和耗氧速率两种方法来表示。呼吸强度又称氧比消耗速率,是指单位质量的干菌体在单位时间内所吸取的氧量,单位为mmol O_2/(g 干菌体·h)。耗氧速率又称摄氧率,是指单位体积培养液在单位时间内的吸氧量,单位为mmol O_2/(L·h)。呼吸强度可以表示微生物的相对吸氧量,但是,当培养液中有固体成分存在时,测定起来有困难,这时可用耗氧速率来表示。微生物在发酵过程中的耗氧速率取决于微生物的呼吸强度和单位体积菌体浓度。

在发酵生产中,供氧的多少应根据不同的菌种、发酵条件和发酵阶段等具体情况决定。在菌体生长期,供氧必须满足菌体呼吸的需氧量,若菌体的需氧量得不到满足,则菌体呼吸受到抑制,从而抑制菌体生长,引起乳酸等副产物的积累,菌体收率降低。但是供氧并非越大越好,当供氧满足菌体需要,菌体的生长速率达最大值,如果再提高供氧,不但不能促进菌体生长,造成能源浪费,而且高氧水平会抑制菌体生长。

（3）发酵过程溶氧的变化　在发酵过程中,在已有设备和正常发酵条件下,每种产物发酵的溶氧变化都有自己的规律。一般在发酵的延滞期,菌体繁殖速率缓慢,氧消耗量较低;在对数生长期菌群大量繁殖,需氧量不断增加。此时的需氧量超过供氧量,使溶氧明显下降,出现一个低峰,产生菌的摄氧率同时出现一个高峰,发酵液中的菌浓也不断上升,黏度一般在这个时期也会出现一高峰阶段。发酵中后期,对于分批发酵来说,溶氧变化比较小。进入稳定期,因为菌体已繁殖到一定浓度,呼吸强度变化也不大,如不补加基质,发酵液的摄氧率变化也不大,供氧能力仍保持不变,溶氧变化也不大。但当外界进行补料（包括碳源、前体、消泡剂）,则溶氧就会发生改变,变化的大小和持续时间的长短,则随补料时的菌龄、补入物质的种类和剂量不同而不同。如补加糖后,发酵液的摄氧率就会增加,引起溶氧下降,经过一段时间后又逐步回升;如继续补糖,甚至降至 C 临界以下,而成为生产的限制因素。在生产后期,由于菌体衰老,呼吸强度减弱,溶氧也会逐步上升,一旦菌体自溶,溶氧更会明显上升。

在发酵过程中,有时出现溶氧明显降低或明显升高的异常变化,常见的是溶氧下降。引起溶氧异常下降,可能有下列几种原因:①污染好气性杂菌,大量的溶氧被消耗掉,可能使溶氧在较短时间内下降到零附近,如果杂菌本身耗氧能力不强,溶氧变化就可能不明显;②菌体代谢发生异常现象,需氧要求增加,使溶氧下降;③某些设备或工艺控制发生故障或变化,也可能引起溶氧下降,如搅拌功率消耗变小或搅拌速度变慢,影响供氧能力,使溶氧降低。又如消泡剂因自动加油器失灵或人为加量太多,也会引起溶氧迅速下降。其他影响供氧的工艺操作,如停止搅拌、闷罐（罐排气阀封闭）等,都会使溶氧发生异常变化。引起溶氧异常升高的原因,在供氧条件没有发生变化的情况下,主要是耗氧出现改变,如菌体代谢出现异常,耗氧能力下降,使溶氧上升。特别是污染烈性噬菌体,影响最为明显,产生菌尚未裂解前,呼吸已受到抑制,溶氧有可能上升,直到菌体破裂后,完全失去呼吸能力,溶氧就直线上升。

由上可知,从发酵液中的溶氧变化,就可以了解微生物生长代谢是否正常、工艺控制是否合理、设备供氧能力是否充足等问题,帮助我们查找发酵不正常的原因和控制好发酵生产。

（4）溶氧浓度控制　发酵液的溶氧浓度,是由供氧和需氧两方面所决定的。也就是说,当发酵的供氧量大于需氧量,溶氧就上升,直到饱和;反之就下降。因此要控制好发酵液中的溶氧,需从这两方面着手。

在供氧方面,主要是设法提高氧传递的推动力和液相体积氧传递系数 K_{L_a} 值。结合生产实际,在可能的条件下,采取适当的措施来提高溶氧,如调节搅拌转速或通气速率来控制供氧。但供氧量的大小还必须与需氧量相协调,也就是说,要有适当的工艺条件来控制需氧量,使产生菌的生长和产物生成对氧的需求量不超过设备的供氧能力,使产生菌发挥出最大的生产能力。这对生产实际具有重要的意义。

发酵液的需氧量,受菌浓、基质的种类和浓度以及培养条件等因素的影响,其中以菌浓的影响最为明显。发酵液的摄氧速率（OUR）是随菌浓增加而按比例增加,但传氧速率（OTR）是随菌浓的对数关系减少,因此可以控制菌的比生长速率比临界值略高一点的水平,达到最适菌浓度,是控制最适溶氧浓度的重要方法。最适菌浓既能保证产物的比生产速率维持在最大值,又不会使需氧大于供氧。控制最适的菌浓度可以通过控制基质的浓度来实现,如通过控制补加葡萄糖的速率达到最适菌浓度,利用溶氧的变化来自动控制补糖速率,间接控制供氧速率和 pH,实现菌体生长、溶氧和 pH 三位一体的控制体系。

除控制补料速度外,在工业上,还可采用调节温度(降低培养温度可提高溶氧浓度)、增加罐压、液化培养基、中间补水、添加表面活性剂等工艺措施,来改善溶氧水平。

4. 基质的影响及其控制

基质即培养微生物的营养物质,也成为底物。主要包括碳源、氮源、无机盐等。对于发酵控制来说,基质是生产菌代谢的物质基础,既涉及菌体的生长繁殖,又涉及产物的形成。因此基质的种类和浓度与发酵代谢有着密切的关系。所以选择适当的基质和控制适当的浓度,是提高代谢产物产量的重要方法。就产物的形成来说,培养基过于丰富,有时会使菌体生长过旺,黏度增大,传质差,菌体不得不花费较多的能量来维持其生存环境,即用于非生产的能量大量增加。所以,在分批发酵中,控制合适的基质浓度不但对菌体的生长有利,对产物的形成也有益处。

(1) 碳源对发酵的影响及其控制　常用的碳源有葡萄糖、乳糖、蔗糖、麦芽糖、甘油、糖蜜等。使用不同的碳源对菌体生长和外源基因的表达有较大影响。使用葡萄糖与甘油菌体的比生长速率及呼吸强度相差不大,但以甘油为碳源的菌体得率较大,而以葡萄糖为碳源所产生的副产物较多(如乙酸)。葡萄糖对 Lac 启动子有阻遏作用,因此通常降低葡萄糖在底物中的浓度(一般≤10 g/L),采用流加的方式加入,以减少或消除对 Lac 启动子阻遏作用。对 Lac 启动子来说,使用乳糖作为碳源,既可以提供能量,还可以起到诱导作用。因此选择最适碳源对提高代谢产物产量是很重要的。

碳源的浓度也有明显的影响。由于营养过于丰富所引起的菌体异常繁殖,对菌体的代谢、产物的合成及氧的传递都会产生不良的影响。若产生阻遏作用的碳源(葡萄糖)用量过大,则产物的合成会受到明显的抑制;反之,仅仅供给维持量的碳源,菌体生长和产物合成就都停止。所以控制合适的碳源浓度是非常重要的。

控制碳源的浓度,可采用经验法和动力学法,即在发酵过程中采用中间补料的方法来控制。这要根据不同代谢类型来确定补糖时间、补糖量和补糖方式。动力学方法是要根据菌体的比生长速率、糖比消耗速率及产物的比生成速率等动力学参数来控制。

(2) 氮源对发酵的影响及其控制　常用的有蛋白胨、酵母提取物、络蛋白水解物、玉米浆和氨水、硫酸铵、氯化铵、硝酸铵等。它们对菌体代谢都能产生明显的影响,不同的种类和不同的浓度都能影响产物合成的方向和产量。例如有些氮源容易被菌体所利用,促进菌体生长,但对某些代谢产物的合成,特别是某些抗生素的合成产生调节作用,影响产量。因此也要选择适当的氮源和浓度。

发酵培养基一般是选用含有快速利用和慢速利用的混合氮源,除了基础培养基中的氮源外,还要在发酵过程中补加氮源来控制其浓度。①根据产生菌的代谢情况,可在发酵过程中添加某些具有调节生长代谢作用的有机氮源,如酵母粉、玉米浆、尿素等。②补加无机氮源氨水或硫酸铵是工业上的常用方法。氨水既可作为无机氮源,又可调节 pH,以达到提高氮含量和调节 pH 的双重目的。还可补充其他无机氮源,但需根据发酵控制的要求来选择。

（3）磷酸盐对发酵的影响及其控制　磷是微生物菌体生长繁殖所必需的成分,也是合成代谢产物所必需的。在发酵过程中,微生物摄取的磷一般以磷酸盐的形式存在。微生物生长良好所允许的磷酸盐浓度为 0.32～300 mmol/L,但对次级代谢产物合成良好所允许的最高平均浓度仅为 1.0 mmol/L,提高到 10 mmol/L 就明显地抑制其合成。因此控制磷酸盐浓度对微生物次级代谢产物发酵来说是非常重要的。磷酸盐浓度调节代谢产物合成机制及对于初级代谢产物合成的影响,往往是通过促进菌体生长而间接产生的;对于次级代谢产物来说,机制就比较复杂。

磷酸盐浓度的控制,一般是在基础培养基中采用适当的浓度。对于初级代谢来说,要求不如次级代谢那么严格。磷酸盐的最适浓度取决于菌种特性、培养条件、培养基组成和原料来源等因素,并结合具体条件和使用的原材料进行实验来确定。培养基中的磷含量还可能因为配制方法和灭菌条件不同而有所变化。在发酵过程中,若发现代谢缓慢、耗糖量低,可适当补充磷酸盐。

除上述主要基质外,还有其他培养基成分影响发酵。如微量元素、促生长因子等。总之,发酵过程中,控制基质的种类及其用量是非常重要的,是发酵能否成功的关键,必须根据产生菌的特性和各个产物合成的要求,进行深入细致的研究,方能取得良好的结果。

5. 接种量的影响及其控制

接种量是指移入发酵罐中的种子液的体积与培养液体积的比例。其大小影响发酵的产量和发酵周期。接种量少,延长菌体的延滞期,不利于外源基因的生长与表达;接种量大,由于种子液中含有大量水解酶,有利于对底物的利用,缩短菌体的延滞期,并能使生产菌迅速占领整个培养环境,减少污染几率。但接种量过高又往往会使菌体生长过快,代谢产物积累过多,反而抑制后期菌体的生长。所以接种量的大小取决于生产菌种在发酵中的生产繁殖速度,应通过实验进行确定。一般在外源蛋白的发酵过程中,接种量一般设计在 5%～10%,可缩短延滞期,菌群迅速繁衍,很快进入对数生长期,适于表达外源基因。

6. 诱导时机的影响及其控制

诱导剂的添加量及诱导时机都会影响到外源蛋白的表达水平。诱导时机的不同会影响到外源基因的表达以及工程菌的稳定性和活性。过早诱导会抑制细胞大量增殖,造成生物质和目的蛋白产量偏低,同时也增加了染菌的机会;而诱导过迟虽可获得高产量的生物质,但由于细胞生长停滞后,各种酶系统的活力下降,细胞表达外源蛋白的时间减少,也会影响蛋白表达。一般外源蛋白在对数生长中后期进行诱导表达。选择诱导剂的添加浓度也非常重要。如诱导剂异丙基 $-\beta-D-2-$ 硫代半乳糖苷（IPTG）浓度过高,对含质粒工程菌的生长具有抑制作用,并有一定毒副作用,加之 IPTG 本身价格昂贵,会增加生产成本;诱导剂 IPTG 浓度过低,则会影响诱导效果,影响目的蛋白的表达量。确定诱导时机和诱导浓度,使得即能获得较高目的产物的表达量,又可获得较高的菌体重量,是高水平表达外源蛋白的培养中的重要问题。

7. 补料控制的影响及其控制

补料分批发酵（fed-batch culture,简称 FBC）,又称半连续培养或半连续发酵,是指在分批发酵过程中,间歇或连续地补加一种或多种成分新鲜培养基的培养方法,是分批发酵和连续发酵之间的一种过渡培养方式,是一种控制发酵的好方法,现已广泛用于发酵工业。

同传统的分批发酵相比,FBC 具有以下的优点:①可以解除底物抑制、产物反馈抑制和分解代谢物的阻遏;②可以避免在分批发酵中因一次投料过多造成细胞大量生长所引起的一切影响,改善发酵液流变学的性质;③可用作为控制细胞质量的手段,以提高发芽胞子的比例;④可作为理论研究的手段,为自动控制和最优控制提供实验基础。同连续发酵相比,FBC 不需要严格的无菌条件,产生菌也不会产生老化和变异等问题,适用范围也比连续发酵广泛。

由于 FBC 有这些优点,现已被广泛地用于微生物发酵生产和研究中。

(1)控制抑制性底物的浓度　在许多发酵过程中,微生物的生长是受到基质浓度的影响。要想得到高密度的生物量,需要投入几倍的基质。按 Monod 方程,当营养底物浓度增加到一定量时,生长就显示饱和型动力学,再增加底物浓度,就可能产生一种基质抑制区,延滞期延长,菌体比生长速率减小,菌浓下降等。所以高浓度营养物对大多数微生物生长是不利的。抑制微生物生长有多种原因:①有的基质过浓使渗透压过高,细胞因脱水而死亡;②高浓度基质能使微生物细胞热致死;③有的是因某种或某些基质对代谢关键酶或细胞组分产生抑制作用;④高浓度基质还会改变菌体的生化代谢而影响生长等。在微生物发酵中,有的基质又是合成产物必需的前体物质,浓度过高,就会影响菌体代谢或产生毒性,使产物产量降低。有的是受底物溶解度小的限制,达不到应有的浓度而影响转化率。采用 FBC 方式,就可以控制适当的基质浓度,解除其抑制作用,又可得到高浓度的产物。

(2)可以解除或减弱分解代谢物的阻遏　在微生物合成初级或次级代谢产物中,有些合成酶受到迅速利用的碳源或氮源的阻遏,特别是葡萄糖,它能够阻抑多种酶或产物的合成。已知这种阻遏作用不是葡萄糖的直接作用,而是由葡萄糖的分解代谢产物所引起的。通过补料来限制基质葡萄糖的浓度,就可解除酶或其产物的阻遏,提高产物产量。

(3)可以使发酵过程最佳化　分批发酵动力学的研究,阐明了各个参数之间的相互关系。利用 FBC 技术,就可以使菌种保持在最大生产力的状态。随着 FBC 补料方式的不断改进,为发酵过程的优化和反馈控制奠定了基础。随着计算机、传感器等的发展和应用,已有可能用离线方式计算或用模拟复杂的数学模型在线方式实现最优化控制。

(4)补料的方式及控制　补料方式有很多种情况,有连续流加、不连续流加或多周期流加。每次流加又可分为快速流加、恒速流加、指数速率流加和变速流加。从补加培养基的成分来分,又可分为单组分补料和多组分补料。流加操作控制系统又分为有反馈控制和无反馈控制两类。这两类的数学模型在理论上没有什么差别。反馈控制系统是由传感器、控制器和驱动器三个单元所组成。根据控制依据的指标不同,又分为直接方法和间接方法。间接方法是以溶氧、pH、呼吸熵、排气中 CO_2 分压及代谢产物浓度等作为控制参数。对间接方法来说,选择与过程直接相关的可检参数作为控制指标,是研究的关键。这就需要详尽考查分批发酵的代谢曲线和动力学特性,获得各个参数之间的有意义的相互关系,来确定控制参数。对于通气发酵,利用排气中 CO_2 含量作为 FBC 反馈控制参数是较为常用的间接方法。它是依靠精确测量 CO_2 的释放率和葡萄糖的流动速度,达到控制菌体的比生长速率和菌浓。pH 也已用作糖的流加控制的参数。

为了改善发酵培养基的营养条件和去除部分发酵产物,FBC 还可采用"放料和补料"(withdraw and fill)方法,也就是说,发酵一定时间,产生了代谢产物后,定时放出一部分发酵液,同时补充一部分新鲜营养液,并重复进行。这样就可以维持一定的菌体生长速率,延长发酵产物生产期,有利于提高产物产量,又可降低成本。所以这也是另一个提高产量的FBC 方法,但要注意染菌等问题。

8. 泡沫对发酵的影响及其控制

(1) 泡沫的形成及其对发酵的影响　　在大多数微生物发酵过程中,由于培养基中有蛋白类表面活性剂(具有较高的表面张力)存在,在通气条件下,培养液中就形成了泡沫。泡沫是气体被分散在少量液体中的胶体体系,气液之间被一层液膜隔开,彼此不相连通。形成泡沫有两种类型:一种是发酵液液面上的泡沫,气相所占的比例特别大,与液体有较明显的界限,如发酵前期的泡沫;另一种是发酵液中的泡沫,又称流态泡沫(fluid foam),分散在发酵液中,比较稳定,与液体之间无明显的界限。

发酵过程产生少量的泡沫是正常的。泡沫的多少一方面与发酵罐搅拌、通风有关;另一方面,与培养基性质有关。蛋白质原料如蛋白胨、玉米浆、黄豆粉、酵母粉等是主要的发泡剂,糊精含量多也引起泡沫的形成。发酵过程中,泡沫的形成有一定的规律性。当发酵感染杂菌和噬菌体时,泡沫异常多。

起泡会带来许多不利因素,如发酵罐的装料系数减少、液相体积氧传递系数减小等。泡沫过多时,影响更为严重,造成大量逃液,发酵液从排气管路或轴封逃出而增加染菌机会等。严重时通气搅拌也无法进行,菌体呼吸受到阻碍,导致代谢异常或菌体自溶。所以,控制泡沫是保证正常发酵的基本条件。

(2) 泡沫的控制　　泡沫的控制,可以采用三种途径:①调整培养基中的成分(如少加或缓加易起泡的原材料)或改变某些物理化学参数(如 pH、温度、通气和搅拌)或者改变发酵工艺(如采用分次投料)来控制,以减少泡沫形成的机会。但这些方法的效果有一定的限度;②采用机械消泡或消泡剂消泡这两种方法来消除已形成的泡沫;③还可以采用菌种选育的方法,筛选不产生流态泡沫的菌种,来消除起泡的内在因素。对于已形成的泡沫,工业上可以采用机械消泡和化学消泡剂消泡或两者同时使用消泡。

机械消泡是一种物理消泡的方法,利用机械强烈振动或压力变化而使泡沫破裂。有罐内消泡和罐外消泡两种方法。前者是靠罐内消泡浆转动打碎泡沫;后者是将泡沫引到罐外,通过喷嘴的加速作用或利用离心力来消除泡沫。消泡剂消泡是利用外界加入消泡剂,使泡沫破裂的方法。消泡剂都是表面活性剂,具有较低的表面张力,或者是降低泡沫液膜的机械强度,或者是降低液膜的表面黏度,或者兼有两者的作用,达到破裂泡沫的目的。常用的消泡剂主要有天然油脂质,高碳醇、脂肪酸和酯类,聚醚类及硅酮类等 4 大类。其中以天然油酯类和聚醚类在生物发酵中最为常用。在生产过程中,消泡的效果除了与消泡剂种类、性质、分子量大小、消泡剂亲油亲水基等密切关系外,还和消泡剂使用时加入方法、使用浓度、温度等有很大的关系。消泡剂的选择和实际使用还有许多问题,应结合生产实际加以注意和解决。

9. 发酵终点判断

发酵类型不同,需要达到的目的也不同,对发酵终点的判断标准也有所不同。无论是初级代谢产物还是次级代谢产物,到了发酵末期,菌体的分泌能力都要下降,产物的生产能力也相应下降或停止,另外染菌几率也大大提高。

微生物发酵终点的判断,对提高产物的生产能力和经济效益十分重要。在工业化生产过程中,不能只单纯追求提高生产力,而不顾及产品的成本,必须将二者结合起来既要有高产量,又要降低成本。

(1)考虑经济因素 发酵应以最低的综合成本来获得最大的生产能力的时间为最适发酵时间。在实际生产中,以缩短发酵周期、提高设备利用率、降低能耗,即使不是最高产量,但综合成本最低为最适宜放罐时机。

(2)产品质量因素 发酵时间长短对后续工艺和产品质量有很大影响。若发酵时间过短,产物的产量较低且过多谢营养物质残留在发酵液中,这些物质对下游分离纯化操作带来很大困难。但发酵时间过长,菌体会自溶,释放出菌体蛋白或体内水解酶,显著改变发酵液的性质,并会使一些不稳定的活性产物遭到破坏。所有这些都可能导致产物的产量降低及产物中的杂质含量增加,增加后续工段的难度。

(3)特殊因素 在个别发酵情况下,如染菌、代谢异常时,应根据不同情况进行适当处理,以免倒罐。

合理的放罐时间是由实验来确定的,即根据不同的发酵时间所得到的产物量计算出发酵罐的生产能力和产品成本,确定生产力高而成本低的时间作为发酵终点。

第五节

发酵过程中染菌原因及控制

发酵过程是个系统的工程,其染菌原因复杂,受多种因素的影响。发酵过程中染菌是指发酵过程中除生产菌以外的其他微生物存在,影响生产菌的生长和表达。由于法规规定除菌种传代可用菌株的抗性适当添加抗生素外,发酵生产过程中不允许添加抗生素,以避免制品中存在残余抗生素,消除临床应用潜在风险,这大大增加了发酵过程染菌的风险。因此,掌握如何控制和避免发酵过程染菌、染菌的判断及处理,对与保证生产的正常进行及避免污染的进一步扩散是必备的一门功课。

一、发酵异常现象及分析

发酵过程的异常现象是指发酵过程中某些物理参数、化学参数或生物参数与原有的规律不同,这些改变必将影响产物的生成和表达,从而影响发酵水平。染菌的途径较多,表现也多样化,因此需对应原因及时分析和解决。

1. 菌种培养或发酵异常现象表征

菌体生长生长缓慢、pH 过高或过低、菌丝结团、溶解氧水平异常、泡沫过于丰富、菌体浓度过低或过高或由高便低都是发酵异常的可视表现。

2. 染菌原因分析(表 1−5)

表 1−5 种子罐和发酵罐同时大面积染菌

染菌时期及规模	染菌原因分析
种子培养阶段	菌种污染杂菌、培养基灭菌不彻底、接种操作不当等因素
发酵前期	主要是种子带菌、发酵罐内培养基灭菌不彻底,连消设备及接种管道灭菌不彻底
发酵中、后期	重点可能是补料系统和消泡系统,同时也要考察空气净化系统
种子罐、发酵罐同时大面积染菌	杂菌类型相同,来源可能是空气净化系统过滤器失效或空气管道渗漏造成,其次考虑种子制备工序
个别发酵罐连续染菌	检查罐内是否有死角或冷却系统是否有渗漏、罐的密封性、检测温度计、空气净化系统及其他附属部件

发酵过程若染菌,一般是多种菌出现的几率多,单种菌出现几率小。几种常见的污染菌如表 1−6。

表 1−6 污染的杂菌类型分析

杂菌	染菌原因分析
耐热芽胞杆菌	培养基灭菌不彻底或设备存在死角

续表

杂菌	染菌原因分析
球菌、无芽杆菌	种子带菌、空调净化系统效率低、除菌不彻底、设备渗漏或操作不当
真菌	设备或冷却盘管渗漏、无菌室灭菌不彻底、无菌操作不当、糖液灭菌不彻底或放置时间较长等

3. 染菌的检测和判定

培养液是否染菌，可从无菌实验、培养液的显微镜检查、培养液的生化指标变化情况进行检测。

（1）无菌实验　目前常用的无菌检测方法有：肉汤培养法、双碟培养法、斜面培养法。其中酚红肉汤培养法和双碟培养法联合使用为常用方法。

① 肉汤培养法（检查培养基及无菌空气是否带菌）：通常采用葡萄糖酚红肉汤作为培养基，将待测样品直接接入无菌培养基试管中，分别放置37 ℃、27 ℃恒温培养箱中培养。定时观察管内肉汤培养基的颜色变化情况，并结合显微镜观察，判定是否染有杂菌。

葡萄糖酚红培养基配方

组成	牛肉膏0.3 %、葡萄糖0.5 %、氯化钠0.5 %、蛋白胨0.8 %、0.4 %酚红溶液
配制	称量好上述组分，加入纯化水中，摇动容器直至充分溶解，调节pH至7.2，定容后分装成试管。
灭菌	115 ℃，高压蒸汽灭菌20 min。

② 双碟培养法（检查灭菌后的培养基）：将待测样品在无菌LB琼脂平板上划线，置于37 ℃恒温培养箱中培养。一般12 h后可进行镜检观察，检查是否染菌。此法所需时间较长，为缩短判定时间，有时向培养基中加入赤霉素、对氨基苯甲酸等生长激素促进杂菌生长。

③ 斜面培养法（检查灭菌后的培养基）：先用空白无菌试管取样，在无菌条线下接种于斜面培养基上，置于37 ℃恒温培养箱中培养。定时观察有无杂菌落生长

（2）显微镜观察法　采用革兰氏染色法对样品进行图片、染色，然后在显微镜下观察微生物的形态特征，根据生产菌与杂菌形态特征的区别判定是否染菌。常用于培养的种子液、发酵液的菌体形态检测。

（3）培养液的生化指标变化情况　可根据菌体与正常水平相比较生长生长缓慢、pH过高或过低、菌丝结团、溶解氧水平异常、泡沫过于丰富、菌体浓度过低或过高或由高便低都是发酵异常的可视表现。

二、杂菌污染的防治

杂菌污染途径多种多样，不仅涉及到菌种、发酵罐系统还涉及到空气净化系统、相关设备系统、蒸汽质量及工艺操作等多方面因素。表1-7列举了抗生素发酵污染原因分析及统计。

表1-7 污染原因及所占比例

污染原因	所占比例/%	污染原因	所占比例/%
原因不明	24.91	搅拌轴封泄露	2.09
总空气系统带菌	19.96	罐盖泄露	1.54
夹套穿孔	12.36	阀门泄露	1.45
操作原因	10.15	培养基消毒不彻底	0.79
其他设备泄露	10.13	泡沫升至罐顶,污染空气过滤器	0.48
种子带菌或怀疑种子带菌	9.64	接种管穿孔	0.39
蛇管穿孔	5.89	接种时罐压小于大气压	0.19

从表中可以看出,污染可能是多种原因造成的,总体来说空气系统、设备系统、菌种及人员的工艺操作是污染的主要原因所在。

1. 对空气净化系统要求

(1) 提高进入罐内空气的洁净度,除尽压缩空气中夹带的油和水分(无油的空气压缩机),保障空气过滤介质的消毒及除菌效率。在发酵过程中要防止泡沫倒灌空气过滤器而造成空气污染。

(2) 加强发酵生产环境的管理,减少洁净区空气中的含菌量。

2. 对设备要求

防止设备渗漏或死角造成的污染。凡与物料、空气、排放水及气(汽)相连接的管道和阀门应保证密闭不泄露,蛇管及夹层应定期试漏,传代用净化工作台、摇床要定期消毒,防止污染杂菌。

3. 菌种要求

保藏的菌种切勿染杂菌,复苏及扩增培养基及器具灭菌要彻底,种子传代过程一定在无菌条件下进行。

4. 工艺操作要求

(1) 发酵后,对发酵罐及附属设备进行清洁,并及时空消灭菌。

(2) 配制的培养基一定要在升温前通过搅拌混匀,不得带入物料结块或异物,罐内培养基采用实罐灭菌。

(3) 灭菌过程中,避免蒸汽压力波动过大,并应严格控制灭菌温度。

(4) 发酵过程中通过消泡及罐压或通气量等,严防泡沫没过罐顶污染空气过滤器。

(5) 对相配套的净化系统、补料系统、摇床、转种系统等严格管理,避免染菌。

(6) 菌种复苏和传代人员一定要严格按照操作工艺规程无菌操作。

5. 染菌后发酵液的处理

(1) 种子培养期染菌处理:受污染的种子,不能再接种到发酵罐中,应及时加入消毒液或高压灭菌处理,并对接触的设备及器具进行消毒处理。

(2) 发酵前期染菌处理:发酵前期染菌后,若培养基中碳氮含量比较高时,可将培养基重新灭菌处理后,再接入种子进行发酵;若培养基中碳氮源消耗较大时,则放掉部分发酵液,补充新的培养基,重新灭菌处理后,再接入种子进行发酵。

(3) 发酵中后期染菌处理:若发酵过程中产物达到一定水平,而染菌并不会对后期制品造成影响,也可放罐处理;若染菌后的发酵也没有提取价值或污染噬菌体,应直接在线 121 ℃、高压灭菌处理 30 min 以上后排放。

6. 染菌后的设备处理

染菌后的发酵罐在重新使用前,必须进行彻底清洗,空罐反复 121 ℃、高压灭菌处理 30 min,也可辅以甲醛熏蒸或甲醛溶液浸泡 12 h 以上,反复进行冲洗后使用。

三、噬菌体污染及其处理

(1) 噬菌体污染判定及检测　发酵过程中,有时会出现发酵液突然变稀(通过分光光度计测定 A_{600} 值);pH 逐渐上升(正常培养过程中 pH 会下降);糖的消耗缓慢或停止(正常培养过程中溶解氧变化缓慢);泡沫增多,发酵液呈黏胶状;镜检发现菌体染色不均匀或菌体大量破碎;发酵周期延长,产物生成量减少或停止均可初步判定为噬菌体污染。并可通过电镜检测及琼脂培养基平皿中噬菌斑来进一步确证。

(2) 污染来源　环境污染是造成噬菌体感染的根源。

(3) 感染后的处理　发酵液用高压蒸汽灭菌后放掉,严防发酵液任意流失;全部停产,对生产环境、空调系统、所接触的仪器设备及器具进行全面、反复多次消毒;更换菌种,筛选抗噬菌体菌种,防止噬菌体的重复污染。

第六节

常用纯化基本操作过程

蛋白质分离纯化技术是现代生物技术药物制造工艺的核心,是决定产品安全、效力、收率和成本的技术基础。蛋白质在组织或细胞中一般都是以复杂的混合物形式存在,每种类型的细胞都含有成千种不同的蛋白质,因此分离和提纯工作是一项艰巨而繁重的任务。到目前为止,还没有一个单独的或一套现成的方法能把任何一种蛋白质从复杂的混合物中提取出来,但对任何一种蛋白质都有可能选择一种或多种适宜的分离提纯程序来获取高纯度的制品。能从成千上万种蛋白质混合物中纯化出一种蛋白质的原因,是因为不同的蛋白质在它们的许多物理、化学和生物学性质存在着差异,这些性质是由于蛋白质的氨基酸的序列和数目不同造成的,连接在多肽主链上氨基酸残基可能是荷正电的、荷负电的、极性的或非极性的、亲水的或疏水的,此外多肽可折叠成非常确定的二级结构(α 螺旋、β 折叠和各种转角)、三级结构和四级结构,形成独特的大小、形状和残基在蛋白质表面的分布状况,利用待分离的蛋白质与其他蛋白质之间存在性质的差异,即能设计出一组合理的分级分离步骤。

蛋白质分离纯化的总目标是设法增加制品纯度或比活性,对纯化的要求是以合理的效率、速度、收率和纯度,将需要的蛋白质从细胞的全部其他成分特别是不想要的杂蛋白中分离出来,同时仍保留有这种多肽的生物学活性和化学完整性。蛋白纯化一般分为三个阶段,目的蛋白的捕获初步纯化、中度纯化和精细纯化。捕获阶段主要目的是将目的蛋白和其他细胞成分如 DNA、RNA 等分开,由于此时样本体积大、成分杂,要求所用的树脂高容量、高流速,颗粒大、粒径分布宽,可耐受高强度的清洗和消毒的介质,并可以迅速将蛋白与污染物分开,防止目的蛋白被降解;中度纯化阶段主要目的是去除大量杂蛋白,对目的蛋白进行纯化和浓缩,要求选择方法交换容量大,具有较高分辨率;精细纯化主要目标是去除任何残留杂质或密切相关的物质使样品达到纯净。每一步的分离纯化都需要由三个重要参数来衡量制备分离的效果,即产物的纯度、收率和通量,这些参数彼此依赖,并尽可能要达到最优水平。

蛋白分离纯化过程中影响蛋白质稳定性的因素还有温度、pH、离子强度、表面吸附、震摇、剪切力、某些添加剂、冻融、蛋白浓度、压力等,这些因素对折叠的影响有的是可逆的,有的是不可逆的,而且相互之间也有影响,在实际处理中应选择合适的条件,尽量避免不利因素的影响。一般蛋白纯化工艺设计时应考虑的若干条原则:首先操作条件要温和,纯化过程中应保持蛋白的生物活性,提高目标产物的回收率;其次根据样品特性,优化选择与组合各种纯化分离技术,选择的技术能够直接衔接,技术路线、工艺流程尽量简单化;再次应建立适宜的在线检测方法,对蛋白纯度、活性、相关杂质等进行有效监控。总之,分离纯化的最终目标是根据产品的质量标准要求,实现工艺简便、稳定性好、经济合理及安全性能好。常用的纯化操作过程如图 1 - 2 所示。

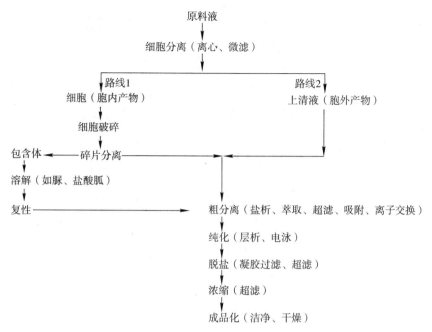

图 1-2 下游加工过程的一般流程

一、细胞破碎

细胞破碎（Cell rupture）是指通过物理、化学、酶或机械的方法破坏细胞壁或细胞膜，使胞内产物获得最大程度的释放，是分离纯化细胞内合成的非分泌型生化物质（产品）的基础。由于采用的表达系统不同或采用的 DNA 重组技术不同，目标蛋白表达的定位也不同（胞内、细胞内膜、周质空间和胞外）。分泌到胞外的产物，不需破碎，其分离和纯化都相对简单。但许多生物活性物质结构复杂，如果分泌到培养液中其活性往往会改变，必须在细胞内组装来获得生物活性。因此在选择破碎方法时不仅考虑细胞破碎效果和产物释放率，还要考虑产物的稳定性和易于后期纯化及破碎的规模与成本。

1. 细胞的破碎技术

细胞破碎目的是使胞内产物获得最大程度的释放。由于各种生物的细胞壁结构和组成不完全相同，因此细胞破碎的难易程度也不同。另外，不同的生化物质，其稳定也存在很大差异，在破碎过程中应防止其变性或被胞内酶水解。因此选用适宜的破碎设备和破碎方法，对后期的纯化起很大作用（表 1-8）。

表 1-8 常用的破碎方法

	分类	作用机理	适应性
机械破碎法	高压匀浆法	空穴、撞击、剪切作用	处理量大，周期短，破碎率高，可大规模操作。但不适合丝状菌和革兰氏阳性菌

续表

分类		作用机理	适应性
机械破碎法	高压匀浆法	空穴、撞击、剪切作用	处理量大，周期短，破碎率高，可大规模操作。但不适合丝状菌和革兰氏阳性菌
	珠磨法	剪切、碰撞作用	可达较高破碎率，处理量大，但温度不易控制，大分子目的产物易失活，浆液分离困难
	超声破碎法	空穴、剪切作用	处理量小，周期长，破碎过程升温剧烈，不适合大规模操作，对酵母菌效果较差
非机械法	酶溶法	酶分解作用	具有高度专一性，条件温和，浆液易分离，成本高，通用性差，一般适用于实验室规模
	化学渗透法	改变细胞膜的渗透性	具一定选择性，浆液易分离，但释放率较低，通用性差
	渗透压法	渗透压剧烈改变，使细胞快速膨胀破裂	条件温和，但破碎率较低，常与其他方法结合使用
	冻结融化法	胞内冰晶引起细胞膨胀破裂	较温和，但需要反复冻融，周期长且破碎率较低，不适合对冷冻敏感目的产物，一般适用于实验室规模
	干燥法	改变细胞膜渗透性	条件变化剧烈，易引起蛋白质或其他组分变性

（1）机械破碎　机械破碎主要靠挤压、剪切和撞击作用。具有处理量大、破碎效率高、速度快等优点，是工业规模细胞破碎的主要手段。常用机械破碎方法主要包括高压匀浆法、珠磨法和超声波破碎法等方法。

高压匀浆法：高压匀浆器是常用的设备，它由可产生高压的正向排代泵和排出阀组成。物料在柱塞作用下通过止逆阀进入泵体内，在高压下迫使其在排出阀的特定宽度的限流缝隙中高速冲出，并射向撞击环上，由于突然减压和高速冲击，产生空穴效应、撞击效应和剪切效应等多种作用下把原先比较粗糙的乳浊液或悬浮液加工成极细微分散、均匀、稳定的液－液乳化物或液－固分散物。

高压匀浆破碎细胞影响因素有操作压力、悬浮液的黏度、料液温度。在一定范围内，提高压力可增加破碎率，减少操作次数。但压力过高温度难以控制。一般压力每上升 100 bar，温度上升 2 ℃。因此在操作方式上，一般采用在一定压力下多次循环通过等方式连续操作。为了控制温度的升高，可外置冷却循环装置调节温度，使出口温度调节在 20 ℃ 左右。一般大肠杆菌破碎在压力为 800 bar（1 bar = 1×10^5 Pa）条件下循环两次，细胞即可完全破碎；酵母菌一般在 1 000 bar 条件下循环两次，破碎率达到 95 % 以上。高压匀浆法适用于酵母菌、大肠杆菌、巨大芽胞杆菌和黑曲霉等，但较易造成堵塞的团状或丝状真菌，较小的革兰氏阳性菌以及有些质地坚硬的亚细胞器易损伤匀浆阀，不适合用该法处理。

高速珠磨法：高速珠磨机的破碎腔由夹套组成，夹套内通冷却剂可以移出细胞破碎时产生的热量。破碎腔内装有直径极细的无铅玻璃珠、石英砂、氧化锆或其他材质的微珠。当启动电机后，玻璃珠随搅拌桨转动而进行各种形式的运动。由于球体之间以及球体与罐壁之间的摩擦作用，使得球体随罐壁转动上升到一定高度后以抛物线方式往下落，从而珠子与细胞之间产生了撞击和剪切效应，使细胞破碎，释放出内含物。在细胞匀浆液出口处设置了珠液分离器滞留珠子,使珠液分离,破碎能够连续进行。

珠磨法操作的有效能量利用率仅为 1 % 左右,破碎过程产生大量的热能,因此必须要选用夹套冷却装置,降低物料的温度。一般破碎细胞操作方法分为间歇或连续操作,适用于绝大多细菌、真菌菌丝和藻类等微生物细胞的破碎。与高压匀浆法相比,影响破碎率的操作参数较多如搅拌速度、料液的循环速度、细胞悬浮液的浓度、珠粒大小和数量及温度等,操作过程的优化设计较复杂。一般破碎细菌多采用 0.1 mm 的玻璃珠;破碎酵母、藻类和组织培养细胞用 0.5 mm 的玻璃珠;动植物的组织用 1 mm 的玻璃珠。

超声波破碎:超声波破碎细胞的原理是将电能通过换能器转换为声能,这种能量通过液体介质(如水)而变成一个个密集的小气泡,这些小气泡迅速炸裂,产生空化效应,空穴的形成、增大和闭合产生极大的冲击波和剪切力,从而起到破碎细胞等物质的作用。超声波通常在频高于 15 ~ 25 kHz 下操作,具有频率高、波长短、定向传播等特点,但该方法由于处理量小,产热高,时间长、噪声大及超声波产生的化学自由基团能使一些敏感性活性物质变性失活,一般仅限于实验室规模。

超声波破碎细胞受多种因素的影响如:超声探头的形状和材料、声频、声能、体积、破碎时间、细胞黏度等因素。此外介质的离子强度、pH 和细胞类型也有很大影响。如杆菌比球菌易破碎,革兰氏阴性菌比阳性菌易破碎,而酵母菌的破碎效果较差。一般超声操作在冰浴下进行短时破碎,细胞浓度应低于 20 % ,一般破碎 1 ~ 2 min,冷却 1 ~ 2 min 以上。超声破碎所需时间根据产物而不同,有些仅需 1 min/次,2 ~ 3 次,而一些细胞破碎需 10 次以上。超声波破碎也可与其他方法结合使用,如冻融方法,可节省超声波破碎的时间。

(2) 非机械法　包括物理法(干燥法、反复冻融法、渗透压冲击法)、化学法、酶溶法等,其中化学法和酶溶法应用最为广泛。

① 物理法。

干燥法:主要原理是使细胞结合水分丧失,其细胞膜的渗透性发生变化,同时部分菌体会产生自溶,然后用有机溶剂如丙酮、丁醇或缓冲溶剂处理时,胞内物质就会被抽提出来。干燥法可分为空气干燥、真空干燥、喷雾干燥和冷冻干燥等。酵母菌常在空气中干燥(25 ~ 30 ℃),再用其他溶剂抽提;细菌适用于真空干燥,把干燥成块的菌体磨碎再进行抽提;冷冻干燥适用于制备不稳定的生化物质,在冷冻条件下磨成粉,再用缓冲液抽提。干燥法条件变化剧烈,易引起蛋白质或其他组分变性,应用受到限制。

反复冻融法:主要原理是在冷冻条件下促使细胞膜的疏水键结构破裂,从而增加细胞的亲水性能;另一方面冷冻时胞内水结晶,胞内冰晶引起细胞膨胀破裂。一般操作是将细胞急剧冻结至 −20 ~ −15 ℃,使之凝固,然后在室温缓慢融化,此冻结 - 融化操作反复进行多次,使细胞受到破坏。该法较温和,但需要反复冻融,周期长且破碎率较低,仅适用于细胞壁较脆弱的菌体。在冻融过程中可能引起某些蛋白质变性,不适合对冷冻敏感目的产物。

渗透压冲击法:主要原理是由于渗透压剧烈改变,使细胞快速膨胀破裂。一般操作过程中首先将细胞放在高渗透压的介质如一定浓度的甘油或蔗糖溶液,使之脱水收缩,当达到平衡后,将介质突然稀释或将细胞转置于低渗透压的水或缓冲溶液中,由于渗透压的突然变化,胞外水份迅速进入细胞内,引起细胞溶胀,甚至破裂,它的内含物随即释放到溶液中。该法细胞破碎率低,仅适用于不具有细胞壁或细胞壁较脆弱的细胞,不适用于革兰氏阳性菌。

② 化学法。主要使用某些化学试剂(如酸碱、有机溶剂、变性剂、表面活性剂、金属螯合剂等),可以改变细胞壁或膜的通透性,从而使内含物有选择地渗透出来。化学法对产物释放有一定的选择性,可使一些较小分子量的溶质如多肽和小分子的酶蛋白透过,而核酸等大分子量的物质仍滞留在胞内,碎片少,浆液黏度低,易于固液分离和进一步提取。但有些试剂有毒,且易引起活性物质的失活变性。

用酸碱处理细胞:用碱处理可溶解除去细胞壁以外的大部分组分,酸处理可使蛋白质水解成游离氨基酸。酸碱还可以调节溶液的 pH,改变蛋白质的电荷特性,提高产物的溶解度,便于后面的提取。

用有机溶剂处理细胞:分解细胞壁中的类脂,使胞壁膜溶胀,细胞破裂,胞内物质被释放出来。如丙醇、丁醇、三氯甲烷等。但有机溶剂易引起蛋白质变性失活,使用时应考虑其稳定性,操作时应在低温下进行。

用变性剂处理细胞:通过变性剂与水中氢键作用,削弱溶质分子间的疏水作用,从而使疏水性化合物溶于水溶液。常用变性剂有盐酸胍和脲。

用表面活性剂处理细胞:可促使细胞某些组分溶解,改变膜的通透性,其增溶作用有助于细胞的破碎。常用的表面活性剂有曲拉通 X - 100、十二烷基磺酸钠、吐温 40 或 80 等。

用金属螯合剂处理细胞:用 EDTA 处理革兰氏阴性菌,大量的脂多糖分子将脱落,使细胞壁外层膜出现洞穴,对细胞外层膜有破坏作用。

③ 酶溶法。主要利用酶反应分解,破坏细胞壁上的特殊化学键以达到破壁的目的。即利用溶解细胞壁的酶处理菌体细胞,使细胞壁受到部分或完全破坏后,再利用渗透压冲击等方法破坏细胞膜,进一步提高其对胞内产物的通透性。该法操作温和,选择性强,酶能快速地破坏细胞壁,而不影响细胞内含物的质量,但酶的费用高,通用性差,因而限制了它在大规模生产中的应用。常用的溶酶有溶菌酶、葡聚糖酶、蛋白酶、甘露糖酶、糖苷酶、肽键内切酶、壳多糖酶等。一般细胞壁溶解酶是几种酶的复合物。

自溶作用是酶法的另一种方式,它是利用微生物自身产生酶来溶菌,而非外加其他酶。通过调节温度、时间、pH、激活剂和细胞代谢途径等诱发微生物产生过剩的溶胞酶或激发自身溶胞酶的活力,以达到细胞自溶的目的。

2. 破碎率的评价

细胞破碎率定义为被破碎细胞的数量占原始细胞数量的百分数,即:

$$Y = [(N_0 - N) / N_0] \times 100$$

式中,Y 为细胞破碎率(%);

N_0 为原始细胞数量;

N 为经 t 时间操作后保留下来的未损害完整细胞数量。

破碎率的检测对于细胞破碎效果的评估、破碎工艺的选择、工艺放大和工艺条件的优化起非常重要的作用。常用的检测细胞破碎程度的方法有直接计数法、间接计数法和测定电导率法等。

(1) 直接计数法　一般采用涂片染色的方法,将完整细胞与破碎细胞区分开来,通过显微镜或电子微粒计数器直接计数破碎前后完整细胞的数量。如采用革兰氏染色方法,完整的酵母细胞呈紫色,受损的酵母细胞呈亮红色,加以区别。

(2) 间接计数法　间接计数法是在细胞破碎后,测定悬浮液离心上清中蛋白质含量或特定酶的活力,直接与 100% 破碎时的标准值比较,间接计算出细胞的破碎率。另外也可以用离心细胞破碎液观察沉淀模型的方法即完整的细胞壁比细胞碎片先沉淀下来,并显示不同的颜色和纹理。对比两项,可间接计算细胞破碎率。

(3) 测定电导率法　当细胞内含物释放到缓冲液中时,电导率将发生变化且电导率与细胞破碎率呈线性关系,即随电导率的增加破碎率相应增加。但因该法受到多种因素影响,因此应预先用其他方法来标准化。

二、包含体产物的分离

包含体(inclusion bodies,IBs)是外源蛋白在宿主系统中高水平表达时形成的由膜包裹的高密度、不溶性蛋白质颗粒,直径约 $0.1 \sim 3.0\ \mu m$ 的固体颗粒,呈现出无规则或类晶体的结构,难溶于水,可溶于变性剂如尿素、盐酸胍等。在显微镜下观察时为高折射区,与胞质中其他成分有明显区别。包含体主要成分一般含有 50% 以上的重组蛋白,其余为核糖体元件、外膜蛋白、脂质、脂多糖、核酸等杂质。重组蛋白是非折叠状态的聚集体,不具有生物学活性,因此要获得具有生物学活性的蛋白质必须将包含体溶解,释放出其中的蛋白质,并进行蛋白质的复性。蛋白质的复性是一个世界性的难题,没有通用的方法,这无疑加大了下游工作的难度。但以包含体的形成表达的重组蛋白与可溶形式表达重组蛋白相比,也具有一定的优势。即包含体表达可以避免蛋白酶对外源蛋白的降解;可降低胞内外源蛋白的浓度,有利于表达量的提高;包含体中杂蛋白含量较低,有利于分离纯化;表达对宿主细胞有毒害的蛋白质时,包含体形式无疑是最佳选择等。因此,只要解决蛋白质复性问题,即将无活性的包含体在体外成功转变成为有生物学活性的蛋白质,将成为大量生产重组蛋白质最有效的途径。目前,较成功的包含体形式表达蛋白开发成为产品的有重组人白细胞介素 -2(rhIL-2)和重组人干扰素 α(rhIFN-α)等。

1. 包含体形成原因

重组蛋白在宿主系统中高水平表达时,无论是用原核表达体系或酵母表达体系甚至高等真核表达体系,都可能形成包含体。包含体形成比较复杂,目前关于包含体的形成机理尚未完全清楚,一般认为与胞质内蛋白质生成速率有关,新生成的蛋白质合成速度过快,无充足的时间进行折叠,二硫键不能正确的配对,从而形成非结晶、无定形的蛋白质的聚集体;重组蛋白的表达过程中缺乏某些蛋白质折叠的辅助因子或环境不适,导致无法形成正确折叠;重组蛋白的氨基酸中含硫氨基酸越多越易形成包含体,而脯氨酸的含量明显与包含体的形成呈正相关;重组蛋白是大肠杆菌的异源蛋白,由于缺乏真核生物中翻译后修饰所需酶类,而使中间体产物大量积累,导致包含体形成及 *E. coli* 胞质内酸性成分与外源蛋白的紧密结合促进蛋白聚合等因素。包含体形成的动力学控制过程,可用下述竞争反应动力学描述。

图 1-3 中,U 为伸展的蛋白,I 为蛋白折叠过程的中间肽,N 为天然构象蛋白,A 为聚集体(包含体)。由模型可知包含体的形成反应在分子间发生,其反应速率与浓度成正比。

当形成天然构象蛋白速度缓慢,新生肽浓度增加和中间肽的疏水性相互作用都可能导致包含体的形成。此外,包含体的形成还被认为与宿主菌的培养条件,如培养基成分、温度、pH、诱导剂等因素有关。因此,为增加重组蛋白的可溶性表达量,一般常采用降低底物浓度及温度控制生长速率,发酵液 pH 远离蛋白的等电点,通过流加诱导剂控制诱导剂浓度及添加促可溶性表达的生长添加剂(多醇类、蔗糖)等方法。

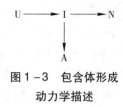

图 1-3 包含体形成动力学描述

2. 包含体的制备

破碎细胞释放出以包含体形式存在的目标蛋白,包含体为致密凝聚体,密度较大,低速离心或过滤即可与可溶性蛋白及细胞碎片等分离。在粗制包含体中,除了目标蛋白外还含有脂质、脂多糖、核酸和膜蛋白等杂质,且脂质及部分破碎的细胞膜及膜蛋白与包含体粘连在一起,因此在溶解包含体前应先洗涤包含体。通常用低浓度的变性剂如 2 mol/L 脲素(或盐酸胍)在 50 mmol/L Tris-HCl,1 mmol/LEDTA(pH 7.0 ~ 8.5)中洗涤。低浓度的脲素和盐酸胍能够增加部分杂蛋白质的溶解性,从而可以选择性地去除被溶解的杂蛋白;EDTA 的主要作用为螯合金属离子,减少对目标蛋白进一步氧化作用,同时还能起到破坏细胞内膜的作用。此外可以用温和去垢剂 TritonX - 100 洗涤去除膜碎片和膜蛋白。经过洗涤,包含体的主要成分为集聚态的不溶解于水溶液的目标蛋白,其电泳纯度一般高于 60 %。

3. 包含体溶解

包含体中蛋白质的聚集主要是由疏水作用力、氢键、离子键和二硫键等维持。因此溶解包含体常要考虑变性剂的浓度、温度、作用时间、溶液离子强度、pH 以及蛋白质浓度与变性剂浓度之比等因素。常用的变性剂有脲素(8 mol/L)、盐酸胍(GdnHCl 6 ~ 8 mol/L),通过离子间的相互作用,破坏包含体蛋白间的氢键,引起天然构象解体而溶解包含体蛋白,变性不涉及共价键的破裂,一级结构保持完好。脲素、盐酸胍属中强度变性剂,易经透析和超滤去除,其中盐酸胍的增溶效果较脲素好。有些蛋白质含有两个以上二硫键,这种情况下还需添加还原剂切断二硫键。常用还原剂是二硫苏糖醇(DTT)和 β - 巯基乙醇(β - ME)和还原型谷胱甘肽,浓度一般为 1 ~ 50 mmol/L,另外还需要 EDTA 螯合金属离子,来防止目标蛋白在溶解过程中过度氧化。还可以添加去垢剂如 SDS,可以破坏蛋白质内的疏水键,可以增溶几乎所有的蛋白,但由于 SDS 无法彻底的去除而不允许在制药过程中使用。还可以采用极端 pH 破坏蛋白的次级键从而增溶蛋白,但只适合于少部分蛋白的增溶。脲素在碱性环境中不稳定,一般调节 pH 8.0 ~ 9.0,最好是先用现配,增溶时一般在磁力搅拌下室温过夜;盐酸胍的增溶性较脲素强,一般在 37 ℃ 1 h 便可使多数蛋白质完全变性溶解。

4. 包含体复性

蛋白质复性又称再折叠,是指变性蛋白质在变性剂去除或浓度降低后,就会自发地从变性的热力学不稳定状态向热力学稳定状态转变,形成具有生物学功能的天然结构。一般蛋白质的复性收率仅为 20 % ~ 40 %,因此复性是以包含体形式存在的重组蛋白生产最为关键的技术之一,是限制包含体形式表达产物产业化的瓶颈。

一个有效的、理想的复性方法应具有活性蛋白质的回收率高,正确复性的产物易于与错误折叠蛋白质分离,折叠复性后可得到浓度较高的蛋白质产品,复性方法周期短、易于放大等特点。迄今为止,不同重组蛋白质其具体适用的复性方法和条件各不相同,尚无可以普遍应用于每种蛋白质的复性方法。现将常用的复性方法介绍如下。

(1) 稀释复性 直接加入水或缓冲溶液,放置过夜即可,是最简单有效的复性方法。缺点是体积增加较大,一般稀释40~50倍;变性剂稀释速度过快,不易控制。采用的方式一般有一次稀释、分段稀释和连续稀释三种方式。

(2) 透析复性 透析是将变性溶解的包含体蛋白置于透析袋中,通过缓冲液交换的方法,除去变性剂使蛋白质折叠复性。透析复性一般不增加体积,但耗时长,不适合大规模生产且容易形成没有活性的蛋白质聚集体。采用的方式一般有直接透析法和梯度透析法,与直接透析法相比,使用梯度透析的方法可以取得较高的复性收率。

(3) 超滤复性 选择合适截留相对分子质量的膜,允许变性剂通过而不允许蛋白质通过的方式,去除变性剂,使蛋白复性。优点是蛋白浓度保持不变、处理量大、易于控制透析速度。缺点是易造成膜污染,有些蛋白在超滤过程中会产生不可逆变性。

(4) 柱上层析复性 近几年,层析复性是研究较多并成功应用于生产中的一种色谱复性技术,该技术是通过将变性溶解的包含体蛋白上样,并经过梯度洗脱及改变pH等方法,逐渐去除变性剂使蛋白恢复天然结构,并与其他杂蛋白进行分离。与传统的稀释和透析复性方法相比,柱上层析自动化程度高、重现性好,复性样品处理量大,可实现高浓度复性,利于产业化;有效地限制和减少了聚集反应,有利于提高复性率;复性和纯化过程同步完成,缩短生产周期。常用的方法有离子交换法(IEC)、凝胶过滤层析法(GFC)、疏水层析法(HIC)、亲和层析法(AFC)等。

① 离子交换法(IEC)。离子交换法是利用离子交换剂为固定相,利用变性蛋白与固定相之间所带电荷不同,变性蛋白吸附于固定相表面,从而避免了复性过程中蛋白质的聚集作用。并在洗脱过程中通过吸附-解吸附-再吸附的过程,促使变性蛋白向有活性的天然形式转变,与其他杂蛋白相分离。并进一步发展了双梯度离子交换层析复性蛋白质的方法,通过在洗脱的过程中逐渐降低变性剂浓度和调节pH,提高活性收率,上样量大,适合于规模化生产。

② 凝胶过滤层析法(GFC)。凝胶过滤层析复性又称体积排阻复性(SEC),是利用有一定孔径的凝胶为固定相,根据包含体溶液中目标蛋白与变性剂相对分子质量的差别,在固定相中两者洗脱速率不同,达到去除变性剂使目标蛋白复性的目的。凝胶过滤复性时,蛋白质与介质之间并不发生其他任何作用,复性过程始终发生在溶液中。随着变性剂和蛋白质浓度降低,变性蛋白质分子开始复性,并开始在液—固两相间进行分配。蛋白质分子量大先流出,变性剂分子量小后流出。此外在脲梯度SEC的基础上发展了pH和脲浓度双梯度法用于蛋白复性。与常用的稀释复性法相比,凝胶过滤层析复性能在高的起始蛋白浓度下对蛋白进行复性,活性回收率较高,同时又能使目标蛋白得到一定程度的纯化,但上样量仅为柱床体积的10%,不适用于规模化生产。

③ 疏水层析法(HIC)。疏水色谱是利用疏水性吸附剂为固定相,利用蛋白质与介质间疏水性相互作用的差别进行蛋白质分离纯化。蛋白质变性后,疏水基团暴露在分子表

面,进入 HIC 柱后,变性蛋白被固定相吸附,随洗脱液离子强度的减小,不断地在固定相表面上进行吸附 - 解吸附 - 再吸附,并在此过程中促使蛋白质发生折叠逐渐被复性。蛋白活性收率较稀释、透析复性有较大程度提高。HIC 在蛋白质复性的同时还能与其他杂蛋白进行很好的分离,快速简便,具有很好的发展潜力。

④ 亲和层析法(AFC)。亲和层析是利用固定相中的配体与目标蛋白质间特异性吸附作用,将目的蛋白与变性剂分离,并在洗脱过程中实现蛋白复性。按照偶联亲和配基不同分为可分为金属离子亲和层析、分子伴侣亲和层析及脂质体亲和层析等(表 1 - 9)。

表 1 - 9　复性常用的添加剂及其作用

添加剂名称	主要作用方式
聚乙二醇	一般选择 PEG 相对分子质量 6 000 ~ 20 000,质量分数为 0.1 % 左右。通过与中间体作用,亲水的基团朝着溶液中阻止折叠体之间相互作用,防止聚集的产生;增加溶液粘度,使中间体的运动受阻,中间体之间就不易结合,促进蛋白质的复性过程
L - 精氨酸(L - Arg)	特异性结合与错配的二硫键和错误的折叠结构,使其不稳定,从而使折叠向正确方向进行
二硫键异构酶(PDI)、脯氨酸异构酶(PPI)	可使错配的二硫键打开并重新组和,有利于蛋白的正确折叠。PPI 还可促进脯氨酸两种构象间的转变,促进复性进行
去污剂及环糊精	去污剂可捕获非天然状态的蛋白形成复合物,从而阻止蛋白质聚集,加入环糊精使去污剂从蛋白质上剥离后,逐渐复性。常用去污剂有 Triton X - 100,CTAB 等
氧化还原系统	通过促进不正确形成的二硫键快速交换反应,提高了正确配对的二硫键的产率。常用的氧化还原试剂对有 GSH/GSSG,DTT/GSSG、DTE/GSSG、半胱氨酸/胱氨酸等
分子伴侣	调节蛋白质的正确折叠,提高蛋白质的合成效率。常用分子伴侣有 roES/Gro-EL,Dnak/Dnal,TrxA/TrxC,SecB,PapD
变性剂	有效溶解蛋白质聚集体,利于变性蛋白质的复性,如 SDS
磺基甜菜碱(NDSBs)	其短疏水基团与蛋白质疏水区域相互作用抑制蛋白聚集。常用的有 NDSB2195、2201、2256 等
单克隆抗体	可有效协助蛋白质复性,但只限于此蛋白才能获得明显的助折叠作用
甘油	增加黏度,减少分子碰撞的机会,减少错配以提高复性效率
其他	适量的盐浓度可以降低某些带电基团间的斥力,有利于蛋白质的折叠;肝素可以促进蛋白质的复性,具有稳定天然蛋白质的作用;辅助因子、短链醇、高渗物等能有效的降低聚集体的形成,对蛋白有稳定的作用

(5) 复性效果的检测　蛋白质复性过程易发生错误折叠、聚集,形成多聚体或异构体等影响蛋白的活性及安全性。因此应根据蛋白的性质和需要从生化、免疫、活性、物理性质等方面对蛋白质的复性效率进行检测(表 1 - 10)。

表 1 – 10　复性效果的检测方法

检测方法	具体操作
凝胶电泳	用非变性 SDS-PAGE 电泳可以检测变性和天然状态的蛋白质,或用非还原 SDS-PAGE 电泳检测有二硫键的蛋白复性后二硫键的配对情况
光谱学方法	用紫外差光谱、荧光光谱、圆二色性光谱(CD)等,利用两种状态下的光谱学特征进行复性过程检测
色谱方法	用 IEX、RP – HPLC、CE 等,利用两种状态的蛋白色谱行为不同进行检测
活性及比活测定	用细胞方法或生化方法进行测定,能够较好反映复性蛋白活性,但不同测定方法结果可能会有差异
黏度和浊度测定	变性状态时蛋白水溶性差,而复性后的蛋白溶解度增加
免疫学方法	用 ELISA、western blot 等,特别是对结构决定簇的抗体检验,比较真实反映蛋白质的折叠状态

三、蛋白质分离纯化

1. 沉淀法

是采取适当措施改变溶液的理化参数,控制溶液中各种成分的溶解度,从而将溶液中的欲提取成分和其他成分分开的技术,也称溶解度法。沉淀是一不固定形的颗粒,除含有目标蛋白外,还夹杂其他杂蛋白、盐等,构成成分复杂,一般常用于蛋白的初步提纯。常用的沉淀法包括盐析沉淀法、等电点沉淀法、有机溶剂沉淀法、聚乙二醇沉淀法、选择性变性沉淀法等多种方法,可根据蛋白的不同性质选择。下面以盐析法为主,介绍各种沉淀方法。

(1) 盐析沉淀法

蛋白质是亲水性大分子,所以在水溶液中有双电层结构,来保证分子的溶解度平衡并稳定存在。当加入盐时,盐会电离成离子态,溶液中高浓度的中性盐离子有很强的水化能力,会夺取蛋白质分子的水化层,使蛋白质胶粒失水,破坏了蛋白质的双电层结构,发生凝集而沉淀析出。不同的蛋白质在同一浓度盐溶液中的溶解度不同,可利用不同浓度的盐溶液使不同蛋白质成分分别析出。盐析法是最早使用的生化分离手段之一,具有安全、经济、不需特殊设备、操作简便、不易引起蛋白质变性等优点。但盐析法分辨率不高,沉淀物中含有大量盐析剂,后期的纯化衔接有条件性,因此一般用于破碎后蛋白的初步分离。盐析法分离蛋白质有两种方法即在一定 pH 和温度条件下改变离子强度进行盐析(Ks 分级盐析法),这种方法可使被盐析物质溶解度剧烈下降,易产生共沉淀现象,分辨率不高,常用于蛋白质的粗分离;另一种方法是在一定离子强度下改变 pH 和温度进行盐析(β 分级盐析法),这种方法可使被盐析物质溶解度变化缓慢且变化幅度小,分辨率较高。

① 盐析沉淀的影响因素。

ⅰ. 无机盐的种类。在相同离子强度下,不同种类盐对蛋白质的盐析效果不同。一般离子半径小而带电较多的阴离子的盐析效果较好,如高价盐离子盐析作用较低价盐强,阴离子比阳离子盐析作用好。常见阴离子盐析作用顺序为 $PO_4^{3-} > SO_4^{2-} > F^- > CH_3COO^- > Cl^- > Br^- > NO_3^- > ClO_4^- > I^- > SCN^-$;常见阳离子盐析作用顺序为 $Al^{3+} > H^+ > Ca^{2+} >$

$NH_4^+ > K^+ > Na^+ > Mg^{2+}$。

选择盐析用无机盐时要考虑以下几点:有足够大溶解度,能配制高离子强度盐溶液,且溶解度受温度影响应尽可能小;盐析作用要强。一般选择多价阴离子盐;在生物学上是惰性的,不影响蛋白质等生物大分子的活性;来源丰富、经济、安全。蛋白质盐析常用的中性盐主要有硫酸铵、硫酸镁、硫酸钠、氯化钠、磷酸钠等。

表1-11 常用中性盐在水中的溶解度(g/100 mL 水)

中性盐	不同温度下的饱和溶解度					
	0 ℃	20 ℃	40 ℃	60 ℃	80 ℃	100 ℃
硫酸铵	70.6	75.4	81.0	88.0	95.3	103
硫酸镁	–	34.5	44.4	54.6	63.6	70.8
硫酸钠	4.9	18.9	48.3	45.3	43.3	42.2
氯化钠	35.6	36.0	36.6	37.3	37.8	39.1
磷酸氢二钠	1.6	7.8	54.1	82.6	93.8	101

在蛋白质盐析中,硫酸铵是最常用的中性盐,它具有溶解度大且受温度影响小,不易引起蛋白质(酶)变性,廉价易得。但硫酸铵水解后使溶液 pH 降低,在高 pH 下释放氨气,腐蚀性强,后处理困难。一般硫酸铵溶液调高 pH 时选用氨水溶液。其他盐析剂如硫酸钠、氯化钠、磷酸盐等,具有较强的缓冲能力,但其溶解度随温度变化明显,常达不到使蛋白质析出的浓度。与硫酸铵相比价格贵,溶解度低且易于某些金属离子生成沉淀,所以应用受限。

ⅱ. 盐离子浓度。当盐离子浓度较低时。可促进蛋白质分子与水分子间的作用,使蛋白质溶解度增大,当盐浓度达到某一值后,随盐浓度的增加,蛋白质溶解度不断降低。因此,采用盐析方法时,盐离子要达到一定浓度,蛋白质才能沉淀析出。

ⅲ. 溶质浓度的影响。在相同盐析条件下,蛋白质浓度越大越易沉淀,使用盐的饱和度的极限愈低,越容易沉淀,但其他成分也随目的蛋白一起沉淀出来即发生共沉现象,使分辨率降低。相反,溶液中蛋白质浓度过低时,虽共沉作用小、分辨率较高,但反应体积加大所需盐量增加,蛋白质回收率降低。因此盐析前首先要调节蛋白质溶液的浓度,一般常将蛋白质溶液浓度控制在 20 ~ 30 g/L 较为适宜。

ⅳ. 温度的影响。大多数情况下,在一定温度范围内,物质的溶解度随温度的增加而增加,但溶液的离子强度增加后,可能会出现相反的现象。盐析时的温度选择应以不影响蛋白质的活性为准则。由于高浓度盐溶液对蛋白质有一定保护作用,除对温度敏感的蛋白质在低温(0 ℃ ~4 ℃)操作外,一般可在室温中进行。但有的蛋白质(如血红蛋白、肌红蛋白、清蛋白)在较高的温度(25 ℃)比 0 ℃时溶解度低,更容易盐析。

ⅴ. pH 的影响。蛋白质表面所带静电荷越多,分子间的排斥力越强,生物分子不容易聚集,溶解度就越大。当表面静电荷为零时即在等电点时,分子间的排斥力小,易聚集沉淀,此时溶解度最低。因此在不影响蛋白质的活性的情况下,往往选择 pH 在目的物等电点附近。这样即可减少中性盐的消耗,又提高了蛋白收率,同时也可减少共沉作用。同时希望溶液中目的蛋白不被析出,也可选择溶液的 pH 偏离该成分的等电点远一些。

② 盐析的操作方法。硫酸铵是一中性盐,对蛋白质有相当好的安定作用,又因为其离子容积较大,吸走水分子的能力也大,成为最常用的蛋白质盐析沉淀剂。硫酸铵的加入方式分两种,即直接加入固体硫酸铵法和加饱和硫酸铵溶液法。

ⅰ. 直接加入固体硫酸铵法。在大规模生产过程中,溶液体积大或所需硫酸铵的浓度较高时,可采用这种方式,以减少溶液体积的变化。在操作过程中,首先应将固体硫酸铵研成细粉,加入速度不宜太快,少量多次分批加入,并充分搅拌使其完全溶解,防止局部浓度过高。搅拌过程应温和,防止蛋白质起泡变性。为达到所需的饱和度,加入硫酸铵质量可按下式计算:

$$W = G(S_2 - S_1)/(1 - AS_2)$$

式中,W 为 1L 溶液应加入硫酸铵质量(g);

G 为饱和溶液中含盐量,0 ℃时为 515,20 ℃时为 513;

S_1、S_2 为初始溶液和最终溶液的饱和度(%);

A 为常数,0 ℃时为 0.227,20 ℃时为 0.29。

ⅱ. 加饱和硫酸铵溶液法。硫酸铵的饱和浓度为 4.1 mol/L(即 767 g/L,25 ℃),饱和硫酸铵配制方法为加入过量的硫酸铵如取 800 g ~ 850 g 硫酸铵分批加入到 1 000 mL 水溶液中,加热至 50 ~ 60 ℃保温数分钟,趁热滤去沉淀,再在 0 ℃或 25 ℃下平衡 1 ~ 2 天,有固体析出时即达 100 % 饱和度。一般饱和硫酸铵溶液的 pH 在 4.5 ~ 5.5 之间,需用氨水或硫酸调节 pH 后备用。加入饱和硫酸铵体积可按下式计算:

$$V = V_0(S_2 - S_1)/(1 - S_2)$$

式中,V 为应加入硫酸铵饱和溶液体积(L);

V_0 为蛋白质溶液的原始体积(L);

S_1、S_2 为初始溶液和最终溶液的饱和度(%)。

加饱和硫酸铵溶液法,通常在实验室或小规模生产或硫酸铵浓度不需要太高时,可采用这种方式,它可以防止溶液局部浓度过大,但溶液体积往往被增大,不利于下一步分离纯化。

对分离目的蛋白的盐析操作,分级盐析法是最适宜的方法。它通过改变盐的浓度与溶液的 pH,可将混合液中的不同性质的蛋白逐步分开。具体操作实例如下:首先要进行实验探索,如先进行 0 % ~ 30 % 的硫酸铵沉淀,再进行 30 % ~ 60 % 的硫酸铵沉淀,最后进行 60 % ~ 80 % 的硫酸铵沉淀;每一段盐析静置之后都离心,将上清和沉淀分别进行电泳。通过实验结果可以看出哪一段盐析出来的目的产物最多,相对来说杂质就更少;比如实验中的目标蛋白主要在 60 % ~ 80 % 这段出来,那么就可确定在 0 % ~ 60 % 的硫酸铵沉淀可以抛弃,然后进行 60 % ~ 80 % 的硫酸铵沉淀并将其收集进行下一步纯化工作。

蛋白质在用盐析沉淀分离后,需要将蛋白质中的盐除去,常用的办法是透析,即把蛋白质溶液装入透析袋内,用缓冲液进行透析,在低温中进行,并每隔 4 ~ 6 h 更换缓冲液。该法透析所需时间长,缓冲液的体积需求量大。也可用葡萄糖凝胶 G - 25、G - 50 或 S - 100 等凝胶过滤除盐;也可直接串联疏水柱层析方法进行进一步纯化。

(2) 有机溶剂沉淀法

亲水性的有机溶剂能降低溶液的介电常数从而增加蛋白质分子上不同电荷的引力,导致溶解度的降低,易聚集形成沉淀;另外,有机溶剂本身的水合作用降低了自由水的浓度,能破坏蛋白质的水化膜,降低了它的亲水性,导致脱水聚集。该法易于沉淀分离,分辨力比盐析法好,溶剂易除去,但容易引起蛋白质变性。它常用于蛋白质或酶的提纯,使用的有机溶剂多为乙醇和丙酮。影响有机溶剂沉淀的主要因素如下。

① 有机溶剂的种类和用量。选择的有机溶剂一般能与水无限混合、介电常数小、沉淀作用强、毒性小、易于去除,最重要的是不能使蛋白质变性失活。常用的有机溶剂有乙醇、丙酮、甲醇等,其中乙醇由于无毒、沉淀作用强,易于去除,而广泛应用。进行有机溶液沉淀时,欲使溶液达到一定有机溶剂浓度,需加入的有机溶液的体积可按下式计算:

$$V = V_0(S_2 - S_1)/(100 - S_2)$$

式中,V 为需要加入有机溶液的体积(L);

V_0 为原溶液体积(L);

S_1、S_2 为原溶液中有机溶液的浓度和需要达到的有机溶液的浓度(%)。

② 温度的影响。有机溶剂与水混合时会释放热量,因此操作过程中应先将蛋白质溶液冷却,并将有机溶剂冷却至更低温度(一般 $-10\ ℃$ 以下),并在充分搅拌下缓慢加入有机溶剂,避免温度升高及局部浓度过高引起蛋白质变性。一般沉淀 $0.5 \sim 2\ h$ 后即进行沉淀分离,并真空抽出残余有机溶剂或加入大量缓冲液进行稀释。

③ pH 的影响。溶液的 pH 尽量在目的蛋白的等电点附近,可增加沉淀效果。但 pH 选择首先要考虑蛋白的稳定性,同时还要使溶液中大多数蛋白质带有相同电荷,避免共沉淀现行的发生。

④ 样品的浓度的影响。样品的浓度较高时易产生共沉淀现象,分辨率不高;而样品的浓度过稀,溶剂用量大,样品收率低。一般将蛋白质溶液浓度控制在 1.0 % ~ 2.0 %(g/100 mL)较为适宜。

⑤ 离子强度的影响。较少的无机盐可以起到助沉剂,甚至保护蛋白质作用。常用的无机盐为单价盐如氯化钠、乙酸钠、乙酸铵等,离子浓度一般为 0.01 mmol/L ~ 0.05 mmol/L。当溶液中盐浓度较高时(0.2 mmol/L 以上),会增加蛋白质的溶解度,增加有机溶剂的加入量。因此当溶液中无机盐的含量较高时应先除盐。

⑥ 某些金属离子的影响。某些多价阳离子能与蛋白质形成复合物,使得其溶解度大大降低,使沉淀更加完全,减少有机溶剂的用量。常用的有硫酸铜、硫酸锌、乙酸锌等试剂。使用过程中,常先去除杂蛋白,再加入金属离子。

（3）等电点沉淀法

是利用某些蛋白在 pH 等于其等电点的溶液中溶解度下降,易产生聚集的原理进行沉淀分级的方法。可根据不同蛋白质的等电点差异进行分离,操作简单、成本低,引入的外来杂质少,是一种常用的分离纯化方法。该法操作需要在低离子浓度下调整溶液的 pH,一般适用于疏水性较强,在等电点时溶解度很低的蛋白质,而对亲水性很强的物质,由于在水中溶解度较大,仍不易产生沉淀。而且在等电点时,蛋白质一般沉淀不完全,同时许多蛋白质的等电点十分接近,故单独使用此法收率低、分辨力差,效果不理想。一般多用于将蛋白质等电点相距较大的杂蛋白去除,实际工作中常把等电点沉淀和盐析法、有机溶剂沉淀法联合使用。

（4）聚乙二醇沉淀法

PEG 是一种水溶性的非离子型高分子聚合物,它能够降低蛋白质水和作用,增强生物分子之间的静电引力引起沉淀,同时聚乙二醇具有空间排斥作用,将生物分子"挤压"到一起而引起沉淀。PEG 的添加量与蛋白质的相对分子质量相关,相对分子质量越高,沉淀所需加入的 PEG 量越少。该法操作时,同样受温度、离子强度、pH、浓度等多种因素的影响。一般选用的 PEG 相对分子质量应大于 4 000,常用相对分子质量为 6 000 ~ 20 000,浓度为20 % 。聚乙二醇的去除常采用吸附法或沉淀法,将其与目的蛋白分离。

（5）选择性变性沉淀法

选择性变性沉淀法是根据混合物溶液中各种分子在不同物理化学因子作用下稳定性不同的特点,选择适当的条件(具有一定的极端性),使欲分离的成分存于溶液中,而且保持其活性,其他成分(即杂质)由于环境的变化而变化,从溶液中沉淀出来,从而达到纯化有效成分的目的。常用的选择性变性沉淀法有热变性沉淀法和酸碱性沉淀法。

（6）其他沉淀方法

一种是成盐沉淀法,它是根据生物大分子与小分子与金属离子或有机酸类可以生成盐类复合物沉淀,从而进行分离。但可能会使蛋白质发生不可逆沉淀,使用该法时应须谨慎。另一种是亲和沉淀法,它是利用亲和反应的原理,可选择性与目的蛋白结合形成复合物,从而进行分离。

2. 色谱分离技术

目前纯化中最常用色谱分离(chromatographic resolution,CR) 又称层析分离技术,是一种分离复杂混合物中各个组分的有效方法。该法利用多组分混合物中各组分物理化学性质(如分子极性、分子形状和大小、等电点、分子亲合力、疏水性等)的差别,使各组分以不同程度分布在固定相和流动相中。当多组分混合物随流动相流动时,由于各组分物理化学性质的差别,具有不同的分配系数,当两相作相对运动时,这些物质随流动相一起运动,并在两相间进行反复多次的分配,从而使各物质达到分离。近几十年来,色谱技术得到飞速发展,因其分离效率好、灵敏度高、选择性强、分离速度快、重复性好及实现自动化操作已成为生物物质分离和纯化技术的关键组成部分,是生物下游加工过程最重要的纯化技术。常用的色谱介质及其原理和应用,常用术语如表 1 – 12,表 1 – 13。

表 1 –12　适用于规模化分离纯化得主要色谱方法

分离方法	分离原理	特点	应用
凝胶过滤(GFC) (分子筛)	分子大小	①分辨率中等,用于相对分子质量相差较大(如聚合体、盐)物质分离; ②操作简单,快速完成缓冲液更换; ③条件温和,回收率高; ④流速低,受到上样体积限制,一般上样体积不超过柱体积的 5 % ;稀释样品	适用于大规模纯化的最后步骤中,脱盐、缓冲液更换、除小分子试剂;估算分子大小与相对分子质量分布;不同组分蛋白质或多肽分离
离子交换(IEX)	电荷	①载量大,不受体积限制; ②流速快,较高的回收率; ③可控性强及良好的再生能力; ④通常分辨率较高,浓缩样品	适用于大量样品分离、纯化的初级阶段

续表

分离方法	分离原理	特点	应用
疏水色谱(HIC)	疏水性	①条件温和,非变性条件纯化; ②流速快,分辨率高,回收率高; ③载量大,不受体积限制	适用于分离任何阶段,尤其是样品离子强度较高时即盐析、离子交换或亲和色谱后用
亲和色谱(AC)	特异性	①分辨率高,选择性好; ②流速高,不受体积限制	适用于分离的任何阶段,尤其是样品体积大、浓度低杂质含量高时

表1-13 常用纯化术语解释

术语名称	术语解释
排阻极限 (exclusionlimit)	是指不能扩散到凝胶网络内部的最小分子的相对分子质量,主要指凝胶过滤介质。例如 Sephacryl S-100HR 的排阻极限是 100 000,即相对分子质量大于该值的分子不能进入到凝胶网络中,最先被洗脱下来。
分级范围 (fractionationrange)	能为凝胶阻滞且相互之间颗粒得到分离的相对分子量范围。例如 Sephacryl S-100HR 的分级范围是 1 000~100 000。
分离度 (Resolution,Rs)	两峰间的体积差和两峰半宽之和的比,表示物质之间分离程度,分离度越高对物质的分离效果越好。如:$R_s < 1$,则两峰有交叉,峰相互重叠;$R_s = 1$,两峰刚好分离;$R_s \geq 1.5$,两峰完全分开
柱效(N/m)	表示层析柱分离效能的指标,柱效越高,灵敏度越好,分离效果越好。常用于分子筛安装后的测定,一般柱效应高于 9 000。 柱效(N/m) $= 5.54(V_R/W_{1/2})^2 \times 1\,000/L$ 式中,V_R 为保留体积;$W_{1/2}$ 为半峰宽;L 为柱床高度(mm)
保留时间(t_R)	表示开始层析到某物质峰达到最高点位置所用的时间
保留体积(V_R)	表示开始层析到某物质峰达到最高点位置所用的流动相总体积
线性流速(cm/h)	表示样品在单位时间内走过的长度,即: 线性流速(cm/h) = 体积流速(mL/min) ×60/柱子横切面积(cm^2) 一般商品化的凝胶介质均给定线性流速,可根据线性流速及柱子横切面计算出体积流速。正常操作时流速应小于线性流速的 75% 为宜
溶胀率	干胶凝胶颗粒使用前要用水溶液进行溶胀处理,溶胀后每克干胶所吸收的水分的百分数称为溶胀率。Sephadex G 系列中的凝胶型号与溶胀率相关,即 G-50 的膨胀率为 500% ±30%

(1) 凝胶过滤层析

凝胶过滤层析(gel filtration chromatography,GFC)是以多孔性物质作固定相,根据样品分子大小不同从而达到分离的一种液相层析法。样品分子与固定相之间不存在相互作用力(吸附、分配和离子交换等),因而凝胶色谱又常被称作凝胶扩散层析、体积排阻层析、分子筛层析等。凝胶过滤层析具有许多优点,介质为不带电荷的惰性物质,与被分离物质间无相互作用,因此分离条件温和,回收率高,重现性好;分离范围广,可分离从几百到数百万分子量的物质;设备简单,易于操作,可进行连续分离。但也存在分辨率不高,流速慢,受到上样体积限制等缺点。一般在盐析、浓缩后进行柱层析或往往用于目的蛋白的精细分离。

目前广泛应用于氨基酸、蛋白质、多肽、多糖及酶等生物物质的分离。

① 凝胶色谱原理。凝胶过滤层析的基本原理是含有尺寸大小不等的样品进入色谱柱后,比固定相孔径大的溶质分子不能进入孔内,与流动相一起流出色谱柱;比固定相孔径小的分子才能进入孔内而产生保留,溶质分子体积越小,进入固定相孔内的机率越大,在固定相中停留(保留)的时间也就越长。这种颗粒内部扩散的结果,使小分子移动减慢,从而根据样品分子量大小的不同由大到小依次从柱内流出达到分离目的。

凝胶过滤层析是在装有惰性多孔物质填料的玻璃柱中进行的。V_t 为凝胶柱床体积;V_0 为凝胶柱床中凝胶颗粒间的空隙体积或外水体积;V_i 为柱中凝胶颗粒内部所含液相体积,称内水体积;V_g 为凝胶颗粒所占体积。V_t 为 V_0、V_i、V_g 之和,即

$$V_t = V_0 + V_i + V_g = \pi R^2 h$$

式中,R 为柱子内半径,h 为凝胶柱床高。

对某种物质在凝胶柱内的洗脱体积 V_e 与 V_0、V_i 之间的关系可用下式表示,即:

$$V_e = V_0 + K_d V_i,可推导出 K_d = (V_e - V_0)/V_i$$

式中,K_d 为排阻系数或分配系数,反映物质分子进入凝胶颗粒程度。

当 $K_d = 1$ 时,说明该物质相对分子质量最小,完全在凝胶颗粒内部扩散,最后被洗脱下来,洗脱体积最大;当 $K_d = 0$ 时,说明该物质相对分子质量最大,完全不能进入凝胶颗粒内部,只能从颗粒间隙流过,称全排阻,最先洗脱下来,洗脱体积最小,等于外水体积;当 $0 < K_d < 1$ 时,说明容质分子只有部分向凝胶颗粒内扩散;若 $K_d > 1$,则说明该物质分子与凝胶有吸附作用。

② 凝胶色谱介质。凝胶过滤介质按骨架分为多糖类及树脂质。多糖类主要为纤维素、葡聚糖及琼脂糖等;树脂质包括聚丙烯酰胺系、聚乙烯醇系等。作为凝胶过滤介质应具备以下条件:介质本身应为惰性物质,不与溶质、溶剂发生任何作用,亲水性高;稳定性好,耐受较宽的 pH 和离子强度及压力环境;凝胶颗粒大小均匀,介质内孔径大小分布要均匀。目前已商品化的凝胶过滤介质品种主要如下。

i. 葡聚糖凝胶系列。葡聚糖是应用广泛的一类软凝胶,商品名为 Sephadex。它是葡聚糖(右旋糖酐)与交联剂环氧氯丙烷交联而成的葡聚糖珠状凝胶。交联度决定凝胶孔穴大小,影响凝胶性能、分离范围及效果。G 型凝胶系列产品中,G 后面的数字代表交联度,数字越大交联度越小,网孔越大,排阻极限亦越大,适合于分离相对分子质量大的产品;数字越小交联度越大,网孔越小适合于分离相对分子质量小的产品。此外,该数字也代表凝胶持水量,如 G - 25 表示 1 g 干胶持水 2.5 mL;G - 100 表示 1 g 干胶持水 10 mL,依此类推。凝胶粒度分为粗、中、细、超细四种,由粗到细分辨率高,但流速变慢。

葡聚糖凝胶的化学性质较为稳定,在酸、碱溶液中稳定;可 120 ℃高压灭菌 30 min 不被破坏。常用的保存方法有湿法、干法、半缩法。湿法保存可在一定量的防腐剂或抑菌剂如 0.02% 叠氮钠、0.02% 三氯叔丁醇、20% 乙醇或 0.25 mol/L 氢氧化钠等溶液中 4 ℃短期保存;干法保存一般用浓度逐渐升高的乙醇分布处理(如 20% ~ 80%),使其脱水收缩,再抽滤除去乙醇,用 60 ℃ ~ 80 ℃暖风吹干后可在室温保存,但处理不好凝胶孔径可能略有改变;半缩法保存可用 60% ~ 70% 乙醇使凝胶部分脱水收缩,4 ℃短期保存。G 型凝胶系列产品如表 1 - 14 所示。

表 1 – 14　葡聚糖凝胶规格及性能

型号	吸水量/(mL/g 干凝胶)	溶胀体积/(mL/g 干凝胶)	分离范围		浸泡时间/h	
			球蛋白	葡聚糖	20 ℃	90 ℃
G – 10	1.0 ± 0.1	2 ~ 3	~ 700	~ 700	3	1
G – 15	1.5 ± 0.1	2.5 ~ 3.5	~ 1 500	~ 1 500	3	1
G – 25	2.5 ± 0.2	4 ~ 6	1 000 ~ 5 000	1 000 ~ 5 000	3	1
G – 50	5.0 ± 0.3	9 ~ 11	1 500 ~ 30 000	500 ~ 10 000	3	1
G – 75	7.5 ± 0.5	12 ~ 15	3 000 ~ 8 000	1 000 ~ 50 000	24	3
G – 100	10 ± 1.0	15 ~ 20	4 000 ~ 150 000	1 000 ~ 100 000	72	5
G – 150	15 ± 1.5	20 ~ 30	5 000 ~ 400 000	1 000 ~ 150 000	72	5
G – 200	20 ± 2.0	30 ~ 40	5 000 ~ 800 000	1 000 ~ 200 000	72	5

ⅱ. 修饰葡聚糖凝胶。

Superdex 系凝胶:由高交联度的多孔琼脂糖与葡聚糖共价结合而成,具有良好的理化稳定性,可在 pH 3 ~ 12 范围内使用(表 1 – 15)。8 mol/L 脲或去污剂对该系列凝胶无影响。

表 1 – 15　Superdex 系凝胶规格及性能

型号	颗粒大小/μm	分离范围(×10³)		耐反压/(MPa/Psi)	最高流速/(cm/h)	应用
		球蛋白	葡聚糖			
Superdex30	22 ~ 44	< 10	—	0.3/44	90	制备纯化多肽其他小分子物质
Superdex75	22 ~ 44	3 ~ 70	0.5 ~ 30	0.3/44	90	快速制备纯化蛋白、多肽、寡核苷酸及其他小分子物质
Superdex200	22 ~ 44	10 ~ 600	1 ~ 100	0.3/44	90	快速制备纯化蛋白、DNA 片段和其他小分子物质

Sephacryl 系凝胶:由丙烯烷基葡聚糖经甲叉双丙烯酰胺共价交联制成,具有良好的理化稳定性,可在 pH 2 ~ 11 范围内使用(表 1 – 16)。可耐高压灭菌(pH 7.0),可耐受去污剂、6 mol/L 盐酸胍等洗脱液处理。

表 1 – 16　Sephacryl 系凝胶规格及性能

型号	颗粒大小/μm	分离范围(×10³)		耐反压/(MPa/Psi)	最高流速/(cm/h)	应用
		球蛋白	葡聚糖			
Sephacryl S-100HR	25 ~ 75	1 ~ 100	—	0.2/29	60	制备纯化蛋白、多肽
Sephacryl S-200HR	25 ~ 75	5 ~ 250	1 ~ 80	0.2/29	60	制备纯化蛋白(像白蛋白一样的小血清蛋白)

续表

型号	颗粒大小/μm	分离范围(×10³)		耐反压/(MPa/Psi)	最高流速/(cm/h)	应用
		球蛋白	葡聚糖			
Sephacryl S-300HR	25~75	10~1 500	2~400	0.2/29	60	制备纯化蛋白(像膜蛋白、抗体一样的血清蛋白)
Sephacryl S-400HR	25~75	20~8 000	10~2 000	0.2/29	60	制备纯化蛋白(像膜蛋白、抗体一样的血清蛋白)
Sephacryl S-500HR	25~75	—	40~20 000	0.2/29	50	制备纯化大分子(如分离 DNA 酶切片段)
Sephacryl S-1 000HR	40~105	—	500~100 000	—	40	制备 DNA,纯化非常大多糖、蛋白多糖和小颗粒(如膜结合囊和病毒)

ⅲ. 琼脂糖凝胶。琼脂糖凝胶来源于海藻多糖琼脂,是一种天然凝胶,不是共价交联,其结合力仅为氢键,键能较弱。琼脂糖凝胶的商品名因生产厂家不同而异。瑞典商品名为 Sepharose、英国为 Sagavac、美国为 Bio‒Gel、丹麦为 Gelarose、国内琼脂糖凝胶为 Sepharose B 系列。它与葡聚糖不同,凝胶孔径由交联度决定,而是依赖琼脂糖的浓度(表 1‒17)。琼脂糖凝胶化学稳定性较差,凝胶颗粒的强度很低,一般只能在 pH 4~9,温度 0 ℃~40 ℃ 范围内正常使用。需要注意的是琼脂糖凝胶与硼酸能形成配位化合物,使其结构与孔径发生改变,应避免用硼酸缓冲液。

表 1‒17 琼脂糖凝胶规格及性能

商品名称	分离范围(球蛋白)	颗粒大小/μm	pH 范围	最高流速/(cm/h)	应用
Sepharose 6FF	$10^4 \sim 4 \times 10^6$	45~165	2~14	300	巨大分子如 DNA 质粒、病毒
Sepharose 4FF	$6 \times 10^4 \sim 2 \times 10^7$	45~165	2~14	250	巨大分子如乙型肝炎表面抗体、病毒
Sepharose 2B	$7 \times 10^4 \sim 4 \times 10^7$	60~200	4~9	10	蛋白质、大分子复合物、病毒核酸和多糖的分离
Sepharose 4B	$6 \times 10^4 \sim 2 \times 10^7$	45~165	4~9	11.5	蛋白质、多糖、肽类分离
Sepharose 6B	$10^4 \sim 4 \times 10^7$	45~165	4~9	14	蛋白质、多糖、肽类的分离

ⅳ. 聚丙烯酰胺凝胶。聚丙烯酰胺凝胶是丙烯酰胺与亚甲基双丙烯酰胺为交联剂,经四甲基乙二胺催化聚合而成的亲水性凝胶,如美国伯乐公司产商品名为生物凝胶‒P。生物凝胶的孔径随凝胶总浓度或交联度增加而变小。其稳定性较葡聚糖凝胶相比更为稳定,在 pH 2~11 范围内稳定,有较高分辨率和机械强度。商品生物凝胶编号能反映出其分离界限,如 Bio‒Gel P‒100,将编号乘以 1 000 为 100 000,即为它的排阻限(表 1‒18)。

表 1-18　聚丙烯酰凝胶规格及性能

生物胶	溶胀体积/(mL/g 干凝胶)	分离范围(相对分子质量)	应用
P-2	3.0	100~1 800	
P-4	4.8	800~4 000	
P-6	7.4	1 000~6 000	
P-10	9.0	1 500~20 000	脱盐、分级分离;糖蛋白
P-30	11.4	2 500~40 000	纯化及血清蛋白、多糖、
P-60	14.4	3 000~60 000	肽等分离、纯化
P-100	15.0	5 000~100 000	
P-200	29.4	30 000~200 000	
P-300	36.0	60 000~400 000	

ⅴ. 多孔玻璃珠。多孔玻璃微球具有物理化学稳定性高,能耐受高温灭菌及较强烈的反应条件;机械强度大,能在高压下操作,流速快,实验重复性好;能抵御酶及微生物的作用,性能稳定。缺点是有大量硅羟基存在,亲水性不强,对糖类、蛋白质等物质特别是碱性蛋白质有非特异性吸附作用。常用聚乙二醇浸泡加以钝化后使用。商品名为 Bio-Glas,后面的编号代表其孔径,编号越大,可分离的相对分子质量越大(表 1-19)。

表 1-19　多孔玻璃微球的规格及性能

型号	颗粒大小		分离范围(相对分子质量)
	粒度/目数	平均孔径/10^{-10} nm	
Bio-Glas 200	100~200 200~400	200	$3\times10^3 \sim 3\times10^4$
Bio-Glas 500	100~200 200~400	500	$10^4 \sim 10^5$
Bio-Glas 1 000	100~200 200~400	1 000	$5\times10^4 \sim 5\times10^5$
Bio-Glas 1 500	100~200 200~400	1 500	$4\times10^5 \sim 2\times10^6$
Bio-Glas 2 500	100~200 200~400	2 500	$8\times10^5 \sim 9\times10^6$

ⅵ. 疏水性凝胶。常见的疏水性凝胶为聚甲基丙烯酸酯凝胶和聚苯乙烯凝胶。适用于疏水性物质及非水溶液,以聚甲基丙烯酸酯或聚苯乙烯含量控制孔径(表 1-20),但也受到洗脱剂的影响。如在芳香族溶剂中其溶胀度大,排阻极限也增大;在醇类物质中,骨架不溶胀,孔径小,排阻极限也小。

表1-20 疏水性凝胶规格及性能

型号	二乙烯苯含量/%	粒径/目	分离范围	溶胀体积/(mL/g 干凝胶)
S-X1	1	200～400	600～14 000	9.8
S-X2	2	200～400	100～2 700	5.2
S-X3	3	200～400	～2 000	5.0
S-X4	4	200～400	～1 400	4.0
S-X8	8	200～400	～1 000	3.0
S-X12	12	200～400	～400	2.5

③ 凝胶层析的应用及影响分离的主要因素。凝胶色谱法应用范围广泛，一般在恒定的缓冲溶液下，根据物质相对分子质量的不同进行分离。选择适宜的凝胶是取得良好分离效果的根本保证。凝胶层析的应用如下。

ⅰ. 脱盐：脱盐用的凝胶多为大颗粒，高交联度的凝胶如 Sephadex G25、G50。由于交联度大，颗粒强度高，加之凝胶颗粒大，流速快，处理量也较高。用层析柱脱盐时，上样样品的体积必须小于柱内水体积，一般小于内水体积的 1/3，以便得到理想脱盐效果。

ⅱ. 分离纯化：一般用于相对分子质量相差较大物质的分离。一般用于精细分离时上样体积应小于柱体积的 5%，最好控制在 2% 以内，以便达到较好的分离效果。

ⅲ. 相对分子质量测定：根据不同相对分子质量的物质，只要在凝胶的分离范围内，其洗脱体积或分配系数与相对分子质量的对数呈线性关系。测定时先以二个以上已知相对分子质量的标准蛋白过柱，测取各自洗脱体积并以洗脱体积为纵坐标，相对分子质量对数作为横坐标制作标准曲线。再测定待测物质的洗脱体积，便可由标准曲线求得相对分子质量。该法测定的相对分子质量为近似相对分子质量，误差在 10%，对球形分子的测量精确度较高，对棒状分子的测量值小于实际值。一般准确测定相对分子质量采用质谱分析方法。

ⅳ. 去热源：应用于无热源水的制备及低分子生物制剂中抗原性杂质的去除。如用 Sephadex-25 凝胶去除氨基酸中的热源性物质效果较好；另外，用 DEAE-Sephadex-A25 去除水中的热源效果较好。

影响分离的主要因素——选择适宜的凝胶是取得良好分离效果的关键，同时分离过程还与洗脱流速、适宜的离子强度和 pH 相关，还应考虑上样量、样品黏度及凝胶柱床高度。

ⅰ. 介质选择：只将分子量极为悬殊的两类物质分开，如将蛋白质脱盐，可采用排阻极限小的介质如 Sephadex G25 或 G50，上样量大、洗脱流速快；分离分子量相差不大的分子，如分离蛋白质与其聚合体，可根据表中各种凝胶排阻范围加以选择，同时还需控制上样量及上样流速，才能达到较好的分辨效果。

ⅱ. 洗脱流速：洗脱流速过快会使色谱带变形，影响分离效果。因此根据具体实验情况在凝胶线性流速范围进行选择。特别是使用分子筛时，降低流速能达到较好的分辨效果。

ⅲ. 洗脱液的离子强度与 pH：对水溶性物质的洗脱应采用适宜的离子强度与 pH，酸性蛋白的洗脱很少受离子强度变化的影响；碱性蛋白在酸性条件下易于洗脱，洗脱液中应含一定浓度的无机盐；多糖物质洗脱以水最佳。

ⅳ. 上样量：用于分级分离时，上样前需浓缩，为达到较好分离效果上样量控制在柱体积的 2% ~ 5%。

ⅴ. 样品黏度：样品相对于流动相的黏度越大，分辨率越差。一般要求样品的黏度小于 0.01 Pa·s，蛋白质类样品浓度一般要低于 40 mg/mL 左右。

ⅵ. 凝胶柱及填装：凝胶层析法分离蛋白一般要求有较细的柱径、较长的柱长及柱床高度，所需柱长通常为内径的 25 ~ 40 倍，装柱后测量柱效。如用 Sephacryl S-100 分离蛋白质，所需柱柱床高度应不小于 80 cm，柱效不低于 9 000。

（2）离子交换层析

离子交换层析（ion exchange chromatography，IEC）是利用溶液中各种带电粒子与离子交换剂之间结合力的差异进行物质分离的方法。该法可以同时分离多种物质，具有工作容量大、灵敏度高、重复性好、选择性强，分离速度快等优点，是当前最常用的层析方法之一，常用于蛋白质、氨基酸、多肽及核酸等分离纯化。

① 离子交换色谱原理。离子交换色谱原理是利用离子交换剂的荷电基团，吸附溶液中带电离子或离子化合物，这种结合是可逆的，被吸附的物质随后被带有同类型电荷的其他离子所置换，而被洗脱下来。由于不同物质对交换剂的结合力不同，在梯度洗脱过程中，被洗脱下来的顺序不同，因而达到分离的目的（图 1-4）。离子交换现象可用下面的方程式表示：

$$R^- A^+ + B^+ \rightleftharpoons R^- B^+ + A^+$$

式中，R^- 代表阳离子交换剂功能基团和载体；A^+ 表示平衡离子；B^+ 表示交换离子。

离子交换剂的选择性可用平衡常数 K 表示，即：

$$K = ([RB][A^+])/([RA][B^+])$$

如果反应溶液中 $[A^+] = [B^+]$，则 $K = [RB]/[RA]$。当 $K < 1$ 时，$[RB] < [RA]$ 表示离子交换剂对 B^+ 的结合力小于 A^+；当 $K = 1$ 时，$[RB] = [RA]$ 表示离子交换剂对 A^+、B^+ 的结合力相同；当 $K > 1$ 时，$[RB] > [RA]$ 表示离子交换剂对 B^+ 的结合力大于 A^+。K 值反映离子交换剂对不同离子的结合力或选择性参数。

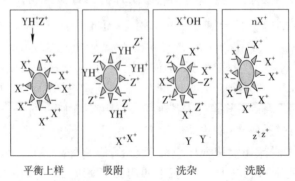

图 1-4　离子交换吸附和洗脱示意图

两性电解质(如蛋白质、氨基酸、核苷酸等)与离子交换剂的结合能力,主要取决于它们的理化性质与特定条件下呈现的离子状态。当 pH < pI 时,蛋白质带正电荷,能被阳离子交换剂吸附;反之,当 pH > pI 时,蛋白质带负电荷,能被阴离子交换剂吸附。溶液的 pH 偏离等电点越远,蛋白质分子所带的净电荷量越大。由于蛋白质等生物大分子等电点不同,可通过改变溶液的 pH 和离子强度影响它们与离子交换剂的吸附作用,从而使它们得到分离纯化(表1-21)。

表1-21 常用离子交换介质功能基团

类型		名称	结构	活性基团简写
阳离子交换树脂	强酸型	磺酸纤维素	$-OSO_3H$	S
		甲基磺酸纤维素	$-OCH_2SO_3H$	SM
		乙基磺酸纤维素	$-O(CH_2)_2SO_3H$	SE
		丙基磺酸纤维素	$-O(CH_2)_3SO_3H$	SP
	中强酸型	磷酸纤维素	$-OP_3H_2$	P
	弱酸型	羧基纤维素	$-OCOOH$	C
		羧甲基纤维素	$-OCH_2COOH$	CM
阴离子交换树脂	强碱型	二乙基氨基乙基纤维素	$-O(CH_2)_2NH^+(C_2H_5)_2$	DEAE
		三乙基氨基乙基纤维素	$-O(CH_2)_2NH^+(C_2H_5)_3$	TEAE
		胍乙基纤维素	$-OC_2H_4C(NH_2)=NH_2$	GE
	中强碱型	氨基乙基纤维素	$-OC_2H_4NH_3$	AE
		聚乙亚胺吸附的纤维素	$-O(C_2H_4NH_2)_nC_2H_4NH_3$	PEL
		苄基化的 DEAE 纤维素	$-苯基及-(CH_2)_2NH^+(C_2H_5)_2$ 共存	DBD
		苄基化萘酰基 DEAE 纤维素		BND
		ECTEOLA-纤维素	$-O(CH_2)_2N(C_2H_5OH)_3$	ECTEOLA
	弱碱型	对氨基苯基纤维素	$-O-CH_2C_6H_4NH_3$	PAB

② 离子交换层析的介质。据离子交换介质材质及亲水性不同可分为亲水性的天然或合成高聚物如纤维素系、葡聚糖系、琼脂糖系等;疏水性的聚苯乙烯高聚物;耐高压的刚性有机合成高聚物;硅胶颗粒等。作为离子交换介质应具备以下条件:要有大的交换容量和良好的交换选择性;稳定性好,耐受酸碱、钙盐、有机溶剂、温度及压力环境;凝胶颗粒大小均匀,介质内孔径大小分布要均匀,并具有一定强度;交换速度快、可逆性好、易洗脱和再生,可反复使用。目前已商品化的离子交换介质品种主要如下。

ⅰ.纤维素离子交换系列:纤维素具有松散的亲水网络、孔径大、比表面积大等优点。目前常用的珠状离子交换纤维是用高纯微晶纤维素经交联、功能基化而制备。如 DEAE-Sephacel 是在合成过程中破坏微晶结构经重新组合而成的珠状物,再用氯代环氧丙烷进行交联而成大孔结构。几种常用的纤维素系离子交换介质如表1-22所示。

表 1 – 22　常用纤维素系离子交换介质

名称	外观	溶胀体积/（mL/g 干胶）	全交换容量/（mmol/g）	有效容量蛋白/（mg/g）	备注
DEAE 纤维素					
DE22	纤维状	7.5 ~ 7.8	1.0 ± 0.1	450	在 0.05 mol/L，pH 7.5 磷酸缓冲液中平衡
DE23	纤维状	9.1	1.0 ± 0.1	450	在 0.01 mol/L，pH 8.5 磷酸缓冲液中对牛血清白蛋白的吸附量
DE32	微粒	6.3	1.0 ± 0.1	660	
DE52	微粒	6.3	1.0 ± 0.1	660	在 0.05 mol/L，pH 8.3 Tris 缓冲液中平衡
Cellex D	纤维状	8.0	0.7 ± 0.1	/	
DEAE-Sephacel	珠状	/	0.95 ~ 1.35	160	
CM 纤维素					
CM22	纤维状	7.7	0.6 ± 0.06	150	在 0.05 mol/L，pH 5.0 乙酸缓冲液中
CM23	纤维状	9.1	0.6 ± 0.06	150	在 0.08 mol/L，pH 3.5 磷酸缓冲液中对 γ – 球蛋白吸附量
CM32	微粒	6.8	1.0 ± 0.1	400	
CM52	微粒	6.8	1.0 ± 0.1	400	
Cellex CM	纤维状	7.0	0.7 ± 0.1	/	
Cellex E	纤维状	3.5	0.3 ± 0.05	/	混胺基团 pK 7.5
Cellex P	纤维状	4.5	0.85 ± 0.1	/	含磷酸基

ⅱ. 葡聚糖离子交换系列：是在 Sephades G25 及 Sephades G50 两种凝胶过滤介质为母体，引入离子交换功能基团后形成，具有较高的容量。名称中的 A 表示阴离子交换介质、C 表示阳离子交换介质；功能基中 WB 为弱碱性、WA 为弱酸性、SB 为强碱性、SA 为强酸性；Hb 为血红蛋白。几种常用的葡聚糖系离子交换介质如表 1 – 23 所示。

表 1 – 23　常用葡聚糖系离子交换介质

名称	功能基	全交换容量		有效容量/（mg/mL）	工作 pH	最快流速/（cm/h）	应用情况
		mmol/g(干)	μmol/mL				
DEAE-SephadesA-25	WB	3.5 ± 0.5	500	70 Hb	2 ~ 9	475	小蛋白及巨大分子
A-50	WB	3.5 ± 0.5	175	250 Hb	2 ~ 9	45	中等大小的生物分子
QAE-SephadesA-25	SB	3.0 ± 0.4	500	50 Hb	2 ~ 10	475	低分子量蛋白多肽、核苷酸及巨大分子
A-50	SB	3.0 ± 0.4	100	200 Hb	2 ~ 11	45	中等大小的生物分子（30 000 ~ 200 000）
SP-Sephades C-25	SA	2.3 ± 0.3	300	30 Hb	2 ~ 10	475	小蛋白及巨大分子
C-50	SA	2.3 ± 0.3	90	270 Hb	2 ~ 10	45	中等大小的生物分子
CM-Sephades C-25	WA	4.5 ± 0.5	550	50 Hb	6 ~ 13	475	小蛋白及巨大分子
C-50	WA	4.5 ± 0.5	170	350 Hb	6 ~ 10	45	中等大小的生物分子

ⅲ. 琼脂糖离子交换系列:常用的琼脂糖离子交换系列分为 Bio—Gel A 系和 Sepharose 系。几种常用的葡聚糖系离子交换介质如表 1 – 24 所示。

表 1 – 24　常用琼脂糖系离子交换介质

名称	功能基	全交换容量/ (μmol/mL)	有效容量/ (mg/mL)	工作 pH	最快流速/ (cm/h)	应用情况
DEAE-SepharoseCL-6B	WB	150	100 Hb	3 ~ 12	150	传统离子交换剂、载量高
CM-SepharoseCL-6B	WA	120	100 Hb	3 ~ 12	150	
DEAE-Bio-Gel A	WB	20	45 Hb	3 ~ 12	15 ~ 20	
CM-Bio-Gel A	WA	20	45 Hb	3 ~ 12	15 ~ 20	
Q Sepharose Fast. Flow	SB	150	100 Hb			高流速、高载量、高物理化学稳定性
SP Sepharose Fast. Flow	SA	150	100 Hb	2 ~ 12	700	
DEAE-Sepharose Fast. Flow	WB	130	110HSA	4 ~ 13	700	
CM-Sepharose Fast. Flow	WA	110	50 核糖核酸酶			
Q Sepharose Higper-formance	SB	170	70BSA	2 ~ 12	150	琼脂糖离子交换剂中粒径最小、分辨率最高
SP Sepharose Higper-formance	SA	170	55 核糖核酸酶	3 ~ 12	150	

ⅳ. Mono eads 离子交换系列:以亲水性聚醚为骨架,具有刚性好、粒径小、分辨效率高,常用于蛋白质、肽类或低聚核苷酸分析柱的制备。几种常用的 Mono eads 系离子交换介质如表 1 – 25 所示。

表 1 – 25　高效离子交换介质

名称	排阻极限	粒径/μm	全交换容量/ (μmol/mL)	工作 pH	备注
Mono Q	1×10^{7}	10	270 ~ 370	2 ~ 12	强碱性阴离子交换介质,适于单克隆抗体分离
Mono S	1×10^{7}	10	140 ~ 180	2 ~ 12	强酸性阳离子交换介质,适于低 pH 时多肽分离
Mono P	1×10^{7}	10	150 ~ 210	2 ~ 12	弱碱性阴离子交换介质,适于聚焦色谱
Mini Q		3		3 ~ 11	强碱性阴离子交换介质,有极高分辨率
Mini S		3		3 ~ 11	强酸性阳离子交换介质,有极高分辨率

③ 离子交换层析的应用。离子交换层析法广泛应用于蛋白质、氨基酸、核苷酸、多糖及有机酸等生物大分子的分离纯化。目前约有 80 % 蛋白质分离纯化中应用离子交换。一般采用盐浓度梯度洗脱,将目的蛋白与杂质分离,纯化倍数可达 3 ~ 10 倍。

④ 影响分离主要因素。

ⅰ.介质选择:离子交换介质分为酸性的阳离子交换介质和碱性的阴离子交换介质,酸性或碱性强弱分为强型和弱型。如强酸型阳离子交换介质功能基团为 $-SO_4^{2-}$,在 pH 1~14 范围都有吸附;弱酸型阳离子交换介质功能基团为 $-COOH$,一般在 pH 5.0~10.0 范围才有吸附。一般情况下,在对未知物质进行纯化工艺摸索时,采用强型离子交换介质,但存在吸附后难以解析的,一般需要较强的条件(如用强酸或强碱)进行洗脱。因此在实际工艺设计中,根据摸索的实验条件,更多考虑弱型离子交换介质。上样量应根据选择介质的最大吸附量进行调整。

ⅱ.离子强度:离子交换吸附应在较低的离子强度下进行,最好选择允许目的分子与离子交换介质能够结合的最高离子强度;而洗脱时应选择可使目的蛋白与介质解析的最低离子强度。目的蛋白解析后应用更高离子强度彻底清除可能残留的牢固吸附杂质,具体离子强度应根据实验确定。一般在吸附阶段采用含 0.1 mol/L 氯化钠的 10~50 mmol/L 缓冲溶液中进行。在此离子强度下目的蛋白不会被洗脱下来,而样品中与离子交换剂结合不牢的杂质将会被解析下来。离子交换一般不在盐析分离后进行,必须进行时应先除盐。

ⅲ.pH:要使目的蛋白以适当的强度结合到离子交换介质上,需选择合适的吸附 pH。对于阳离子交换介质,吸附 pH 应至少低于目的物质等电点 1 个 pH 单位;对于阴离子交换介质,吸附 pH 应至少高于目的物质等电点 1 个 pH 单位。pH 偏离等电点越远,净电荷越多,越易吸附,但解析困难,具体 pH 应由实验确定。操作过程也可以选择目的蛋白流穿,杂质被吸附的方式如对于阳离子交换介质,溶液的 pH 高于等电点,使目的蛋白带负电荷而流穿,此方式不适用于纯化分离,一般用于去除样品中的热源或宿主蛋白等。

（3）亲和色谱

酶、蛋白质、抗体、激素等生物物质,具有识别特定物质并与该物质的分子特异性相结合的能力。这种识别并结合能力具有排他性,即生物分子具有能够区分结构与性质非常相近的其他分子,选择性地与其中某一分子相结合。其结合方式为立体构象结合,具有空间位阻效应。结合的作用力包括静电作用、疏水作用、范德华立及氢键等。亲和色谱(affinity chromatography,AC)是利用生物分子与其配体特异性结合作用进行生物物质分离纯化的色谱技术。亲和色谱具有操作简单、选择性强、分离速度快、分辨率高、分离条件温和等优点,一次过柱就能得到高纯度的活性物质。但吸附剂通用性较差,分离不同物质都需制备专用配基、洗脱条件苛刻、价格昂贵及有些配基易脱落等缺点。随着新型介质的应用与各种配体的出现,使亲和色谱得到越来越广泛的应用。

① 亲和色谱原理。亲和色谱是在介质上键合可逆结合特异性目的分子的适当配体,含有目的分子的待分离物质通过时,与目的分子特异性结合并去除了所有未结合杂质,再以一定洗脱条件将单一目的分子洗脱下来。亲和色谱分离基本原理如下。

ⅰ.配基固定化:选择合适的配基与不溶性的支撑载体偶联,或共价结合成具有特异亲和性的分离介质;

ⅱ.吸附样品:配基与被分离生物大分子间的专一性识别或特异性吸附,杂质与介质间无亲和作用而被去除。配基与生物活性物质吸附作用必须是可逆的。

ⅲ.样品解析:选择适宜的条件使被吸附的活性物质解析。

② 亲和色谱介质。亲和色谱介质是利用大多数大分子物质与某些相应的分子专一性

可逆结合的特性,将亲和配基通过化学键固定在色谱介质上而得到的。因此,色谱介质的制备首先要选择介质和配基,其次介质的活化或功能化及活化的介质与亲和配基偶联。

ⅰ. 介质的选择。介质的亲和配基附着的基础和骨架,应具有如下特性:理化性质稳定,非特异性吸附小且生物惰性,不因共价偶联反应和吸附条件的变化发生改变;具有多孔立体网状结构,能使大分子自由通过,使亲和对的两种成份在自由溶液中充分相互作用;必须能够活化或功能化,且具有大量可供活化和配基结合的化学基团;具有高度水不溶性和亲水性。亲水性是保证被吸附物质稳定的重要因素,同时有助于达到亲和平衡并减少因疏水造成的非特异性吸附;具有大小均匀,机械强度高等性能,保证良好的流速。常用的介质有多糖类如纤维素(celluose)、葡聚糖(dextrin)、琼脂糖(agarose)凝胶、聚丙烯酰胺凝胶及无机介质等。

ⅱ. 配基的选择。配基的选择主要取决于分离对象,应具有专一性,仅识别被纯化的目的物(配体),不吸附其他杂质,可根据配体的生物学特性寻找;应有足够大的亲和力;与目的物间的结合具有可逆性,这样能够在一定条件下吸附和解析;大小选择适宜,具有较好的稳定性。亲和配基按亲和力的大小可分为两类,一类为特殊配基,其 K_{eq} 值为 $10^7 \sim 10^{15}$,如生物素、激素、抗原等。另一类为通用配基,K_{eq} 值为 $10^4 \sim 10^6$。亲和力越高,则生产中需要的洗脱条件就非常苛刻。特殊配基包括酶的抑制剂、抗体、受体等。常用的特异性亲和配基包括天然配基、染料、氨基酸或肽、核酸、肝素、螯合金属离子等(表 1-26)。特异性亲和配基由于分子较小、容量高、成本低,因而其实用性越来越受到重视。几种常用的亲和层析介质如表 1-27 所示。

表 1-26　亲和色谱中配基的选择和洗脱条件

亲和对象	配基	洗脱液
乙酰胆碱酯酶	对氨基苯 - 三甲基氯化铵	1 mol/L NaCl
醛缩酶	醛缩酶亚基	6 mol/L 尿素
羧肽酶 A	L-Tyr-D-Trp	0.1 mol/L 乙酸
核酸变位酶	L-Trp	0.001 mol/L Trp
α - 胰凝乳蛋白酶	D - 色氨酸甲酯	0.1 mol/L 乙酸
胶原酶	胶原	1 mol/L NaCl,0.05 mol/L Tris-HCl
脱氧核糖核酸酶抑制剂	核糖核酸	0.7 mol/L 盐酸胍
二氢叶酸还原酶	2,4 二氢 - 10 - 甲基蝶酰 - L - 谷氨酸	5 - 甲酰四氢叶酸
3 - 磷酸甘油脱氢酶脂蛋白酯酶	3 - 磷酸甘油	0.5 mol/L 3 - 磷酸甘油
脂蛋白脂酶	肝素	0.16 mol/L ~ 1.5 mol/L NaCl 梯度洗脱
木瓜蛋白酶	对氨基苯 - 乙酸汞	0.000 5 mol/L MgCl$_2$
胃蛋白酶,胃蛋白酶原	聚赖氨酸	0.15 mol/L ~ 1.0 mol/L NaCl 梯度洗脱
蛋白酶	血红蛋白	0.1 mol/L 乙酸
血纤维蛋白酶溶酶原	L-Lys	0.2 mol/L 氨基己酸

续表

亲和对象	配基	洗脱液
核糖核酸酶 - S - 肽	核糖核酸酶 - S - 蛋白	50 % 乙酸
凝血酶	对氯苯胺	1 mol/L 苯胺 - HCl, 0.025 mol/L 底物, 1 mol/L 磷酸盐, pH 4.5
转氨酶	吡哆胺 - 5′ - 磷酸	
酪氨酸羟化酶	3 - 吲哚酪氨酸	0.001 mol/L KOH
β - 半乳糖苷酶	β - 半乳糖苷酶	0.1 mol/L NaCl, 0.05 mol/L Tris-HCl, 0.01 mol/L $MgCl_2$, pH 7.4
DNP 蛋白质	DNP 卵清蛋白	0.1 mol/L 乙酸
绒毛膜促性腺激素(人)	绒毛膜促性腺激素(人)	6 mol/L 盐酸胍
免疫球蛋白 IgE	免疫球蛋白 IgE	0.15 mol/L NaCl, 0.1 mol/LGly-HCl, pH 3.5
IgG	IgG	5 mol/L 盐酸胍
IgM	IgM	5 mol/L 盐酸胍
胰岛素	胰岛素	0.1 mol/L 乙酸, pH 2.5

表 1 - 27　商品化的亲和色谱介质、配基及其目的产物

亲和吸附介质	配基	目标产物
Blue Sepharose CL-6B	Cilbacron Blue F3G-A	DNAD、ATP 相关酶, 白蛋白, 干扰素等
Protein A-Sepharose CL-4B	Protein A	IgG, 免疫复合体
ConA-Sepharose	ConA	糖蛋白, 多糖
AMP-Sepharose	AMP	NAD 相关酶
Lysine Sepharose 4B	L-Lysine	纤溶酶原, 纤溶酶原激活剂
Heparin Sepharose CL-6B	Heparin	限制性核酸内切酶, 脂蛋白, 脂肪酶, 凝固蛋白等
Affi-Gel Blue	Cibacron Blue F3G-A	NAD、ATP 相关酶, 白蛋白, 干扰素等
Affi-Gel protein A	Protein A	IgG, 免疫复合体
Affi-Prep protein A	Protein A	IgG, 免疫复合体
TSK gel Chelate-5PW	IDA	各种蛋白
TSK gel Blue-5PW	Cibacron Blue	NAD、ATP 相关酶, 白蛋白, 干扰素等
TSK gel ΛBΛ-5PW	p - 氨基苄脒	胰蛋白酶, 尿激酶
TSK gel Boronate-5PW	m - 氨基苯硼酸	糖蛋白, 多糖, 转移 RNA

ⅲ. 活化与偶联。亲和色谱的介质由于其相对惰性,往往不能直接与配基相连,偶联前一般需活化。亲和配基与色谱介质化学反应过程应相对温和,尽可能保持介质与配基的

原来性能,保证专一性或特异性作用。活化的方法较多,常见的方法如表1-28。

表1-28 常见活化方法比较

活化剂	试剂毒性	活化时间/h	偶联时间/h	偶联pH	稳定性	非特异性吸附
戊二醇	中等	1~5	6~16	6.5~8.5	好	
溴化氢	高	0.2~0.4	2~4	8~10	pH<5或pH>7	
双环氧化物	中等	5~18	14~48	8.5~12	不稳定	
二乙烯基砜	高	0.5~2.0	快	8~10	高pH不稳定	
羰基二咪唑	中等	0.2~0.4	6天左右	8~9.5	pH>10稳定	
高碘酸盐	无毒	14~20	12	7.5~9.0	好	
三嗪	高	0.5~2.0	4~16	7.5~9.0	好	
重氮化物	中等		0.5~1.0	6~8	中等	芳香族化合物
肼	高	1~3	3~16	7~9	较好	

③ 亲和色谱的应用及影响分离的主要因素。亲和色谱法广泛应用于生物分子、各种功能细胞、细胞器、膜片段和病毒颗粒的分离纯化,生化成份的分离检测及其他分离手段难以分离的大分子物质,尤其对分离某些不稳定的大分子物质更具优越性。亲合交换色谱分离纯化应考虑以下几个方面:

i.吸附条件的选择:吸附条件最好是自然状态下配体与目的分子间反应的最佳条件,如缓冲盐的种类、浓度及pH等条件。如金黄葡萄球菌蛋白A和免疫球蛋白IgG间的结合主要是疏水作用,可以通过增大盐浓度,调节pH来增强吸附。对配体与配基结合情况不了解,就必须对盐种类、浓度及pH等条件进行摸索。此外应考虑流速对吸附的影响,流速不能太快,应调节至能够充分吸附,延长吸附时间,可以在上样后静置一段时间再进行洗脱。上样量可根据填料的吸附容量来推算,通常为吸附容量的1/3或更低,对于吸附力弱的物质,上样量按照1/10为佳。在样品上柱后,使用10倍柱体积的缓冲溶液将不结合的杂质清洗掉。

ii.吸附后清洗条件的选择:某些杂质可以非特异性的吸附,为获得高纯度的目的分子,应选择一定强度的清洗缓冲液,其强度应介于目的分子吸附条件与目的分子洗脱条件之间。如碱性成纤维细胞生长因子在含0.6 mol/L氯化钠的磷酸盐缓冲液中吸附,洗脱条件为含2.0 mol/L氯化钠的磷酸盐缓冲液,则考虑使用1.2 mol/L氯化钠的磷酸盐缓冲液进行杂质清洗。

iii.洗脱条件的选择:从柱中洗脱目标产物是亲和色谱是否成功的关键。通常采用降低目标产物与配体之间的亲和力的方式进行洗脱。可用一步法或连续改变洗脱剂浓度的方式将目标产品洗脱下来。改变pH和离子强度也能改变配体与蛋白质间的作用力,洗脱目标产品。洗脱过程的选择应考虑目的分子的耐受性,对于吸附的十分牢固的生物大分子,必须使用较强的酸或碱作为洗脱剂或在洗脱液中加入破坏蛋白质的试剂,如脲、盐酸胍。这种洗脱方式往往造成不可逆的变化,使纯化的对象失去生物学活性。因此,对于洗脱得到的蛋白质溶液应立即进行中和、稀释或透析。

（4）疏水性相互作用色谱

疏水性相互作用色谱（hydrophobic interaction chromatography，HIC）是根据生物分子疏水性差异进行相互分离的色谱技术。主要应用于蛋白质、氨基酸或多肽等生物分子色谱分离。

① 疏水性相互作用色谱原理。疏水性相互作用色谱原理是利用蛋白质类生物大分子上的疏水基团或区域在疏水作用体系中，与介质上的疏水基团相互作用，达到吸附平衡，然后根据不同分子吸附强弱差别，在一定条件下解析达到分离目的。亲水性蛋白质表面上均含有一定量的疏水基团，疏水性氨基酸（酪氨酸、苯丙氨酸等）含量较多的蛋白质疏水性基团多，疏水性强。在蛋白质水溶液中，暴露于蛋白质表面的疏水基团或疏水部位与亲水性固定相表面的弱疏水基团相互作用，被固定相吸附。蛋白质在疏水性吸附剂上的分配系数随离子强度的提高而增强。因此疏水色谱与离子交换色谱不同，在高盐下进行吸附，解析则采用降低流动相离子强度的线性梯度洗脱或逐次洗脱法。

② 疏水性相互作用色谱介质。适宜制备疏水作用的层析介质材料很多，应用最广的是琼脂糖。常用的疏水性配基有苯基、短链烷基（$C_3 \sim C_8$）、烷氨基、聚乙二醇和聚醚等（表1-29）。疏水性吸附作用与配基的疏水性（疏水链长度）和配基密度成正比，故配基修饰密度应根据配基的疏水性而异，疏水性高的配基较疏水性低的配基修饰密度低。配基修饰密度过小疏水性吸附作用不足，密度过大解析困难。一般来说可以用低碳数的配基可以进行吸附，不必用高碳数疏水配基。一般配基修饰密度在 $10 \sim 40$ μmol/mL 之间。

表1-29　常见的疏水性吸附剂

吸附剂	配基	基质	粒度/μm
Phenyl Superose	苯基	高交联琼脂糖	13
Octyl Superose CL-4B	辛基	交联琼脂糖	45～165
Phenyl Superose 4B	苯基	琼脂糖	34
Butyl Superose 4B	丁基	琼脂糖	45～165
Phenyl Superose HP	苯基	高交联琼脂糖	34
Phenyl Butyl Octyl	苯基，丁基		
Superose Fast Flow	辛基	高交联琼脂糖	45～165
TSKgel Butyl Totopear 1650	丁基	亲水性聚乙烯醇	40,90
TSKgel Phenyl 5-PW	苯基	亲水性聚乙烯醇	10
TSKgel Ether 5-PW	聚醚	亲水性聚乙烯	10
Sepa Beads FP-BU 13	丁基	聚乙烯	13
Sepa Beads FP-OT 13	辛基	聚乙烯	13
Sepa Beads FP-DA 13	苯基	聚乙烯	13

③ 疏水性相互作用色谱的应用及影响分离的主要因素。疏水性相互作用色谱没有离子交换色谱应用广泛，作为离子交换色谱补充工具，主要应用于蛋白质、氨基酸或多肽等生

物分子盐析或离子交换后的色谱分离。疏水性相互作用色谱分离纯化应考虑以下几个方面:生物分子的疏水性与其荷电性质相比复杂得多,不易定量掌握。与介质功能基的种类、流动相中盐的种类和浓度、操作温度及 pH、添加剂等因素相关。

ⅰ. 介质选择:疏水性强的生物分子应选择较弱的疏水基团,否则结合过于牢固不利于解析;反之,疏水性弱的生物分子应选择较强的疏水基团,否则无法结合或结合力较弱,影响分离效果。一般实验时,先从低疏水性的介质,选择在低盐浓度下得到最高分辨率和载量的介质。

ⅱ. 离子强度与种类:离子强度高,有利于蛋白吸附,吸附容量大。盐种类也对疏水色谱有影响,盐析效果越显著的盐,对疏水作用影响越大。Hofmeisteer 给出著名盐析效应离子串(表 1-30)。一般硫酸铵的浓度在 1 mol/L ~ 2 mol/L、氯化钠在 2 mol/L ~ 4 mol/L 左右,根据不同生物分子通过实验找出载量最大、分离效果最好的浓度。

表 1-30　Hofmeisteer 离子串

←———————盐析效应逐渐增强

阴离子:PO_4^{2-},SO_4^{2-},CH_3COO^-,Cl^-,Br^-,NO_3^-,ClO_4^-,I^-,SCN^-

阳离子:NH_4^+,Rb^+,K^+,Na^+,Cs^+,Li^+,Mg^{2+},Ca^{2+},Ba^{2+}

水化效应逐渐增强———→

ⅲ. 操作温度及 pH:一般吸附为放热过程,但疏水吸附相反,吸附结合力随温度升高而增大。pH 对疏水色谱的影响比较复杂,流动相的 pH 必须在蛋白质不失活的范围。

ⅳ. 添加剂:低浓度的添加剂如水溶性醇(乙二醇等)、表面活性剂(Tween - 20、TritonX - 100 等),可降低生物分子与配基间的疏水作用力。所以往往加入这些添加剂达到解析目的,但有些添加剂很难用常规方法去除,有时会导致介质载量下降。

本章参考文献

[1] 马学研,马洪良,等. 实用医学常数与试剂手册. 长春:吉林科学技术出版社,1993.

[2] 夏玉宇. 化验员实用手册. 北京:化学工业出版社,2012.

[3] 郭勇. 生物制药技术. 北京:中国轻工业出版社,2007.

[4] 熊宗贵. 生物技术制药. 北京:高等教育出版社,2001.

[5] 梁世中. 生物制药理论与实践. 北京:化学工业出版社,2005.

[6] 程殿林. 微生物工程技术原理. 北京:化学工业出版社,2007.

[7] 熊宗贵. 发酵工艺原理. 北京:中国医药科技出版社,2005.

[8] 曹军卫,马辉文,张甲耀. 微生物工程. 北京:科学出版社,2007.

[9] 余龙江. 发酵工程原理与技术应用. 北京:化学工业出版社,2006.

[10] 韦革宏,杨祥. 发酵工程. 北京:科学出版社,2008.

[11] 孙彦. 生物分离工程. 北京:化学工业出版社,2005.

[12] 吴梧桐. 生物制药工艺学. 北京:中国医药科技出版社,2006.

[13] 吴梧桐. 实用生物制药学. 北京:人民卫生出版社,2007.

[14] 刘国诠. 生物工程下游技术. 北京:化学工业出版社,1993.

[15] 贡向辉. 哺乳动物细胞培养工艺优化. 上海:中国科学研究院(上海生命科学研究院),2006.

[16] 王海林,高向阳. 包含体纯化技术. 生物技术通报,2007,1:78 – 79.

[17] 夏启玉,肖苏生,邓柳红,等. 包含体蛋白的复性研究进展. 安徽农业科学,2008,36(14):5801 – 5803.

[18] 罗惠霞,李敏,王玉炯. 包含体蛋白复性的几种方法. 生物技术通报,2007,5:96 – 98.

[19] 吉清,何凤田. 包含体复性的研究进展. 国外医学(临床生物化学与检验学分册),2004,25(6):516 – 518.

[20] 车蜻,韩金祥,王世立. 促进包含体蛋白复性的几种有效添加剂. 医学分子生物学杂志,2004,1(2):122 – 125.

[21] 李军,刘美杰,李勇,等. 重组蛋白包含体的研究进展. 安徽农业科学,2008,36(31):13552 – 13554.

第二章

生物制药制剂生产过程及过程控制

第一节

西林瓶的洗涤

《药品管理法》第五十二条规定,直接接触药品的包装材料和容器,必须符合药用要求,符合保障人体健康、安全的标准,并由药品监督管理部门在审批药品时一并审批。药品生产企业不得使用未经批准的直接接触药品的包装材料和容器。如果使用未经批准的直接接触药品的药包材包装药品,按照《药品管理法》第四十九条(四)的规定,该药品将按劣药论处。

一、直接接触药品的包装材料

药品质量是企业生存之根本,以产品质量为核心,以技术改进为主要手段,提高职工质量意识,改进工艺条件,才可提高产品质量。由于包装材料、容器的组成、药品所选择的原辅料及生产工艺的不同,药品包装材料和容器中有的组分可能会被所接触的药品溶出或与药品发生互相作用,或被药品长期浸泡腐蚀脱片而直接影响药品的质量;而且,有些对药品质量及对人体的影响具有隐患性(即通过对药品质量及人体的常规检验不能及时发现的问题)。

药品是一种特殊的产品,特别是注射剂产品,其质量和由包装材料和容器引起的安全性隐患要高于口服剂型,所以对注射剂产品的直接接触药品的包装材料和容器的选择,不仅要考虑包装材料和容器是否能满足药品本身应能达到的无菌保证水平的要求,同时更要关注直接接触药品的包装材料和容器与药品之间的相互影响。而影响粉针产品质量的因素是多方面的,粉针使用的西林瓶的澄明度对成品质量有直接的影响。

《药品管理法》中增加了对药包材的监管条款:药品监督管理部门必须从符合药用要求能保障人体健康、安全的角度组织制定、审批和颁布药包材标准,标准应包括产品质量、检验检测方法和质量保证体系三个方面的内容。在审批新药时一并审批该新药的包装材料,同时审查该包装材料与药品的安全相容性资料。

二、西林瓶简介

西林瓶(penicillin bottle)又称钠钙玻璃模制注射剂瓶,是一种胶塞封口的小瓶子。有棕色,透明等种类,一般为玻璃材质。瓶颈部较细,瓶颈以下粗细一致。瓶口略粗于瓶颈,略细于瓶身。一般用做碘酒瓶,注射液瓶,口服液瓶等。早期盘尼西林多用其盛装,故名西林瓶。

1. 管制注射剂瓶的类别

(1) 钠钙玻璃管制注射剂瓶　日常所用的玻璃制品大多属于此类,耐冷热冲击小,一般在 80 ℃左右。

(2) 低硼硅玻璃管制注射剂瓶　与钠钙玻璃的主要区别是具有良好的热稳定性和化

学稳定性。含三氧化二硼5%~8%。

（3）中性硼硅玻璃管制注射剂瓶　与钠钙玻璃和低硼硅玻璃的主要区别是具有很好的热稳定性和化学稳定性。含三氧化二硼8%~12%。

（4）高硼硅玻璃管制注射剂瓶　与钠钙玻璃和低硼硅玻璃的主要区别是具有很好的热稳定性和化学稳定性,在线热膨胀系数和三氧化二硼的含量与中性硼硅玻璃也不相同。

2. 低硼与中硼西林瓶的区别

（1）化学性能　低硼硅小瓶的内表面耐水国家标准是2.6 mm,中硼硅小瓶内表面耐水国家标准是1.3 mm,简单说"耐水"就是小瓶在制瓶厂后续加工过程中吸附在小瓶内壁上钾钠等有害碱性氧化物,氧化物越少耐水就越好,耐水好对药的pH,酸碱度,澄明度,稳定性等各种指标就非常好。

（2）物理性能　中硼小瓶尺寸公差非常小,如16管外径公差标准是正负0.14 mm,色泽晶莹剔透,强度非常好,与生产设备更好匹配;低硼硅公差大且批批之间不稳定,如16管外径公差正负标准是0.3 mm,颜色较暗偏绿,很难与进口设备或高端设备相匹配。

三、西林瓶的洗涤

西林瓶灌装之前需经过超声波清洗和高温灭菌除热源。直接接触药品的包装材料最后一次精洗用水应符合注射用水质量标准。

1. 西林瓶的洗瓶原理

瓶子装入特制的瓶盘中,特制瓶盘由瓶盘和盖板组成并由瓶盘的带孔子分隔定位。由人工送入第一工位,循环水喷淋注水满瓶后,下沉至超声波槽进行超声波粗洗;随后瓶盘上升推入第二工位,并口朝下喷淋水冲洗外瓶,把针头插入瓶中(气冲)、一次清洗(注射用水)、二次清洗(注射用水)、三次气冲、甩干、瓶口朝上、自动进入灭菌烘箱。

2. 西林瓶的准备

根据分装计划准备所需的西林瓶,检查西林瓶外包装是否完整、严密,无破漏、不潮湿、无霉变。进入周转库前需要在室外讲外包装清扫干净,再搬入库中存放。装好盒的西林瓶转移至西林瓶洗、轰、灭菌室,操作人员将盒中西林瓶整齐码放于洗瓶机传输带上。

3. 超声波清洗概述

超声波广泛应用于制药、机械、电子、轻纺、化工、光学、表面处理等行业。它不但能达到清洗目的,还能对瓶内外附着的各种微生物,大肠杆菌及类似病毒,进行超声粉碎,使其丧失生物活性,从而达到清洁、消毒、灭菌作用。

（1）超声波洗瓶过程　由操作人员将西林瓶推送至进瓶盘上,由进瓶盘将瓶子推入旋转轨道翻转180°,进入超声波清洗槽进行超声波清洗,瓶口朝下,进入反冲轨道,反冲清洗以后,再经过洁净空气把瓶子吹干,再翻转180°,最后进入接瓶盘或下道工序传送带上。

（2）超声波洗瓶机操作规程

① 准备:检查设备电器开关,仪表指示,设备传动是否正常。检查拨瓶轮离合器是否在正常位置,如果在空档位置请调整好。合上机器电源开关,打开调速开关,变频器操作面板荧光屏显示设置频率,这时可按开始键,变频器工作,电机速度逐渐达到设定值。先空机运转2分钟,检查设备和机械传动结构是否正常,运转声音是否正常,正常后方可进行生产。

② 程序开始:先把进水阀打开,使储液槽内注满水,打开无盐水阀门,打开注射用水阀门,喷淋正常,打开水泵开关,使超声波清洗槽灌满水,调整进水,使槽内保持一定水位(严禁不到水位打开超声波),打开空气阀门。当槽内水位达到规定水位以后,打开超声开关,超声波清洗机进入工作状态。操作员把西林瓶装入进瓶盘,打开调速开关,使转速为 10 ~ 26 Hz(100 ~ 400)支/(min·7 mL),按开始键生产。当有卡瓶情况时,首先按停止键停车,检查一下卡瓶部位,及时清理碎瓶,调整拨瓶轮,再开车生产。在理瓶转盘把西林瓶拨入拨瓶轮及轨道中,严禁倒瓶进入。

4. 超声波清洗注意事项

(1) 严禁不到水位打开超声波。

(2) 生产结束后一定要先关超声波,再放水。

(3) 如超声波不工作,应请雷士超声专业维修人员检修。

(4) 若要调整生产量,请根据变频器说明书设置所需工作频率。

(5) 严禁倒瓶进入轨道。

5. 规模化生产中西林瓶的洗涤工艺

将西林瓶浸于注射用水中,超声波震荡,过滤循环水冲洗,压缩空气吹干;过滤新鲜注射用水冲洗,压缩空气吹干;经隧道式烘箱高温灭菌,即可使用。

不同特性的药品包装,可选用不同材质的西林瓶,但洗瓶工艺一般是相同的。不同厂家的生产设备,洗瓶工艺基本相同,只是设备结构、产品规格、生产速度会有所不同。

第二节

丁基胶塞的洗涤及灭菌

丁基橡胶是由异丁烯和少量异戊二烯（<3％）在超低温（-95℃）条件下聚合而成的合成橡胶,其特有的化学稳定性、优良的密封性保证了药品质量,提高了用药安全性,还减少了天然胶塞生产所需的烫蜡工序、垫加绦纶膜工序。丁基胶塞在产品标准、生产水平、使用性能、产品质量等方面大大优于天然胶塞。日本 1957 年开始生产丁基药用瓶塞,到 1965 年就实现了药用瓶塞丁基化,欧美各经济发达国家也均于 20 世纪 70 年代初实行了药用橡胶瓶塞丁基化。如今,世界上 90％的医药包装用橡胶瓶塞是以丁基橡胶为基材生产的。

一、丁基胶塞的特点

丁基橡胶气密性好、耐热性好、耐酸碱性好、内在洁净度高,很快取代了天然橡胶生产药用瓶塞。卤化丁基橡胶是在丁基橡胶分子结构中引入了活泼的卤素原子,同时保存了异戊二烯双键,使其不仅具备丁基橡胶的优良性能,还减少了抗氧剂的污染,提高了纯度,加快了硫化速度,更可实现无硫硫化、无锌硫化,大大地减少了有害物质对药物的污染和副作用。卤化丁基橡胶可分为氯化丁基橡胶和溴化丁基橡胶两类。溴化丁基胶与氯化丁基胶两者主要的不同在于溴化丁基胶中的 C—Br 键活性比氯化丁基胶中的 C—Cl 键活性大,这就决定了溴化丁基胶具有硫化速率较快、硫化效率较高、硫化程度高、硫化剂用量少、可实现无硫无锌硫化等特点,从而赋予了溴化丁基橡胶瓶塞更加良好的物理性能和化学性能,使其具有更低的吸湿性,同时其化学性能指标可控制在一个更好的范围内。附表 1 对几种用于瓶塞橡胶材料的特点进行了比较介绍。与天然橡胶比,丁基橡胶主要有以下几个优点:

1. 生物安全性

药用瓶塞应无热原、无异常毒性、无溶血反应等,这样才能保证用药的安全性。天然橡胶有部分生物蛋白质残留在胶中,蛋白质既是活性过敏性物质,也易出现霉菌滋生,对生物体产生危害。此外,天然橡胶需要硫化,在硫化过程中主要采用硫磺、噻唑类促进剂、秋兰姆类促进剂作为硫化助剂,这些配合剂有可能使皮肤过敏,造成器官畸形或致癌;硫化时生成的亚硝胺是一种致癌危险物。氧化锌也是天然橡胶的必需活性剂,氧化锌对天然橡胶瓶塞的"洁净度"有影响,特别是对 pH 变化较大的药液封装更为不利,大输液剂封装中,经酸碱处理的瓶塞其小白点明显增多即起因于此;并且氧化锌对某些药物有敏感性和配伍禁忌问题。丁基橡胶可以实现不用硫磺、促进剂硫化,也可不用氧化锌,使瓶塞无硫无锌。高品质瓶塞采用的是卤化丁基橡胶,以多元胺为硫化剂,其生物安全性更好。

2. 气密性和吸水性

经瓶塞封装后的药物,在贮存过程中气体和水蒸汽的渗入极为有害,它是造成药物发霉变质的重要原因。丁基橡胶的气透系数是天然橡胶的 1/20,有较天然橡胶更优异的气密性。此外,瓶塞用橡胶及其配合剂在生产及加工过程中,不可避免地会残留一些杂质,如天然橡胶的亲水性蛋白质、树脂等,因此不可避免地造成吸水。丁基橡胶由于分子结构的特点,结构紧密,且自身的亲水杂质少,吸水性低,通常仅为天然橡胶的1/4~1/3。

3. 化学稳定性

药用瓶塞多数直接接触药品,在其接触药品过程中不能造成药物的变化,这就要求瓶塞必须具有很好的化学稳定性。丁基橡胶的不饱和度为0.5%~3%,仅为天然橡胶的1/50,因此丁基橡胶的化学稳定性比天然橡胶要好,相应地丁基橡胶瓶塞在接触药品过程中有更好的化学稳定性,更不易与药品发生作用而影响药物的质量,可防止药物降解,同时避免药物与橡胶之间的反应,且对外界环境也有更好的稳定性。

4. 洁净度高且抽提性

药用瓶塞应有高的洁净度和低抽提性以保证药品的纯净。瓶塞在与药物接触过程中,橡胶中的杂质及配合剂会迁移到瓶塞表面或被药物抽提出来,污染或破坏药物,降低药效。丁基橡胶的洁净度较天然橡胶高10倍左右,所含杂质是天然橡胶的1/8,配方合剂较少,因此抽提性也较天然橡胶低得多。丁基橡胶瓶塞紫外吸光度(考查有机物含量)只有天然橡胶的1/11,电导率(考查金属离子含量)只有1/48,天然橡胶瓶塞中的可抽提有机物和金属离子分别是丁基橡胶的11倍和4.3倍。

5. 抗热老化性

瓶塞在药厂分装药品前要经过蒸汽、环氧乙烷和辐射等的灭菌处理,高温灭菌处理有时可能还要反复处理,因此必须具有良好的抗热老化性。丁基橡胶的主链结构及硫化的交联键均比天然橡胶的抗热老化性要好。丁基橡胶使用温度范围一般在130~160℃,最适宜硫化温度为170℃,最高可达200~220℃,而天然橡胶使用温度范围一般在70~100℃,最适宜硫化温度140℃,超过160℃便开始严重老化。为了提高抗热老化性,天然橡胶必须加入防老剂,这又大大增加了不安全性。

6. 分装使用方便

临床应用瓶塞应具有便于包装使用,临床应用方便简单的特点。丁基橡胶瓶塞可以免去天然橡胶瓶塞在抗生素分装时的氯化和封蜡工序,在输液封装时免去加盖聚酯薄膜的工序,简化了分装工艺。相应地丁基橡胶瓶塞配合的铝盖为铝塑复合盖,在临床使用时极为方便(表2-1)。传统的天然橡胶瓶塞所配铝盖需用辅助器具将铝盖划破,使用极为不便且易划伤胶塞出现落屑,造成损坏或污染,而丁基橡胶瓶塞的铝塑复合盖只需轻轻开启铝盖上的塑盖,胶塞便露出,方便注射使用。

表 2-1　几种用于瓶塞橡胶材料的比较

橡胶种类	特点(逐渐进步)
天然橡胶	杂质(蛋白质)含量高,质量差异大,易胶乳过敏;不适合做瓶塞
合成异戊二烯	气密性差,需硫磺酸化;瓶塞应用受到限制
普通丁基胶	需要易被萃取的硫磺和促进剂硫化;不推荐用于瓶塞专业化生产
氯化丁基胶	可以用洁净的非传统硫化剂硫化;第一个无硫瓶塞配方(1961年生产)
溴化丁基胶	允许使用更少的硫化剂;第一个无锌瓶塞配方(1973年生产)

二、丁基胶塞质量检查标准

《药品管理法》第五十二条规定:直接接触药品的包装材料和容器,必须符合药用要求,符合保障人体健康、安全的标准,并由药品监督管理部门在审批药品时一并审批。药品生产企业不得使用未经批准的直接接触药品的包装材料和容器。如果使用未经批准的直接接触药品的药包材包装药品,按照《药品管理法》第四十九条(四)的规定,该药品将按劣药论处。

1. 物理特性检测

输液胶塞的物理性能主要是满足在实际操作中的实用性和合理性。输液胶塞的穿刺引起的落屑,主要与国内使用的穿刺器(有的使用注射针头)的结构、质量,橡胶配方及对输液胶塞的处理方法等有相当大关系。此外,对输液瓶塞的不溶性微粒指标,在不同药典和标准中也是一项倍受关注的内容,不溶性微粒在不同药典和标准中有不同的检测方法,不溶性微粒也反映出输液胶塞的外观、所用配方及洁净程度。

2. 化学性能检测

其中紫外吸光度、易氧化物、pH 变化、锌离子、铅离子这几项指标各国药典和标准中都有较明确规定。这些项目对输液胶塞配方中所选用原材料的纯度以及硫化剂、促进剂的种类、纯度、用量等是一个验证。由于输液制剂要求高,所以与其配套的输液胶塞在上述相关关键指标的控制要求十分严格。因为易氧化物与 pH 较高的药物配伍时,容易变色,而且在光照、高温、高湿环境中反应较快;各种输液制剂都规定不同的 pH 范围,输液胶塞的 pH 变化值对药液稳定性影响极大;金属离子易加速药物化学反应,有的甚至与药液形成螯合物而产生沉淀。此外,JP 中对输液胶塞还规定了泡沫试验和 Cd 离子检测。

3. 生物性能检查

各国药典和标准中,都对输液胶塞的生物性能如急性全身毒性、热原和溶血试验三项指标提出具体要求,它们主要考查输液胶塞是否释放出对输液制剂疗效有副作用的任何物质。例如美国西氏公司的免洗胶塞产品每批都要检查热原和微生物,而我国行业标准在这些方面还有待完善。

三、丁基胶塞使用中易发生的主要质量问题

1. 药液浑浊

药物与胶塞之间的相互作用常使药物的澄清度不稳定。主要原因是丁基胶塞压盖后与药液接触,或高温高压下灭菌(约 121 ℃,40 min)的过程中胶塞内的喷出物与药液成分相作用。胶塞内的喷出物主要成分是原胶中的生胶和低聚物、填料及金属氧化物中的金属离子(如铝、铁、铅、铜、镉、锌等)、橡胶助剂、硫化剂及硫化活性剂、着色剂等,成分相当复杂。对胶塞与药品的相容性问题曾做了大量的试验,试图通过试验筛选出适合该药物的专用胶塞。

2. 微粒超标

不溶性微粒进入人体后很容易形成栓子,造成局部血液循环障碍。微粒的产生分为源性微粒和外源性微粒。在技术上分析,不溶性微粒的产生有几个方面:①在生产过程。丁

基胶塞本身有静电吸附作用,且吸附力很强,靠一般清洗方法无法去掉瓶塞表面的微粒。在硫化成型与冲切过程中,胶塞生产企业的生产环境达不到国家法定标准,因空气中的微粒超标很容易污染成品胶塞。此外,冲切模在切片时有在冠部厚度周边产生锯形齿的情况。在硫化过程热脱模时,硫化模模具所产生的胶丝、胶点及多余的废边也会形成微粒,在高温(80 ℃以上)处理过程中牢固地粘合在胶塞上。②硅油或硅乳液在高温灭菌时释放的硅油微粒。③在瓶塞后处理过程中。胶塞在清洗过程中有来自清洗用水、管道及清洗设备的污染。在干燥时,电加热的不锈钢管因加热管温度过高,冷却后产生可脱落微粒,也会再次污染胶塞。④瓶塞之间、瓶塞与清洗设备之间相互磨擦及胶塞在烘干时机器转速过快都会产生微粒,而且摩擦时间和烘干时间过长也会吸附颗粒,在制剂容器低温减压或高压消毒时产生的压力也使瓶塞内层产生渗出物及不溶性微粒等。⑤由包装物造成的微粒超标。

3. 穿刺落屑

穿刺落屑率也是控制丁基胶塞质量的主要指标之一,自丁基胶瓶塞开始批量生产以来,药厂和检验部门均反映胶塞针刺落屑率时有严重超标。影响穿刺落屑的因素,主要与穿刺针头、穿刺速率、胶塞厚度、胶塞生产填充剂等密切相关。要减少穿刺落屑,需要胶塞生产企业、药品生产企业、针头生产企业、注射剂使用人员共同努力。

4. 硅油污染

硅化是胶塞生产的后处理工艺,常规瓶塞后处理均需进行硅化,硅化的目的是在胶塞表面涂上一层硅膜,以便胶塞的分装和压塞,同时防止在药品存贮过程中发粘,在运输搬运过程中减少表面摩擦,避免因摩擦造成胶屑微粒。但是硅油会产生以下问题:①药粉在与胶塞接触后很容易就会被硅油给吸附住,这样一来就会形成胶体或药粉团,胶塞接触面积大,所形成的胶体或药粉团也就多。药品稀释后因硅油本身就不溶于水,所以出现了遇水就产生混浊和药粉难溶现象。②输液产品在经过 120 ℃(1 ~ 3 h)的高温灭菌,冷却到常温后,会发现瓶子上有"挂珠"现象,因为胶塞表面的硅油在高温时分子热运动加剧,胶塞表面的硅油脱落后附于瓶壁而造成。③在硅化的过程中,硅油的真实用量无法得到准确控制,而且硅油的涂布均匀性也很难保证,从而导致无法有效控制硅化效果,只能通过胶塞的使用来判断。在使用过程中硅化量小的话,会影响到上述问题,硅化量大会导致跳塞、不溶性微粒增加,同时也会影响与药品的相容性(如药液混浊)。在保证分装质量的前提下,丁基胶塞表面的残余硅油含量越小越好,一般控制在 $5 ~ 10\ \mu g/cm^2$ 范围适宜。目前,各类胶塞标准中都未把硅油项目列入其中,但世界第一大药用橡胶制品公司美国西氏公司对其生产的免洗胶塞每批均进行硅油测定,估计今后此项将成为胶塞的控制指标之一。

5. 与药品的配伍相容性问题

丁基胶塞配方中各种配合体系的物质及其相关杂质与原料药、辅料、溶剂及其相关杂质在接触中的相互作用,为丁基胶塞与药物的相容性。它主要包括两个方面:丁基胶塞配方中材料成分的迁移溶出程度,即丁基胶塞对药物的污染程度,以及丁基胶塞吸附药物的程度。一般来说,不同的药物其化学属性、比表面积和水分含量不同,即使用同样配方的丁基胶塞,药物和丁基胶塞接触后,因不同药物对同一配方丁基胶塞敏感程度不一样,会表现出不同的相容性。目前国内生产的胶塞是否与所包装药物相容,研究很少,配方品种也很少,不能满足很多药品的包装要求。

胶塞要改进与药物的相容性,主要包括以下几个方面。

① 丁基胶塞配方体系中组分应尽可能少,各组分的"溶度参数"尽可能接近,胶塞基体内的各组分"浓度梯度"小,这样胶塞基体内的组分就很少能迁移至胶塞表面或被药物抽提出来,从而减少对药物的污染。

② 必须选择纯度高的填充剂、增塑剂、操作油。丁基胶塞常用填充剂是高岭土、滑石粉、碳酸钙等;增塑剂和操作油常用低分子聚乙烯、石蜡、聚异丁烯、凡士林等。填充剂中Pb、Ca、C、Zn。重金属含量应小于 30 ppm(mg/kg),填充剂纯度要高,填充剂的主要化学组分所占比例应大于 99.0 %,操作油推荐选择医药级别。

③ 改进清洗工艺和硅化程度。药厂在使用丁基胶塞前进行处理时若温度过高,会使丁基胶塞表面发粘,变脆,易落屑。而清洗次数太多,清洗过程过于剧烈,则易破坏丁基胶塞表面分子结构,产生较多胶丝、胶屑。

④ 硫化时应选择优异的硫化条件,使其处于最佳硫化状态,从而保证丁基胶塞的"阻隔"效果好,减少内在迁移物和硫化残余单体,以免污染药物。

⑤ 尽量选择低含量低聚物的卤化丁基橡胶可改善相容性。有资料表明,热塑性弹性体和 EXPPROTM 将在耐抽提性方面优越于现有卤化丁基橡胶。

⑥ 选择适宜的涂膜胶塞。涂膜胶塞通过特殊喷涂工艺在丁基胶塞与药物接触面附着一层结合力极强的惰性薄膜材料(氟化膜、聚对二甲苯膜),利用惰性薄膜的阻隔效果来减少丁基胶塞基体内成分的迁移,从而改善相容性。但膜材质和喷涂工艺不同,也会对药物相容性有不同影响。

四、丁基胶塞的清洗

药用丁基胶塞的清洗设备是胶塞清洗机,就其功能而言,是清洗(粗洗与精漂)、灭菌、硅化与干燥工艺的综合体现,其中最重要的两个环节是清洗与硅化,这二点也是胶塞清洗机的基础,灭菌与干燥则属设备的关键。

1. 胶塞清洗机的基本构成

胶塞清洗机的基本构成如图 2 - 1 所示。胶塞清洗机应综合清洗(粗洗与精漂)、灭菌、硅化与干燥四大基本功能于一体,这四大基本功能是对丁基胶塞用于无菌生产工艺的体现;再辅以自动进出料功能,而此功能仅是考察设备先进性的要素。为了确保胶塞清洗机能完美再现上述功能,在设备的结构设计、控制与基本参数等方面均需先进、合理与可靠。为了能便于本文对清洗与硅化的探讨,以下将对亚光公司胶塞清洗机的基本构成进行简述。

(1) 清洗桶 清洗桶(SO 胶塞工作腔体)是用来装入所需清洗胶塞的容器,其是一个筛孔圆筒,圆筒一端与传动主轴悬臂联结,以带动清洗桶在清洗水箱中的缓慢转动,翻动所埋结的胶塞;圆筒另一端置有内螺旋板,在圆筒转动时进一步促进筒内胶塞的有效翻动,其另一作用是当干燥后圆筒反转时顺利出料。

(2) 清洗水箱 清洗箱是用来盛浸清洗桶、盛放清洗工艺用水、承受纯蒸汽灭菌、泄放清洗工艺用水与承受真空干燥等方面的受压容器。

(3) 出料门 胶塞清洗机的出料门,除承担清洗水箱作为容器密封的盖体外,还承担

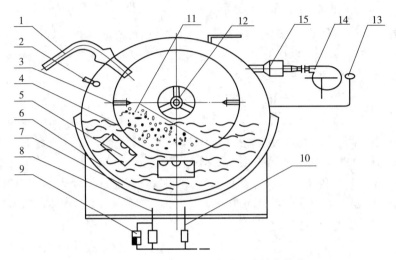

图 2 - 1 亚光公司胶塞清洗机的基本构造

1. 进料管, 2. 蒸汽管, 3. 搅拌管, 4. 清洗桶, 5. 超声波, 6. 清洗箱, 7. 溢流管, 8. 放水管,
9. 疏水阀, 10. 溢流管, 11. 胶塞, 12. 内门, 13. 呼吸阀, 14. 风机, 15. 热风器

了出料功能,其有双层门联锁控制,内层门为快开式结构。

（4）其余装置 为了达到四大基本功能,依托清洗水箱这一腔体的贯通,还置有蒸汽灭菌系统、硅化系统、电热风再加热和冷却系统。其中对电热风再加热和冷却系统来说,根据处理工艺,可用此系统对清洗水箱内进行再加热或循环冷却,并设有循环风再过滤和风阻差压计显示和自动温控功能。

2. 胶塞清洗机的基本功能

（1）清洗 按胶塞清洗工艺又分粗洗与漂洗,故设备在综合多项清洗技术的基础上,设计成与相应工艺所匹配的结构,达到清洗速度快、澄明度高以及无损伤的要求。换句话来说,不管胶塞结构如何复杂,均能达到工艺所要求的清洗标准。

（2）灭菌 在众多灭菌方法中,湿热灭菌属于普遍认可的最可靠灭菌方法,因而清洗箱的箱体是根据胶塞可进行湿热灭菌的要求而设计的,是一个安全可靠的受压容器。漂洗干净后胶塞将通过饱和纯蒸汽处理,达到最理想的灭菌效果。

（3）硅化 根据处理胶塞的工艺要求,可进行 A、B、C 三个不同级别的硅化膜厚度的硅化处理。在硅化时,也可采用超声波辅助硅油在清洗液中进行扩散处理,则更能保证硅化厚度的均匀性。

（4）干燥 利用真空干燥原理,并辅以胶塞灭菌时的温度和再加热提温工艺,采用真空抽吸水分方法,使胶塞内外表面的水分控制值达到极高指标,或控制在工艺要求的指标范围。

（5）自动进出料 胶塞清洗机采用真空自动吸料和螺旋自动出料,大大减轻了操作人员的劳动强度。

五、丁基胶塞的灭菌

灭菌方法系指应用物理或化学方法杀灭或去除一切存活的微生物增殖体或芽胞,使之达到无菌的一种手段。通常,根据消毒灭菌的对象、目的要求和条件的不同,选择不同的灭菌方法。就药用丁基橡胶瓶塞而言,在使用前如何进行有效灭菌也是一个比较关注的问题。

1. 湿热灭菌法

它是利用饱和水蒸汽或流通永蒸汽进行灭菌的一种方法。对丁基橡胶瓶塞生产厂和药厂来说,对丁基胶塞湿热灭菌时,通常有以下几种方法。

(1) 清洗机灭菌 该清洗机集清洗、精洗、湿热灭菌、干燥于一体。湿热灭菌的条件通常是 121 ℃ 灭菌 30 ~ 40 min;灭菌过程中温度、时间、转速都可通过 PLC 预先设定。

(2) 热压灭菌柜灭菌 将清洗后的丁基胶塞倒进热压灭菌柜中,120 ℃ 30 ~ 40 min,灭菌过程中注意控制转速;药厂在进行以 TYVEK 呼吸袋包装的免洗丁基胶塞湿热灭菌时,在 1 万级洁净区内剪开内层聚乙烯袋,取出 TYVEK 呼吸袋,小心地按要求将其置予高压蒸汽灭菌框中,白色纸张面朝上,灭菌条件为 120 ℃ 30 ~ 40 min。当呼吸袋的底端接缝处蒸汽灭菌指示剂标记由粉红色变成棕褐色时,表示丁基胶塞的灭菌已完成。

(3) 终端水浴灭菌法 输液制裁用丁基胶塞通常采用终端水浴式灭菌法,也就是对输液胶塞进行清洗、灌装压塞后进行整体终端灭菌。

2. 干热灭菌法

于热灭菌法主要用于粉针剂类,药品用丁基胶塞,通常需要较高的温度和较长的时阅,于热灭菌丁基胶塞通常以 125 ℃ × (2.5 ~ 3.0 h) 条件进行,采用滚筒式烘于灭菌设备进行灭菌,于热灭菌过程中要注意转速不可过大,一般为 0.5 ~ 1.0 r/min 而且可设定为间歇式转动。

3. γ 射线灭菌

用 γ 射线对丁基胶塞进行灭菌,日前在中国还不多见,发达国家用 γ 射线对丁基胶塞进行灭菌已较为普遍。通过近年与国外客户的技术交流,对 γ 射线灭菌有了一些了解。

(1) 由于卤化丁基橡胶本身的结构特性,其分子链上带有双键,当用高剂量、长时间 γ 射线辐照时,异戊二烯双键被破坏,从而会影响产品质量。

(2) ISO11171 - 1997 中规定,药用丁基橡胶瓶塞用 γ 射线灭菌时,它的无菌保证水平 SAL(sterility assurancelevel) 是 6,辐照剂量通常使用的是 25KGY。

(3) 为了保证 γ 射线彻底灭菌,需要对灭菌单元的表面和内层进行均匀一致的灭菌处理,通常采用低剂量、长时间的操作方式。在用 γ 射线灭菌时,对装载方式、剂量分布、灭菌时间、灭菌指示剂等几个方面要予以重视。同时需检查经 γ 射线灭菌后,丁基胶塞表面是否有发粘、变软现象。

总之,对不同药厂而言,结合自身的条件选择一个合适的灭菌方法是必要的,但在灭菌方法条件确认前,都要按要求对无菌效果进行验证。

六、丁基胶塞 GMP 要求

应有原辅料、与药品直接接触的包装材料和印刷包装材料接收的操作规程,所有到货物料均应检查,物料接收时需进行验收,用目检的方法检查每个或每组包装容器的标识是否正确、容器是否损坏、密封是否受损、是否有损坏或污染的证据;并核对供应商提供的报告单是否符合供应商协议质量标准要求,是否与订单一致,是否来自质量管理部门批准的供应商处。

第三节

蛋白药物除菌过滤

随着药品（特别是无菌制剂）的安全性受到越来越广泛的关注，无菌制剂的生产过程也受到药品监管机构越来越严格的管理，无菌制剂的灭菌、无菌操作及除菌过滤等关键生产步骤被逐渐放大置于最大强度和频度的监管中，而这确实也是无菌制剂的关键控制点。除菌过滤是对在产品没有不良影响的前提下从流动的液体中除去微生物的过程。除菌过滤技术是生物制品生产中的常用方法，特别是基因重组制品生产时，要达到无菌要求必须进行除菌过滤。

一、除菌过滤概述

早在一百多年前，国外就有微孔滤膜的生产，但只是在近 30 年才在制药行业得到应用，用于医院大输液的过滤仅有十几年的历史。一般过滤除菌处理流程是由粗过滤、预过滤和除菌过滤 3 个过滤单元组成，各过滤单元选用的基本准则是粗过滤价格要便宜，预过滤精度要合适，除菌过滤必须可靠。除菌方式包括：筛分拦截、嵌入拦截、扩散拦截和吸附拦截。在我国制药业已经使用微滤（滤膜孔径 < 0.22 μm）技术对澄清的药液再次除菌、除热原。亦有使用超滤方法去除抗生素中热原物质，此法是一种通过美国食品与药品管理局（FDA）认证的除热原方法，其原理是使用孔径小于热原分子的超滤膜截断热原，让料液通过，具有设备操作简便、材质不污染料液、获得率高、质量好、劳动强度小的优点，可广泛应用于针剂、原料、注射用水等产品的生产。我国上海生物制品研究所，采用 MilliPore 293 型滤器对重组干扰素 αlb 及 γ 进行过滤除菌，过滤后对干扰素活性无影响，热原物质均能达到肌肉注射标准，无菌检测合格。山东泰安生物制品研究所应用微滤（滤膜孔径 0.22 μm）技术对胸腺素注射液进行除菌过滤，并试用于蛋白制品、转移因子的除菌，其除菌过滤效果稳定可靠，损失率少；但不同制品其过滤速度有较大差别，胸腺素、转移因子等制剂可直接用微孔滤膜代替石棉板除菌，对于未澄清、粘度大的制品可在除菌前采用 0.8 μm 以上的滤膜预滤，再行除菌，可达到满意效果。

蛋白质类药物是生化药物中非常活跃的一个领域，目前的生化产品主要是从动物脏器或组织包括人的血液中分离而得。20 世纪 70 年代后，人们开始应用基因工程技术生产一些蛋白质药物，已实现工业化生产的产品如胰岛素、干扰素、白细胞介素、生长素、EPO、tPA、TNF 等，现正从微生物和动物细胞的表达转向基因动植物发展。

过滤除菌是用于使某些溶液达到无菌状态的一种非加热方法，与加热灭菌相反，过滤是除去微生物，而不是就地杀死它们。随着生物技术的不断发展，愈来愈多的生物制品进入工业化生产。在制药行业，特别是在生物制品生产及一些无菌原料药的精制过程中重要的除菌方法——除菌过滤技术运用日趋广泛。而对除菌过滤技术的充分理解与有效使用，将成为制药企业在技术竞争中处于优势地位的一个重要的砝码。

二、除菌过滤过程

除菌过滤操作所使用的过滤膜,从表面上看只是极薄、表面十分平滑的膜片,但其内部实际上是一组由多层次网状小孔紧密连接而成的坚硬构造。在这种网状的绞联结构中,每个网状小孔均有一定大小的孔径,可准确地分离各种大小不同的颗粒或细菌,从而达到除菌的目的。由此可见,除菌过滤技术主要利用了微孔过滤膜大小筛分的机理,因此除菌过滤用膜实际上是一种微孔过滤膜。并且,还可将滤膜制成带正电荷的过滤膜,利用正、负电荷相互作用的机理进一步去除一些更微小、带负电荷的杂质微粒(如内毒素)等。

1. 膜的绝对截留性是首要因素

除菌过滤技术最早使用的滤材是石棉纤维。由于其悬尘对人的呼吸系统构成威胁,同时由于在滤过过程中,石棉纤维易脱落进入药液造成药品污染,因此 FDA 在 1976 年就已全面禁止了石棉材质在药品制造除菌过滤中的使用。作为具有除菌过滤作用的微孔过滤膜,应该具备如下特性:可确定性,对杂质颗粒和细菌具有 100 % 的绝对截留性。化学稳定性,能耐受灭菌温度,释出物愈低愈好,且必须是无毒的。具有紧密结合的内部结构,绝对无纤维成分脱落。滤膜孔径均匀分布,对过滤液的表面阻力极小,过滤速度快。最小的制成品流失量,不结合其中的主要成分,不改变其原有的品质。可进行完整性测试。可提供各种孔径范围。

由于除菌过滤的微孔过滤本质上属于绝对过滤,因此除菌过滤是否能达到预期的效果,其滤膜的可确定性即对杂质颗粒和细菌的绝对截留性,是选择除菌过滤用膜的首要因素。

2. 除菌过滤用膜产品不断发展

目前具备上述特性的除菌过滤用膜主要有以下几种:聚偏二氟乙烯膜,带正电荷尼龙 66 强化膜,不带电荷尼龙 66 双层膜,非对称结构乙酸乙酯膜,聚醚砜膜。而过去曾被应用的聚砜膜,现在在除菌过滤中已很少使用。目前,在滤膜制造业比较有名的企业主要有美国的 Millipore、Cuno、Pall、Gelman 公司,英国的 Domnick Hunter 公司及德国的 Satorius 公司等。

自从德国 Satorius 公司制成第一张 0.45 μm 绝对过滤精度的乙酸乙酯微孔过滤膜以来,近 50 年来,除菌过滤用膜一直在不断地演化和发展。由于最初的乙酸乙酯膜存在脆弱易裂、不易折叠、不耐热、疏水、结合蛋白质、释出物高等缺点,各制造厂商纷纷加以改进。美国 Gelman 公司随后研制出聚砜膜,其优点是坚韧、耐热,可以折叠,从而加大了过滤面积,但却仍未克服疏水性、结合蛋白质、释出物高等缺点。Millipore 公司开发出聚偏二氟乙烯膜,它不但坚韧、耐热,而且低蛋白质结合及低释出,缺点是使用寿命较短。Cuno 公司开发上市的带正电荷尼龙 66 强化膜则除了具有坚韧、耐热、亲水本性、释出物低等优点外,还具备去除热原的能力,其缺点是结合蛋白质。英国 Domnick Hunter 公司的非对称结构乙酸乙酯膜的主要特点是高流量、低压力、使用寿命较长;聚醚砜膜的特点则是坚韧、耐热、释出物低、非常低的蛋白质结合率及比聚偏二氟乙烯滤膜较长的使用寿命。聚偏二氟乙烯膜及聚醚砜膜适用于含蛋白质药品及生物制品的除菌,非对称结构乙酸乙酯膜则适用于不含蛋白质药品的除菌过滤,不带电荷尼龙 66 双层膜适合化学药品的除菌过滤,带正电荷尼龙 66 强化膜可用于无热原药品的生产。

3. 除菌过滤器

除菌过滤器采用孔径分布均匀的微孔滤膜作过滤材料,微孔滤膜分亲水性和疏水性两种。滤膜材质依过滤物品的性质及过滤目的而定。药品生产中采用的除菌滤膜孔径一般不超过 0.22 μm。过滤器不得对被滤过成分有吸附作用,也不能释放物质,不得有纤维脱落,禁用含石棉的过滤器。滤器和滤膜在使用前应进行洁净处理,并用高压蒸汽进行灭菌或作在线灭菌。更换品种和批次应先清洗滤器,再更换滤膜。

过滤过程中无菌保证与过滤液体的初始生物负荷及过滤器的对数下降值 LRV 有关。LRV 系指规定条件下,被过滤液体过滤前的微生物数量与过滤后的微生物数量比的常用对数值。即:

$$LRV = \lg N_0 - \lg N$$

式中,N_0 为产品除菌前的微生物数量;

N 为产品除菌后的微生物数量。

LRV 用于表示过滤器的过滤除菌效率,对孔径为 0.22 μm 的过滤器而言,要求每 1 cm^2 有效过滤面积的 LRV 应不小于 7。因此过滤除菌时,被过滤产品总的污染量应控制在规定的限度内。为保证过滤除菌效果,可使用两个过滤器串连过滤,或在灌装前用过滤器进行再次过滤(图 2-2,图 2-3)。在过滤除菌中,一般无法对全过程中过滤器的关键参数(滤膜孔径的大小及分布,滤膜的完整性及 LRV)进行监控。因此,在每一次过滤除菌前后均应作滤器的完整性试验,即气泡点试验或压力维持试验或气体扩散流量试验。确认滤膜在除菌过滤过程中的有效性和完整性。除菌过滤器的使用时间不应超过一个工作日,否则应进行验证。过滤除菌法常用的生物指示剂为缺陷假单胞菌。

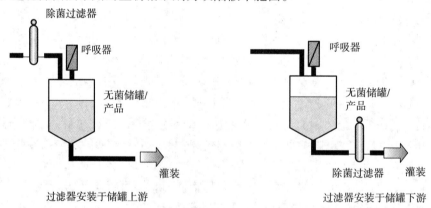

图 2-2 液体除菌过滤装置(一级过滤)

4. 规范除菌过滤操作

通过过滤除菌法达到无菌的产品应严密监控其生产环境的洁净度,建议在无菌环境下进行过滤操作。相关的设备、包装容器、塞子及其他物品应采用适当的方法进行灭菌,并防止再污染。

为使除菌过滤操作满足《药品生产质量管理规范》(GMP)的有关要求,在实际生产过程中,在终端除菌过滤器前一般应加装预过滤器,以去除过滤液中的粗大杂质。这样不但能使除菌效果满足 GMP 的要求,更可保护后续的微孔过滤膜,延长其使用寿命。终端除菌

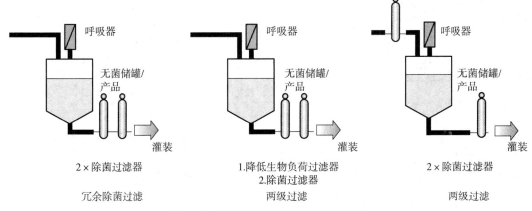

图 2-3　液体除菌过滤装置(两级过滤)

滤膜应能耐受灭菌温度,且其孔径一般不宜大于 0.22 μm。对于含血清的培养基则应选用 0.1 μm 的滤膜以去除支原体等杂质。过滤系统在投入使用前必须预先经过蒸馏水冲洗和灭菌。为使除菌效果保持稳定,还应设有在线清洗(CIP)和在线灭菌(SIP)设施。

药液在严格的无菌环境中,通过有滞留微生物孔度的无菌膜滤器,微生物被滞留在滤膜上,从而获得无菌滤液。但药液过滤除菌以后,滤液必须从受器转移出来,并分装到最后的容器里。在完成此过程中,决不允许引入任一微生物。为此要求有一个严格控制的无菌环境及操作技术,而保持这种无菌条件,是过滤法灭菌的最大问题。但是,对于那些易受热破坏不能行最后灭菌的产品,这是实现灭菌的仅有方法。

因而,良好的组织管理,有效控制的无菌环境,周密的计划和控制的生产过程,以及经过良好训练的生产和试制的专门人员,对于无菌产品的生产和试制是不可缺少的。只有在所有这些因素的补充下,过滤除菌才是可靠的。

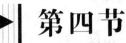

第四节

蛋白药物冷冻干燥

冷冻干燥(lyophilization,freeze drying)就是将需要干燥的物料在低温下先行冻结至共晶点以下,使物料中的水分变成固态的冰,然后在适当的真空环境下进行冰晶升华干燥,待升华结束后再进行解吸干燥,除去部分结合水,从而获得干燥的产品。

冷冻干燥技术的基本原理是在低温低压下水的三态变化和移动的过程。利用升华原理,将制品溶液冻结到共熔点温度以下,制品变成固态,然后在较高的真空度下且提供热量,使冰升华,从而获得干燥制品。由于整个操作过程都处于低温状态,故这种方法尤其适用于热敏性蛋白质药物制剂的制备。截至目前,除采用冻干技术外,尚无更有效的制剂手段可用来制备较为稳定的蛋白质产品。

一、冷冻干燥技术

1. 冷冻干燥技术发展概述

1813 年英国人华莱斯顿(Wollaston)发明了真空冷冻干燥技术;1890 年 Altman 在制作显微镜下观察的组织和细胞切片时,为了保持原来的成分又不使样品变形,使用了该技术,从而创建了生物制品的冷冻干燥技术。1909 年沙克尔(Shackell)用冻干技术对抗毒素、菌种、狂犬病毒及其他生物制品进行了冻干保存,目的是使制品易于储藏并且避免蛋白样品的高温变性;1935 年,冻干技术引起了各国学者的重视,学者们改进了冻干技术,首次在冻干过程中采用强制加热,加快了冻干过程;1940 年,军队采用该项技术来保存青霉素及血浆,推动了该项技术的应用。二战之后冻干技术应用于商业生产,如冻干菌种、培养基、荷尔蒙、维生素、人血浆及药品等,使真空冷冻干燥技术开始真正应用于医药生物工业中。1950 年代后,各种形式的冷冻干燥设备相继出现,技术进一步得到提高。我国的冻干技术起步较晚,1951 年第一台冻干机在上海制造完成。经过 60 年多的发展,冻干设备和工艺趋于完善。

2. 冷冻干燥法的特点

(1) 冷冻干燥相对于传统干燥方法的特点

① 冷冻干燥在低温下进行,热敏性的物质如蛋白质、微生物不会发生变性或失去生物活性。

② 冻干制品的药液在冻结前分装,剂量准确。

③ 冷冻干燥过程避免了化学、物理和酶的变化,确保制品性质不变。

④ 干燥在冻结的状态进行,冻结时制品形成"骨架",干燥后体积、颜色基本不变,不发生浓缩现象。

⑤ 冻干后的物质疏松多孔,呈海绵状,复水性好,溶解迅速完全。

⑥ 物料中水分冻干时以冰晶的形态存在,溶于水中的无机盐类均匀分配在物料中,避

免了一般干燥无机盐随水分向表面迁移析出而造成表面硬化的现象。

（2）冷冻干燥工艺的缺点和不足

① 成本高：设备投资大，干燥速率小，干燥时间长，能耗大。

② 生物活性物质（如多肽和蛋白质药物）制成冻干制剂主要是为了保持活性。但如果辅料（如保护剂、溶剂、缓冲剂等）选择不当，冻干设备选择不适合，工艺操作不合理，都可能导致产品失活。这是生产冻干制剂的关键，需进行基础研究并针对特定产品进行反复试验与分析。

③ 溶剂不能随意选择，仅限于水或一些冰点较高的有机溶剂，因而难以制备某种特性的晶型，甚至冻干产品在复水时会出现浑浊现象。

3. 冷冻干燥原理及曲线

（1）冷冻干燥原理　物质中所含水分以游离水和结合水两种形式存在，冷冻干燥主要是升华游离水。图 2-4 是水的三相图，冷冻干燥的原理可以用水的三相图来说明。

图中，OA 是冰 - 水的平衡曲线，OB 是水 - 水蒸汽的平衡曲线，OC 是冰 - 水蒸汽的平衡曲线，O 点是冰、水、汽三相平衡点，此时固、汽、液三相共存，它的精确温度是 0.01 ℃，压力为 610.38 Pa。当压力低于 610.38 Pa 时，不管温度如何变化，水都只在固态和气态两相间转化。固态吸热后不经液相直接变为气态，而气态放热后直接转化为固态，如冰在 -40 ℃ 的蒸汽压为 610.38 Pa，在 -60 ℃ 时为 1.33 Pa，若将 -40 ℃ 冰的压力降到 1.33 Pa，若将 -40 ℃ 的冰压力降低到 1.33 Pa，则固态的冰直接变为水蒸气。同理，将 -40 ℃ 的冰在 13.33 Pa 压力下加热到 -20 ℃，则发生升华现象。升高温度或降低压力都可以打破固、气两相

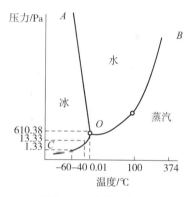

图 2-4　水的三相图

平衡，使整个系统朝冰转化为气的方向进行。冷冻干燥就是根据这个原理，使冰不断变成水蒸汽，再将水蒸汽抽走最后达到干燥的目的。

（2）冷冻干燥曲线　冻干曲线是冻干箱板层温度与时间之间的关系曲线，一般以时间为横坐标，温度为纵坐标。还有产品温度、冷凝器温度、真空度曲线，根据冻干产品的不同性质、冻干机的不同性能，制订出适宜的冻干曲线。它不仅是手工操作冻干机的依据，而且也是全自动控制冻干机操作的依据。

用冷冻干燥法制备蛋白质类药物制剂时主要考虑两个问题，一是选择适宜的辅料，优化蛋白质药物在干燥状态下的长期稳定性。二是考虑辅料对冷冻干燥过程中的一些参数的影响，如干燥的最高与最低温度，干燥时间，冷冻干燥产品的外观等。

虽然冻干可以使蛋白质药物稳定，但不应忽略有些蛋白质药物在冻干过程中反而失去活性，主要原因是：从液态到固态的相变过程中，包在蛋白质周围的水分子被除去而失活；高浓度的盐和缓冲组分的结晶或缓冲液 pK_a 对温度敏感而导致 pH 变化，蛋白质溶解度改变等均能导致蛋白质药物失活。在选择冻干制剂的缓冲体系时，要考虑对温度对 pH 和溶解度的影响。

在蛋白质类药物冻干过程中常加入某些冻干保护剂来改善产品的外观和稳定性。如

甘露醇、山梨醇、蔗糖、葡萄糖、右旋糖酐等。

溶液中的成分也可以影响冷冻干燥过程中与热有关的工艺参数。冻干过程中与热有关的性质有：制剂的冷冻温度、使饼状物可能产生熔化或坍塌的温度以及使产品可能发生降解的温度。控制这些参数，使产品冷冻适度，饼状物不熔化，不坍塌也不降解，DSC 是表征与优化冻干工艺有用的技术。在冻干过程中还应考虑药物的含水量与饼状物的物理状态（无定型或晶型）。其物理状态与冷冻过程的温度及添加剂有关。无定型的水分含量一般较高，这是因为在干燥过程中水蒸气的蒸汽减慢的缘故。水分的增加会降低饼状物的物理稳定性并可能导致储藏过程中饼状物的坍塌。此外水分也可以影响蛋白质的化学稳定性。因此，严格控制产品的含水量，对保证产品的质量是十分重要的。

二、生产操作流程设备

1. 冻干无菌粉末的制备工艺

（1）冷冻干燥流程图　制备冻干无菌粉末前药液的配制基本与水性注射剂相同，其制备工艺流程如图 2-5 所示。

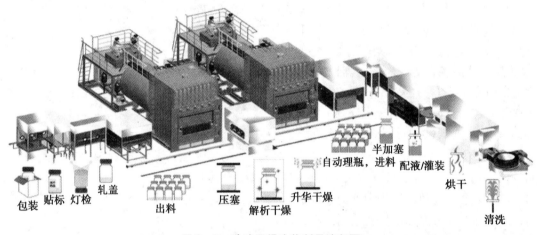

图 2-5　冷冻干燥生物制品流程图

（2）冷冻干燥工艺过程　药品冷冻干燥的干燥过程可以分为两个阶段，升华干燥和解吸干燥，在升华干燥阶段脱去全部冻结的自由水，在解吸干燥阶段除去部分结合水。冻干粉末的生产工艺包括制备药品预冻液、预冻、升华干燥和解析干燥、包装等五个步骤。

① 配液：药品在入箱冻干前，必须制备成预冻液，除少数原料药用水制成溶液，用金属盘直接冻干原粉分装，一般药品在配制预冻液时需添加填充剂，以改善产品的外观和稳定性。

② 预冻：预冻是冷冻干燥技术中重要环节，预冻的目的是要固化自由水和物化结合水，并保证产品的主要性能稳定，物质结构合理，若预冻没有做好，产品冻结不实，会影响所产生的冰晶的形态和大小，并进一步影响药品制作后期的干燥速率及质量。预冻液分装在金属盘、西林瓶或安瓿后，预冻可采用不同方式：制品放置在冻干箱内的搁板上进行冷冻；或用低温冰箱、酒精加干冰预冻；或通过专用的旋冻器，将预冻液冷冻成壳状结构再进入箱

内干燥。

③ 制品的第一阶段干燥:升华干燥是对产品内的冻结冰干燥,是冷冻干燥的主要过程。此阶段的干燥时间与产品的品种、产品的分装厚度、升华时提供的热量、冻干机本身的性能等因素有关。一般来说,共熔点温度较低、分装厚度大、升华时提供的热量不足、冻干机效能较低、其升华所需的时间长,反之制品容易干燥。

④ 制品的第二阶段干燥:解析干燥是对制品内残余的未冻结水分进一步干燥,可将制品的温度迅速升到最高允许温度,并保持数小时到冻干结束。产品的允许温度视产品的品种而定,一般为 25 ~ 40 ℃左右。

⑤ 冻干的后处理:制品在冻干箱内冻干结束后,不同产品因贮存条件不同,出箱要求不同:有些需放入无菌干燥空气密封;有些需充氮密封;有些需要抽真空密封。目前生产多采用箱内加塞封口,产品干燥后开动箱内的机械装置使整箱的胶塞全部压紧,然后按要求出箱,再用铝塑盖密封。胶塞一般用丁基橡胶塞,特殊品种需采用镀膜塞。

2. 冷冻干燥影响因素及过程控制

(1) 冷冻干燥影响因素

① 药品准备环节:药品的处方都可能影响到冷冻干燥的效果、产品的生物活性,药液共熔点以及药液中的液体和固体的比例都是进行药品冻干加工的重要参考指标。为保证新产品的冻干能顺利进行,制药企业应重视药品冻干加工研究,通过热分析法测定药品共熔点,寻求最佳解决方案。

② 药液预冻环节。

ⅰ. 药液预冻方式。主要有过冷结晶和定向结晶两种,过冷结晶和定向结晶的区别在是将全部药液还是将部分药液放置在相同或接近的过冷环境中进行冻结。根据冷冻速率的不同,过冷结晶又可分为慢速冻结和快速冻结,采用快速冻结法所形成的冰晶小、无浓缩,但有不完全冻结现象;慢速冷法所形成的冰晶大、有浓缩现象,采用定向结晶方式的冻结药品的干燥速率比全域过冷结晶的快,但操作技术难度相对高一些。另外,在这一环节中还有其他一些影响药品质量的因素,如温度控制、退火措施以及水结冰过程中可能会产生的机械效应和溶质效应等。制药企业在生产过程中要重视对温度的控制。

ⅱ. 预冻的温度。主要有过高和过低两种情况,温度过高,产品没有完全冻结,抽真空时会引起起泡、喷瓶等不可逆变化的发生;温度过低,则将造成资源浪费,而且还会影响产品成型,致使一些产品低于某一温度时出现裂纹等,如注射用头孢匹胺钠预冻温度不能低于 −40 ℃。

ⅲ. 预冻的时间。由于传热的滞后性导致温度的不均,为了使整批产品处于同一环境下,产品降到冻结温度时需要保温一定时间,使产品完全冻牢,时间视产品装量、板层面积、传热介质的性质而定,一般 2 h 左右可完全冻结。

ⅳ. 预冻的真空度。产品降温阶段,由于板层温度始终低于制品温度,温度差引起压力梯度,导致产品中的水分不抽真空也会升华。经实际生产证明,这时升华所致的干燥层大多会阻碍以后的升华,使产品发生萎缩、分层等现象,甚至造成冻干失败。

③ 升华干燥环节:升华干燥阶段主要是把产品中的水分以蒸汽的形式除去,升华需要吸收热量,此热量主要由热传导、热辐射、热对流三种方式供给。在升华干燥阶段,将经过

预冻的药料装入冻干箱之后,启动真空泵,使干燥箱、捕水器获得冷冻干燥所需要的真空度,并给加热板升温,为药料提供冰晶升华需要的热量。因此,在这一环节中影响冻干药品质量的因素有真空度、温度和压强等。a. 升华干燥时的温度一般情况下升华阶段的温度应在共熔点以下,且越接近共熔点,升华速度越快。b. 升华干燥时的真空度,从理论上讲,压强越低(即真空度越高),越利于升华。但实践证明并非如此,只有在一定真空范围内才更有利于产品升华。真空度过低,导致升华速率明显下降;真空度过高,由于热对流传导太差,反而会使冻干速率下降。

④ 解吸干燥环节:升华干燥阶段结束后,药料中还存在约 10 % 左右的物化结合水和结构水,解吸干燥阶段是要去除物化结合水和尽可能多的结构水,使含水量符合工艺要求的过程。解吸干燥阶段开始初期要升高搁板温度,并通过控制搁板温度及控制箱内真空度来调控产品温度,冻干箱内要保持 10 ~ 30 Pa 的真空度,而在干燥即将结束前的 2 ~ 3 h 之内,冻干箱内的真空度应保持 2 ~ 3 Pa,直到解吸干燥阶段结束。实践证明,解吸干燥所需的时间与药料成份、共熔点、物化结合水的比例、真空度及冻干机性能等因素都密切相关。

⑤ 密封保存环节:密封保存环节是冻干药品生产的最后一个环节,同样也不容忽视。冻干药品对密封保存的要求较高,针对冻干药品的性质设计相应的密封保存方案,并严格执行操作规程,确保冻干药品在一定周期内的稳定性。

(2) 冷冻干燥过程控制

① 冻干设计方法:传统方法建立在经验和反复实验(trial and error)基础上获取满意冻干曲线,而现代冻干方法建立在质量设计,依据科学实验和风险评估,通过不断优化,验证冻干过程和实施过程控制(PAT),获取理想冻干曲线。前者适于小量单批次产品,经济、简便、适用,而后者适于冻干系统方法开发和规模化生产过程优化等,体现冻干技术方法新理念,其基本内容是产品质量源于设计(QbD)。ICH Q8 定义为"一种系统研究方法,即以预设定的目标为起始,依据科学合理和质量风险管理,强调产品和对生产过程理解及过程控制"。

对于新的冻干方法过程开发应考虑以下因素。

ⅰ. 产品及其冻干处方开发,确定生物制品类型,筛选保护剂。

ⅱ. 测试样品热学性质及其形态观察分析,如差热分析仪 DSC、共融点测试、冷冻显微镜、扫描电子显微镜等。

ⅲ. 选择冻干设备设计冻干曲线试冻样品。

ⅳ. 优化冻干过程,确定方法。

ⅴ. 质量与风险分析。

ⅵ. 工业化冻干方法研究,设计、实验和评估。

ⅶ. 工业化方法实施,优化与过程控制。

ⅷ. 品质保证与检验分析,实施质量体系管理等。

冻干过程调整优化及测试、规模化生产冻干过程优化,主要是通过实验和验证方法评价,设计确立优良冻干过程。可更多的利用测试技术,如冷冻显微镜、傅立叶红外光谱仪、液相 - 质谱仪等评价冻干产品配方对蛋白稳定性的影响等。

过程测试技术,更有利于冻干。传统冻干机中,主要是靠监控控制温度和真空的办法实现冻干过程控制,目前,一些研究在利用比如激光调频光谱仪(FMS)、气相色谱法测量冻干箱中水蒸汽;用天平称量冻干过程产品失重;用近红外、拉曼、等离子发射光谱等直接在线测量产品技术,以及运用产品无线温度传感器、冻干过程实时图像等监控冻干等。

冻干产品处方设计原则无论采用经验方法,还是利用现代测试技术的科学实验办法或理论推算的办法设计冻干,不仅要考虑产品活性成分,产品的热学性质,还应考虑冻干对产品处方的影响。生物制品和药品的冻干需要保护剂、稳定剂、填充剂、pH 缓冲剂以及等渗调节剂等。设计冻干产品配方应适于冻干,不应受到或较少受到温度影响,要减少消除产品品质对冻干过程依赖,应具高耐受或稳定性,比如研究更优良冻干赋型剂以及产品耐热保护剂等。

② 冷冻干燥中存在的问题及处理方法。

ⅰ. 含水量偏高,装入容器的药液过厚,升华干燥过程中供热不足,冷凝器温度偏高或真空度不够,均可能导致含水量偏高。可采用旋转冷冻机及其他相应的方法解决。

ⅱ. 喷瓶,如果供热太快,受热不匀或预冻不完全,则易在升华过程中使制品部分液化,在真空减压条件下产生喷瓶。为防止喷瓶,必须控制预冻温度在共熔点以下 10 ~ 20 ℃,同时加热升华,温度不宜超过共熔点。

ⅲ. 产品外形不饱满或萎缩,一些黏稠的药液由于结构过于致密,在冻干过程中内部水蒸气逸出不完全,冻干结束后,制品会因潮解而萎缩,遇这种情况通常可在处方中加入适量甘露醇、氯化钠等填充剂,并采取反复顶冻法,以改善制品的通气性,产品外观即可得到改善。

3. 冷冻干燥设备

冷冻干燥机是采用多领域技术、系统控制的冻干设备,实现冻干过程,达到干燥目的。是无菌冻干注射剂制造系统中最核心的设备。

产品规模不同冻干研发策略不同,需先确认产品规模类型和可利用冻干设备及其条件等。对于小试、中试和规模化生产,其探索目的和策略亦不同。一般而言,科研类样品和小量、单批或少批次产品,采用实验室用冻干设备,参考同类产品冻干,搭载小样或试冻等,冻干主要是保成功率,而成本和效率则在其次,利用降低预冻温度,增加预冻时间,真空启动后延迟启动板层加温,延长升华时间等均有利于冻干。对于中试和规模化生产,设备冷冻量可至几十平方米,则不仅要确保冻干安全,同样要兼顾质量、效率和成本,需要不断优化,以获取更高效益。

(1) 冷冻干燥设备的组成

冻干机由致冷系统、真空系统、加热系统和控制系统四部分组成,其主要设备有冻干箱、冷凝器、冷冻机、真空泵等。

① 致冷系统:是对冻干箱和冷凝器进行致冷,产生和维持冻干时所需的低温。由冷冻机与冻干箱、冷凝器内部的管道组成。常用的制冷方式有三种:蒸汽压缩式制冷、蒸汽喷射式制冷、吸收式制冷,其中最常用的是蒸汽压缩式制冷。常用的冷冻剂有氨、氟里昂、二氧化碳等,在制冷系统中常用的载冷剂有空气、氯化钙溶液、乙醇。现在也有采用

双级螺杆式制冷压缩机来冷却热媒的,即仅用一种共沸制冷剂(如 R_5O_2)来达到其深度冷却的目的。

② 真空系统:是对制品进行升华干燥及提供所需的真空。由冻干箱、冷凝器、真空泵、真空管道和阀门构成。在冷冻干燥时,干燥箱中的绝对压力应为冻结物料饱和蒸汽压的 1/4 ~ 1/2,一般情况下约为 1.3 ~ 13 Pa。常用的真空泵有旋片式真空泵、多级喷射式真空泵。当要求达到更高真空度时,可用机械泵为前级泵,油扩散泵为次级泵,串联后的真空度可达 1×10^{-5} Pa。真空泵的抽气量要求达到 5 ~ 10 min 内使系统从一个大气压降至 100 Pa 以下。

③ 加热系统:是对箱内制品进行加热,使水份升华以达到标准要求。加热的目的是为了提供升华过程中的升华热(蒸发热和熔解热)。加热的方法有凭借夹层加热板的传导热及热辐射面的辐射加热等。传导加热的加热剂一般为热水或热油,其温度应在冻结物料熔化点以下,但在干燥后期允许使用较高的加热温度。

④ 控制系统:是对冻干机手动或自动控制,操纵机器正常运转保证产品合格。由各种控制开关、指示调节仪表及自动装置组成。

⑤ 冻干箱:是对产品在低温低压下进行水份升华而达到干燥的密闭容器,温度可冷到 -40 ℃,加热到 +50 ℃,箱内有放制品的金属板层。制品的冻干在干燥室内进行,干燥室的内部材料包括搁板等主要部件均用 316 或 304 不锈钢制作。两排冷管及两排热管浇注其中,分别用于对产品进行冷却和加热。干燥室一般为箱式,干燥室的门及视镜要求制作的十分严密可靠,否则不能达到预期的真空度。干燥室兼作预冻室时,夹层搁板中还应有冷冻剂的蒸发管或载冷剂的导管。

⑥ 冷凝器:是将水蒸气冻结吸附在其内部金属表面上的真空密闭容器,温度可达 -40 ℃以下,并能恒定维持低温。冻结物料升华干燥过程被真空泵抽出来的水蒸汽,主要用冷凝法加以去除。采用的冷凝形式主要有管壳式、螺旋板式或配有旋转刮刀的加套冷凝器式等。常用冷却介质有低温空气、盐水、乙醇;对于小型装置,也有采用甘油、无水氯化钙等化学吸收剂及活性氧化铝或硅胶等物理吸水剂来去除水汽。与干燥室相连接的是冷凝器,冷凝器内装有螺旋式冷气盘管,其工作温度低于干燥室内的药品温度,最低可达 -60 ℃。它主要用于捕集制品的水汽,并使之在盘管上凝结,从而保证冻干过程的顺利进行。

(2) 工艺参数控制及冻干曲线

① 控制点:制品冻干一般是溶液或悬浊液,其冻结随温度的降低,溶液析出冰晶,直至溶质结晶析出,冰、溶质结晶与溶液成三相平衡,该温度即是共熔点。共熔点是制品干燥的临界温度,冻干操作时温度不能高于共熔点,否则溶质将处液相。

② 冻干曲线制定及影响因素:在冻干过程中需对冻干的各阶段参数全面控制,把产品板层温度、冷凝器温度和真空度对照时间划成曲线,即冻干曲线,它记录了冻干过程不同时间板层温度的变化情况,冻干机手工操作或自动操作均以此为依据。影响冻干曲线制定的因素有产品的品种、装量的多少、容器的规格及冻干机性能,因此不同的产品、使用不同的冻干机应采用不同的冻干曲线。

③ 验证要求:应依据相关标准实施生物制品冻干质量体系管理。如生产体系 ISO9001:

2000、实验体系 ISO17025、药物生产体系 GMP、自动化设备 GAMP5 等。生物制品、药物和兽药研发生产,还用遵循相关法律法规、技术指导原则、指南以及质量标准等。实施体系验证,设备系统涉及验证如设计验证 DQ、安装确认 IQ、性能验证 PQ 和操作确认 OQ 等。

三、典型冻干无菌粉末处方及制备工艺分析

注射用辅酶 A(coenzyme A)为无菌冻干制剂。本品为体内乙酰化反应的辅酶,有利于糖、脂肪以及蛋白质的代谢。用于白细胞减少症,原发性血小板减少性紫癜及功能性低热。

【处方】

辅酶 A	56.1 单位
水解明胶(填充剂)	5 mg
甘露醇(填充剂)	10 mg
葡萄糖酸钙(填充剂)	1 mg
半胱氨酸(稳定剂)	0.5 mg

【制备】将上述各成分用适量注射水溶解后,无菌过滤,分装于安瓿中,每支 0.5 mL,冷冻干燥后封口,漏气检查即得。

【处方及工艺分析】

(1) 本品为静脉滴注,一次 50 单位,一日 50~100 单位,临用前用 5% 葡萄糖注射液 500 mL 溶解后滴注。肌内注射,一次 50 单位,一日 50~100 单位,临用前用生理盐水 2 mL 溶解后注射。

(2) 辅酶 A 为白色或微黄色粉末,有吸湿性,易溶于水,不溶于丙酮、乙醚、乙醇,易被空气、过氧化氢、碘、高锰酸盐等氧化成无活性二硫化物,故在制剂中加入半胱氨酸等,用甘露醇、水解明胶等作为赋形剂。

(3) 辅酶 A 在冻干工艺中易丢失效价,故投料量应酌情增加。

四、质量控制

注射用无菌粉末的质量要求除应符合《中国药典(2010 版)》对注射用原料药物的各项规定外,还应符合下列要求:粉末无异物,配成溶液或混悬液后澄明度检查合格;粉末细度或结晶度应适宜,便于分装;无菌、无热原。

冻干产品质量控制项目主要有:产品外观;产品冷冻后残余水分;有效成分活性;产品无菌性。冻干过程,决定和影响产品外观和残余水分的量。冻干工艺开发,主要考虑前两种品质,而后两种属产品处方和冻干方法对产品影响。如果活性组份严重受冻干过程影响,又没有适宜保护剂处方,该产品不适宜冻干;如果现有冻干灭菌技术无法满足产品所要求无菌,其同样不适于冻干。

① 产品外观质量控制。优良生物制品冻干产品,若为西林瓶装,应呈柱状或饼状,色泽均匀,与预冻时固态外型基本一致或上表略呈弯月面,易复溶。冻干常出现问题是外观不合格,如形变缩底、分层、干缩裂等。影响产品外观主要因素有产品处方、预冻和升华。如产品处方中保护剂骨架物质不足或保护剂量不够、改变,若没有保护剂,甚至看不到冻干

产品;预冻和升华控制不当,预冻温度和时间不够,或升华不完全加温等。

② 残余水分质量控制。除特别规定外,医用和兽用生物制品冻干残余水分含量为1.0%~3.0%,含水量过高、过低都不利于产品保存,因此,控制冻干,使其达到合格含水量是核心,也最为复杂。如果成熟冻干工艺,出现含水量不合格,除具体因素外,极有可能体系也出问题,避免的最好办法是实施体系质量控制,比如 ISO9001、GMP 等。冻干管理体系应有保障,设备条件体系也应有保障,而对于人,还应提高技术和应急处理能力,确保产品质量,避免风险。

③ 冻干水分检测技术。冻干产品含水量测定方法,主要有干燥失重法、卡氏法、热重分析法等,以及气相色谱法、近红外光谱法、质谱法等。值得注意的是测量方法误差和冻干产品含水误差。测量方法误差,可通过方法验证消除或改进,不能忽视产品含水均匀性,主要是冻干设备,板层热均匀性;产品加热均匀性,装箱过紧使产品悬空;升华均匀性,半加塞时不匀,如过紧等因素应及时发现消除。

五、产品风险控制

按风险识别、风险分析、风险控制原则,确定冻干风险,可通过质量设计和失效模式与影响分析(FMEA)等方法控制风险。主要有设备状态、辅助条件、人、设备控制等,高风险如升华停电、设备故障、误操作等,应建立应急预案、应急机制,防止和避免事故发生。

(1) 冻干机及其辅助设施体系是保障冻干产能和品质的基础 近年来,虽然,冻干基础理论研究进展有限,但一些冷冻干燥实用技术不断发展,为解决实际问题提供了选择。首要是具有优良性能设备才能生产出优良产品,冻干机应考虑与实际需求匹配的冷冻规模和技术性能,如冷冻方式、工业化水平能力、自动化、新技术、冗余安全保障体系,以及考虑合理价格、保障正确安装调试和验证等。其次是构建与冻干配套必备辅助设施,如供电、冷却水、压缩空气等,除有调控监控系统外还应保障有冗余等。另一是新技术及辅助系统选择,如液氮制冷冻干技术,替代压缩机制冷,具有制冷温度低、速度快的特色,减少了设备维修成本等,以及全自动装卸产品系统、在位清洁系统、在线消毒系统等,在线控制和检测系统,自动控制系统等。

(2) 合理评估设备性能确保冻干安全 对于运行多年的冻干机,应对其性能进行系统评估。如果一台需要不断维修、抢修才能保障运行的设备,最好办法是停机大修、改造或淘汰。冻干机系统的温、压传感器,阀垫滤器等器件可通过维护维修解决;而控制系统、制冷系统、硅油循环加热系统、压塞系统、真空系统,至少要通过修换或大修解决;对于冻干机体结构调整和增加必要功能则必须通过改造解决。维护、维修和改造,可确保或提升冻干机技术性能,提高设备工作效率、消除安全隐患、规避冻干中的风险,也是设备管理中最为重要的措施。

(3) 建立维护保障体系防控冻干风险 对于生物制品冻干,关系到产品品质和安全,建立保障维护体系是解决应急和避免风险的最好办法。其中,技术保障是关键环节,首先是定期维护保养,更换零备件和油等;其二是操作运行前和维修后验证,设备运行产品装箱前必须验证,要确认系统性能正常,如真空、冷阱化霜性能等,产品升华板层加温前应再次确认设备状态;其三是储备必要零备件和建立必要的应急机制以及技术方案等。

本章参考文献

［1］胡宇驰、周建平．丁基胶塞的特点、问题及使用注意事项．首都医药,2006,1:24－26.

［2］丁积飞．从胶塞清洗机看丁基胶塞的清洗及硅化．机电信息,2006,12:42－45.

［3］刘海洪．药用丁基橡胶瓶塞灭菌方法汇总．世界橡胶工业,2006,33(6)37－38.

［4］质量系统 GMP 实施指南．2010 年版.

［5］Drews J. Quovadisbioteeh (part 1). Drug Discov Today,2000,5:547－553.

［6］戴婕,陈广惠．促进多肽和蛋白质类药物透皮给药技术的研究进展．广东药学,2004,14(3):22－24.

［7］辛秀兰．现代生物制药工艺学．北京:化学工业出版社,2006.

［8］梁世中．生物制药理论与实践．北京:化学工业出版社,2005.

［9］齐香君．现代生物制药工艺学．北京:化学工业出版社,2004.

［10］吴梧桐．生物制药工艺学．北京:中国医药科技出版社,2005.

［11］陈来同,等．生物化学产品制备技术．北京:科学技术文献出版社,2004.

［12］李元,陈松森,王渭池．基因工程药物．北京:化学工业出版社,2007.

第三章

重组技术产品质量检验与控制

　　重组技术产品是利用活的细胞作为表达系统,所获得蛋白质产品相对分子质量较大,并具有复杂的结构;许多重组蛋白还参与人体一些生理功能,任何药物性质或剂量上的偏差,都可能贻误病情甚至造成严重危害,因此重组技术产品的质量检验和质量控制是生物制药研究中的重要组成部分。重组蛋白质量控制主要包括:产品的鉴别、纯度、活性、安全性和一致性。目前有许多方法可以用于重组技术产品或蛋白质药物产品进行全面鉴定,比如电泳方法(SDS – PAGE 电泳,等电聚焦电泳,免疫电泳)、免疫学分析方法(放射性免疫扩散法,酶联免疫吸附法,免疫印迹法),受体结合试验,各种高效液相分析法,肽图分析法,N末端序列分析法,圆二色谱,核磁共振等。蛋白质纯度检查是重组蛋白质药物检测的重要指标之一。测定蛋白质纯度的方法可根据目的蛋白质的理化性质和生物学特性来设计。通常采用的方法有还原性及非还原性 SDS – PAGE、等电聚焦电泳、HPLC 和毛细管电泳等。应采用两种以上不同机制的分析方法相互佐证,以便对目的蛋白质的纯度进行综合评价。蛋白质含量的测定主要用于生物制品原液比活性计算和成品规格的控制。主要包括 Lowry法,染色法(Bradford 染色法),双缩脲法、HPLC 法和凯氏定氮等方法。其中 Lowry 法和染色法在生物制品的质量检定中经常使用。本部分内容主要介绍基因工程药物中蛋白质含量、纯度、理化性质、残余杂质、安全性、水分及渗透压等检验项目。

第一节

Lowery 法检测蛋白质含量

一、Lowery 法检测蛋白质含量的原理

Lowery 法检测蛋白质含量是依据蛋白质在碱性溶液中可形成铜－蛋白质复合物,此复合物加入酚试剂后,产生蓝色化合物,该蓝色化合物在 650 nm 处的吸光度与蛋白质含量成正比,根据供试品的吸光度,即可计算供试品的蛋白质含量。Lowery 法用于微量蛋白质的含量测定。

二、Lowery 法检测蛋白质含量的基本操作过程

1. 实验仪器

紫外分光光度计。

2. 实验试剂的配制

(1) 酚试剂　市售。

(2) 碱性铜溶液　取 0.1 mol/L 酒石酸钾试液与 0.04 mol/L 硫酸铜试液各 0.5 mL,4 ％碳酸钠溶液与 0.8 ％氢氧化钠溶液各 25 mL,摇匀,即得。本液应临用时配制。

(3) 氢氧化钠滴定液(0.5 mol/L)的配制及标定　取氢氧化钠适量,加水搅拌使溶解成饱和溶液,冷却后,置聚乙烯塑料瓶中,静止数日,澄清后,取澄清的氢氧化钠饱和溶液 28 mL,加新煮沸后冷却的水,使成 1 000 mL,摇匀。取在 105 ℃ 干燥至恒重的基准邻苯二甲酸氢钾约 3 g,精密称定,加新沸过的冷水 50 mL,振摇,使其尽量溶解;加酚酞指示剂 2 滴,用本液滴定;在接近终点时,应使邻苯二甲酸氢钾完全溶解,滴定至溶液显粉红色。根据本液的消耗量与邻苯二甲酸氢钾的取用量,算出本液的浓度。实验用试剂均为分析纯,试验用水为 Milli－Q 纯化水。

3. 操作步骤

(1) 标准蛋白质溶液的制备流程图　取人血白蛋白标准品一支,用水定量稀释至每 1 mL 含 1 mg,作为贮备液。精密量取贮备液 2.5 mL 置 25 mL 量瓶中,用水稀释至刻度,摇匀,即为每 1 mL 含 100 μg 的标准蛋白质溶液。

(2) 供试品溶液的制备　精密量取一定供试品溶液,用水稀释至 50 μg/mL 左右,备用。

(3) 测定流程

4. 实验结果处理

以标准曲线的蛋白质浓度对应其吸光度,求直线回归方程。将测得供试品的吸光度代入直线回归方程,将计算结果乘以稀释倍数即得供试品的蛋白质含量。

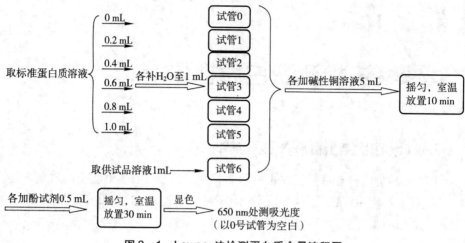

图 3-1 Lowery 法检测蛋白质含量流程图

第二节

蛋白质纯度检测

一、非还原型聚丙烯酰胺凝胶电泳法检测蛋白纯度

1. 原理

非还原型聚丙烯酰胺凝胶电泳法检测蛋白纯度是利用蛋白质具有不同的电荷和相对分子质量,在经过阴离子去污剂 SDS 处理后,蛋白质分子上的电荷被中和。同时,SDS 与蛋白质结合后引起蛋白质构像的改变。SDS – 蛋白质复合物的流体力学和光学性质表明,它们在水溶液中的形状,近似于雪茄烟形状的长椭圆棒,不同蛋白质的 SDS 复合物的短轴长度都一样,而长轴则随蛋白质相对分子质量成正比地变化。这样,在聚丙稀酰胺凝胶电泳时,电泳迁移率,不再受蛋白质原有电荷和形状的影响,仅取决于蛋白质的相对分子质量。由于不连续的 pH 梯度作用,样品被压缩成一条狭窄区带,采用染色液染色,经扫描仪扫描胶片可及时观察结果。

2. 操作过程

(1) 操作仪器 三恒电泳仪(Bio – RAD);垂直板电泳槽(Bio – RAD);凝胶成像仪(Bio RAD)。

(2) 溶液配制(实验用试剂均为分析纯,实验用水为 Milli – Q 纯化水)

水:电阻率不低于 18.2 MΩ·cm。

A 液:1.5 mol/L 三羟甲基氨基甲烷 – 盐酸缓冲液。称取三羟甲基氨基甲烷 18.15 g,加适量水溶解,用盐酸调 pH 至 8.8,加水稀释至 100 mL。

B 液:30 % 丙烯酰胺 – 0.8 % N,N′ – 亚甲基双丙烯酰胺溶液。称取 29 g 丙烯酰胺,1 g N,N′ – 亚甲基双丙烯酰胺,加水溶解至 100 mL,待其完全溶解后用滤纸过滤,避光保存。

C 液:1 % 十二烷基硫酸钠溶液。称取十二烷基硫酸钠 1 g,加水溶解至 100 mL,室温保存。

D 液:10 % 四甲基乙二胺溶液。量取四甲基乙二铵 10 mL,加水定容至 100 mL。

E 液:10 % 过硫酸铵溶液。称取 100 mg 过硫酸铵,加超纯水溶解至 1 mL。临用前配制。

F 液:0.5 mol/L 三羟甲基氨基甲烷 – 盐酸缓冲液。称取三羟甲基氨基甲烷 6.05 g,加适量水溶解,用盐酸调 pH 至 6.8,加水稀释至 100 mL。

电极缓冲液:称取三羟甲基氨基甲烷 3 g、甘氨酸 14.4 g、十二烷基硫酸钠 1 g,加适量水溶解,用盐酸调 pH 至 8.3,加水稀释至 1 000 mL。

供试品缓冲液:称取三羟甲基氨基甲烷 0.303 g、溴酚蓝 2 mg、十二烷基硫酸钠 0.8 g,量取盐酸 0.189 mL、甘油 4 mL,加水溶解并稀释至 10 mL。

固定液:量取甲醇 250 mL、无水乙酸 60 mL,加水稀释至 500 mL。

漂洗液:量取乙醇 100 mL、无水乙酸 50 mL,加水稀释至 1 000 mL。

辅染液:称取重铬酸钾 10 g,量取硝酸 2 mL 加适量水溶解并稀释至 200 mL。用前 40 倍稀释。

显色液:称取碳酸钠 30 g 加适量水溶解,加甲醛 0.5 mL,并稀释至 1 000 mL。

终止液:量取无水乙酸 10 mL 加水稀释至 1 000 mL。

考马氏亮蓝染色液:称取考马氏亮蓝 R250 1 g,加入甲醇 200 mL、无水乙酸 50 mL,水 250 mL,混匀。

考马氏亮蓝脱色液:量取甲醇 400 mL、无水乙酸 100 mL 与水 1 000 mL 混匀。

（3）操作流程

① 供试品溶液的制备（图 3 - 2）。

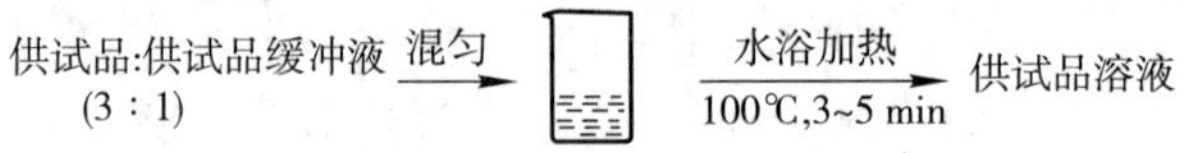

供试品:供试品缓冲液　混匀　→　水浴加热　→　供试品溶液
（3:1）　　　　　　　　　　100℃,3~5 min

图 3 - 2　供试品溶液配制流程图

② 测定。

制备分离胶(以 15 % 为例):量取 A 液 4 mL、B 液 8 mL、C 液 1.6 mL、D 液 0.1 mL、E 液 0.1 mL、水 2.28 mL,混合均匀,制成分离胶溶液,灌入模具内至一定高度,加水封顶,室温下聚合(室温不同,聚合时间不同)(表 3 - 1)。

表 3 - 1　分离胶及浓缩胶配制表

凝胶种类		分离胶溶液						浓缩胶溶液
凝胶浓度		5 %	7.5 %	10 %	12.5 %	15 %	17.5 %	4.5 %
组分/mL	A 液	4	4	4	4	4	4	/
	B 液	2.7	4	5.4	6.7	8	9.4	1.35
	C 液	1.6	1.6	1.6	1.6	1.6	1.6	0.9
	D 液	0.1	0.1	0.1	0.1	0.1	0.1	0.07
	E 液	0.1	0.1	0.1	0.1	0.1	0.1	0.07
	F 液	/	/	/	/	/	/	2.25
	H_2O	7.3	6	4.88	3.3	2.28	0.88	4.33

制备浓缩胶(4.5 %):待分离胶聚合后,用滤纸吸去上面的水层。量取 B 液 1.35 mL、C 液 0.9 mL、D 液 0.07 mL、E 液 0.07 mL、F 液 2.25 mL、水 4.33 mL,制成浓缩胶溶液(表 3 - 1)。灌入浓缩胶溶液,插入样品梳,注意避免气泡出现。

加样:待浓缩胶聚合后小心拔出样品梳,将电极缓冲液注满电泳槽前后槽,在加供试品孔中加入上述经处理的供试品 10 μg 以上。

电泳:接通电源、冷凝水,以恒流 10 mA 开始电泳,至供试品进入分离胶后将电流调至 20 mA,直至电泳结束。

固定与染色:将电泳后的凝胶浸入染色液中过夜取出,浸入脱色液中,直至凝胶底色几乎无色,取出凝胶保存在水中。

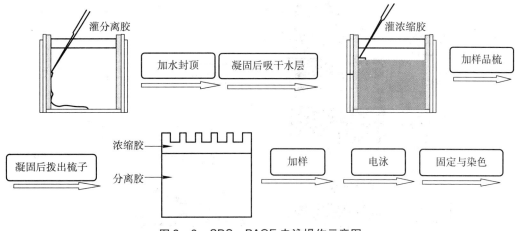

图3-3 SDS-PAGE电泳操作示意图

3. 实验结果处理

非还原电泳凝胶经扫描进行纯度分析。

二、高效液相色谱法(HPLC)检测蛋白质纯度

1. 原理

高效液相色谱法系采用高压输液泵将规定的流动相泵入装有填充剂的色谱柱进行分离测定的色谱方法。注入的供试品,由流动相带入柱内,各成分在柱内被分离,并依此进入检测器,由记录仪、积分仪或数据处理系统记录色谱信号。

2. 操作过程

(1) 实验仪器

高效液相色谱仪(四元梯度泵(600E/在线氩气脱气)-717自动进样器-996二极管阵列检测器)(安捷伦公司,图3-4);色谱柱ZORBA 300SB,5 μm,30 nm,4.6×15 mm(安捷伦公司)。

(2) 溶液配制

超纯水:电阻率不低于18.2 MΩ·cm。

三氟乙酸(TFA):SIGMA公司(色谱纯)。

乙腈:MERCK公司(色谱纯)。

流动相A液(0.1% TFA-水溶液):量取TFA 1 mL加入适量水中,然后加水稀释至1 000 mL。

流动相B液(0.1% TFA-乙腈溶液):量取TFA 1 mL加入适量乙腈中,然后加乙腈稀释至1 000 mL。

20 mmol/L PB(pH 8.0):取$Na_2HPO_4 \cdot 12H_2O$ 6.59 g、$NaH_2PO_4 \cdot 2H_2O$ 0.234 g,加适量水溶解,再加水稀释至1 000 mL,4 ℃保存。

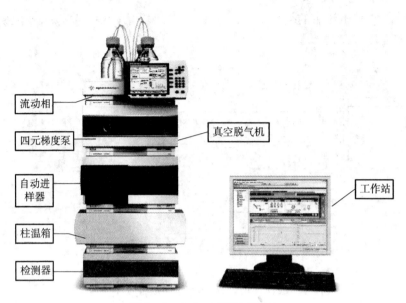

流动相
四元梯度泵
自动进样器
柱温箱
检测器
真空脱气机
工作站

图 3 - 4 Agilent 1260 HPLC

（3）实验步骤

① 色谱柱平衡：用 70 % 的流动 A 液与 30 % 的流动相 B 液平衡色谱柱，流速为 0.8 mL/min，柱温为 30 ± 5 ℃，时间为 23 min，约 10 个柱床体积。

② 色谱条件：柱温为 30 ± 5 ℃，供试品保存温度为 4 ± 0.5 ℃；以 0.1 % 三氟乙酸的水溶液为流动相 A 液，0.1 % 三氟乙酸的乙腈溶液为流动相 B 液，流速为每分钟 0.8 mL，线性洗脱 40 分钟（B 液 30 % ~ 90 %，0 ~ 40 min），检测波长为 280 nm。

③ 测定：精密量取供试品溶液适量（约含目的蛋白 500 ~ 1 000 μg），注入液相色谱仪，线性洗脱，分别记录色谱图及峰面积。将 20 mmol/L PB（pH 8.0）作为空白对照品，精密量取与供试品溶液相同的体积，以同样的条件进行检测过程，分别记录色谱图及峰面积。

3. 实验结果处理

（1）对所得供试品检测图谱的峰面积进行积分，并将空白对照产生的溶剂峰扣除。

（2）按面积归一化法计算目的蛋白的主峰面积与总面积的百分比，即为供试品纯度。

第三节

理化性质检测

一、免疫印迹鉴别试验

1. 原理

大多数蛋白质与阴离子表面活性剂十二烷基硫酸钠(SDS)按重量比结合成复合物,使蛋白质分子所带的负电荷远远超过天然蛋白质分子的静电荷,消除了不同蛋白质分子的电荷效应,使蛋白质按分子大小分离。供试品与特异性抗体结合后,抗体与酶标抗体特异性结合,通过酶学反应的显色对供试品的抗原特异性进行检查。

2. 操作过程

(1) 实验仪器

Bio – RAD 电泳仪;Bio – RAD 垂直电泳槽;Bio – RAD Mini – PROTEAN 半干转移电转槽。

(2) 溶液配制

① 0.01 mol/L 三羟甲基氨基甲烷溶液(pH 7.6):称取三羟甲基氨基甲烷 1.211 g,溶于 800 mL 水中,加入盐酸调 pH 至 7.6,加水稀释至 1 000 mL。

② 电转液:称取甘氨酸 2.9 g、三羟甲基氨基甲烷 5.8 g、十二烷基硫酸钠 0.37 g,加适量水溶解,加甲醇 200 mL,加水溶解并稀释至 1 000 mL。4 ℃保存。

③ 10×TBS 缓冲液:称取三羟甲基氨基甲烷 80 g、氯化钾 2.0 g、氯化钠 30.0 g,加水溶解并稀释至 500 mL。分装后,121 ℃灭菌 20 min 后于室温保存。用前 10 倍稀释。

④ 封闭液:称取牛血清白蛋白 1.5 g,加 1×TBS 缓冲液溶解并稀释至 50 mL。4 ℃保存。

⑤ 供试品抗体:按抗体说明书稀释。

⑥ 第二抗体:生物素标记抗体,按说明书稀释。

⑦ 洗涤液:取聚山梨酯 20 2 mL,加 1×TBS 缓冲液至 1 000 mL。

⑧ 显色液:取 3,3′ - 二氨基联苯胺 6 mg,30 % 过氧化氢 36 μL,加 0.01 mol/L 三羟甲基氨基甲烷溶液(pH 7.6)9 mL 使溶解,临用现配。

(3) 操作流程(图 3 - 5)

① 样品制备。

② 配胶:浓缩胶为 4.5 % ,分离胶为 15 %。配制见表 3 - 1。

③ 上样:供试品与阳性对照品上样量大于 100 ng。

④ 电泳:恒电压 200 V,35 min。

⑤ 转膜:将滤纸放在电转液中浸泡,在电极上放置 3 张用转移缓冲液浸泡过的滤纸;从电泳槽上撤出放置 SDS 聚丙烯酰胺凝胶的玻璃,把凝胶转移到一盘去离子水中略微漂洗

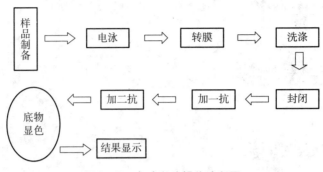

图3-5 免疫印迹操作流程图

一下,然后准确平放于滤纸上;把膜裁好并放在胶上,将裁好且处理过的3层滤纸放于凝胶上,精确对齐,用玻璃棒作滚筒以挤出所有气泡;盖上电极板,按 0.65 mA/cm² 混合纤维素纸膜恒电流转移 60 min。

⑥ 封闭:取出混合纤维素膜浸入封闭液置于 4 ℃ 封闭过夜。

⑦ 抗体结合:将供试品抗体用 0.1 % 牛血清白蛋白按 1:5 000 的比例稀释后,加入混合纤维素膜上,使其完全浸入。25 ℃ 放置 75 min。混合纤维素纸膜用洗涤液浸洗 3 次,每次 10 min。弃去液体。将第二抗体用 0.1 % 牛血清白蛋白按 1:2 000 的比例稀释后,加入混合纤维素膜上,使其完全浸入。25 ℃ 放置 75 min。混合纤维素膜用洗涤液浸洗 3 次,每次 10 min。

⑧ 显色:弃去液体,加入适量显色液,置于室温避光条件下显色。

3. 实验结果处理

阳性结果应呈现明显色带,阴性结果不显色。

二、SDS-聚丙烯酰胺凝胶还原电泳测定蛋白质相对分子质量

1. 实验原理

在蛋白质混合样品中各蛋白质组分的迁移率主要取决于分子大小和形状以及所带电荷多少。在聚丙烯酰胺凝胶系统中,加入一定量的十二烷基硫酸钠(SDS),SDS 是一种阴离子表面活性剂,加入到电泳系统中能使蛋白质的氢键和疏水键打开,并结合到蛋白质分子上(在一定条件下,大多数蛋白质与 SDS 的结合比为 1.4 g SDS/g 蛋白质),使各种蛋白质-SDS 复合物都带上相同密度的负电荷,其数量远远超过了蛋白质分子原有的电荷量,从而掩盖了不同种类蛋白质间原有的电荷差别。此时,蛋白质分子的电泳迁移率主要取决于其相对分子质量的大小,而其他因素对电泳迁移率的影响几乎可以忽略不计。

2. 操作过程

(1) 实验仪器

三恒电泳仪(Bio-RAD);垂直板电泳槽(Bio-RAD);扫描仪(Bio-RAD)。

(2) 溶液配制

水:电阻率不低于 18.2 MΩ·cm。

A 液:1.5 mol/L 三羟甲基氨基甲烷-盐酸缓冲液。称取三羟甲基氨基甲烷18.15 g,加

适量水溶解,用盐酸调 pH 至 8.8,加水稀释至 100 mL。

B 液:30% 丙烯酰胺 - 0.8% N,N′-亚甲基双丙烯酰胺溶液。称取 29 g 丙烯酰胺,1 g N,N′-亚甲基双丙烯酰胺,加水溶解至 100 mL,待其完全溶解后用滤纸过滤,避光保存。

C 液:1% 十二烷基硫酸钠溶液。称取十二烷基硫酸钠 1 g,加水溶解至 100 mL,室温保存。

D 液:10% 四甲基乙二胺溶液。量取四甲基乙二铵 10 mL,加水定容至 100 mL。

E 液:10% 过硫酸铵溶液。称取 100 mg 过硫酸铵,加超纯水溶解至 1 mL。临用前配制。

F 液:0.5 mol/L 三羟甲基氨基甲烷 - 盐酸缓冲液。称取三羟甲基氨基甲烷 6.05 g,加适量水溶解,用盐酸调 pH 至 6.8,加水稀释至 100 mL。

电极缓冲液:称取三羟甲基氨基甲烷 3 g、甘氨酸 14.4 g、十二烷基硫酸钠 1 g,加适量水溶解,用盐酸调 pH 至 8.3,加水稀释至 1 000 mL。

供试品缓冲液:称取三羟甲基氨基甲烷 0.303 g、溴酚蓝 2 mg、十二烷基硫酸钠 0.8 g,量取盐酸 0.189 mL、甘油 4 mL,加水溶解并稀释至 10 mL。

相对分子质量标准:Fermentas 公司 Cat. No. #SM0431 相对分子质量范围在(14.4 ~ 116)×10^3。

固定液:量取甲醇 250 mL、无水乙酸 60 mL,加水稀释至 500 mL。

漂洗液:量取乙醇 100 mL、无水乙酸 50 mL,加水稀释至 1 000 mL。

辅染液:称取重铬酸钾 10 g,量取硝酸 2 mL 加适量水溶解并稀释至 200 mL。用前 40 倍稀释。

显色液:称取碳酸钠 30 g 加适量水溶解,加甲醛 0.5 mL,并稀释至 1 000 mL。

终止液:量取无水乙酸 10 mL 加水稀释至 1 000 mL。

考马氏亮蓝染色液:称取考马氏亮蓝 R250 1 g,加入甲醇 200 mL、无水乙酸 50 mL,水 250 mL 混匀。

考马氏亮蓝脱色液:量取甲醇 400 mL、无水乙酸 100 mL 与水 1 000 mL 混匀。

(3) 操作流程图(图 3 - 6)

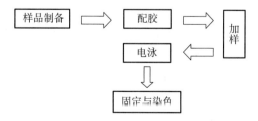

图 3 - 6 SDS - 聚丙烯酰胺凝胶电泳操作流程图

① 供试品溶液的制备:将供试品与供试品缓冲液按 3:1 的比例混匀,100 ℃ 水浴加热 3 ~ 5 min。

② 配胶:浓缩胶为 4.5%,分离胶为 15%。配制过程见表 2 - 1。

③ 加样:待浓缩胶聚合后小心拔出样品梳,将电极缓冲液注满电泳槽前后槽,在供试品孔中加入上述经处理的供试品 10 μg 以上,在分子量标准孔中加入分子量标准 7 μL。

④ 电泳：接通电源、冷凝水，以恒流 10 mA 开始电泳，至供试品进入分离胶后将电流调至 20 mA，直至电泳结束。

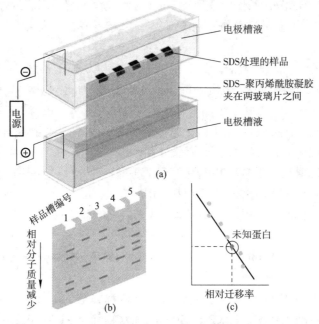

图 3 - 7　SDS - PAGE 电泳测定蛋白质相对分子质量示意图

⑤ 固定与染色：将电泳后的凝胶浸入染色液中过夜取出，浸入脱色液中，直至凝胶底色几乎无色，取出凝胶保存在水中。

3. 结果计算

还原电泳凝胶经扫描分析，绘制相对分子质量标准曲线，根据样品迁移率计算相对分子质量。

三、等电聚焦电泳测定蛋白质等电点

1. 原理

两性电解质在电泳场中形成一个 pH 梯度，由于蛋白质为两性化合物，其所带的电荷与介质的 pH 有关，带电的蛋白质在电泳中向极性相反的方向迁移，当到达其等电点（此处的 pH 使相应的蛋白质不再带电）时，电流达到最小，不再移动。本法用于检测蛋白类供试品等电点。

2. 操作过程

（1）实验仪器

二维聚焦电泳仪（Amersham Biosciences 公司）；扫描仪（Bio - RAD 公司）。

（2）溶液配制

水：超纯水，电阻率不低于 18 MΩ·cm。

A 液：称取丙烯酰胺 29.1 g、亚甲基双丙烯酰胺 0.9 g，加适量水溶解，并稀释至 100 mL，双层滤纸滤过，避光保存。

B 液:称取过硫酸铵 10 g,加入适量水溶解并稀释至 100 mL。临用前配制。

固定液:称取三氯乙酸 34.5 g、磺基水杨酸 10.4 g,加适量超纯水溶解并稀释至 300 mL。

脱色液:量取 95 % 乙酸 500 mL、无水乙酸 160 mL,加超纯水稀释至 2 000 mL。

染色液:称取考马斯亮蓝 G - 250 0.35 g,加脱色液 300 mL,在 60 ~ 70 ℃ 水浴中加热,使溶解。

保存液:量取甘油 30 mL,加脱色液 300 mL,混匀。

正极液:0.01 mol/L 磷酸,量取磷酸 1 mL,加水至 1 800 mL。

负极液:0.01 mol/L 氢氧化钠溶液,称取氢氧化钠 0.4 g,加少量水溶解后,加水至 1 000 mL。

4 × 供试品缓冲液:量取甘油 8 mL、40 % 两性电解质(pH 3 ~ 10)溶液 4 mL,加水至 20 mL。加 0.1 % 甲基红溶液 20 μL。

两性电解质(pH 3.5 ~ 10:GE 公司产品,编号:80 - 1125 - 87。

等电点标准品(pH 3 ~ 11):GE 公司产品,编号:17 - 0471 - 01。

（3） 实验步骤

① 供试品溶液的制备:供试品对水透析(或用其他方法)脱盐。透析在 4 ℃ 搅拌条件下进行,透析时间一般为 2 h 以上。供试品脱盐后,与供试品缓冲液按 3∶1 混匀(待检样品一般要求在 0.5 mg/mL 以上,如待检样品浓度太低,则需采用适当方法浓缩)。

② 采用二维电泳等电聚焦电泳胶条(pH 3 ~ 10,13 cm),将经过水合化后等电聚焦电泳胶条置于 IPG 胶条槽中,于胶条槽两侧加以 8 000 V 电压,对样品蛋白进行等电聚焦。将经过等电聚焦分离的 IPG 电泳胶条置于不同的平衡缓冲溶液中,对胶条进行平衡,以减少电内渗,有利于蛋白从第一向到第二向的转移。第一步平衡在平衡液中加入 DTT,使变性的非烷基化的蛋白处于还原状态;第二步平衡在平衡液中加碘乙酰胺,使蛋白质巯烷基化,防止它们在电泳过程中重新氧化,同时碘乙酰胺还可使残留的 DTT 烷基化,以减少斑点拖尾现象。将平衡好的 IPG 电泳胶条浸入分离胶缓冲溶液短暂清洗,以除去多余的平衡缓冲溶液,然后小心的放置于含有 11.5 % 的聚丙烯酰胺胶面上,以含有 0.025 mmol/L Tris,0.2 mol/L 甘氨酸和 0.1 % SDS 的缓冲溶液作为分离胶缓冲溶液,通电流(30 mA/胶),分离,即得。

3. 结果计算

凝胶经扫描分析,获得目的蛋白的等电点。

四、紫外光谱扫描

1. 原理

分子内部的运动有转动、振动和电子运动,相应状态的能量(状态的本征值)是量子化的,因此分子具有转动能级、振动能级和电子能级。通常,分子处于低能量的基态,从外界吸收能量后,能引起分子能级的跃迁。电子能级的跃迁所需能量最大,大致在 1 ~ 20 eV(电子伏特)之间。

2. 操作过程

（1） 实验仪器

BECKMAN,Dμ - 640 紫外分光光度计

（2）溶液配制

水：超纯水，电阻率不低于 18 MΩ·cm。

20 mmol/L PB（pH 8.0）：取 $Na_2HPO_4 \cdot 12H_2O$ 6.59 g、$NaH_2PO_4 \cdot 2H_2O$ 0.234 g，加适量水溶解，再加水稀释至 1 000 mL，4 ℃保存。

（3）操作流程

① 以 20 mmol/L PB 为空白对照。

② 用 20 mmol/L PB 将供试品溶液进行适当稀释，使供试品溶液的吸光度读数在 0.3～0.7 之间。

③ 采用 1 cm 的石英吸收池，在 230～330 nm 波长范围进行自动扫描。以吸光度最大的波长作为该供试品的最大吸收峰波长。

3. 结果计算

$$C_x = (A_x / A_R) C_R$$

式中，C_x 为供试品溶液的浓度；

A_x 为供试品溶液的吸光度；

C_R 为对照品溶液的浓度；

A_R 为对照品溶液的吸光度。

第四节

残余杂质检测

一、外源性 DNA 残留量检测

1. 实验原理

供试品中的外源性 DNA 经变性为单链后吸附于固相膜上,在一定的温度下可与匹配的单链的 DNA 复性而重新结合成双链 DNA,称为杂交。将特异性单链 DNA 探针标记后,与吸附在固体膜上的供试品单链 DNA 杂交,并使用与标记物相应的显示系统显示杂交结果,与已知量的阳性 DNA 对照比较后,可测定供试品中外源性 DNA 的含量。

2. 基本操作过程

(1) 实验试剂

① DNA 地高辛标记和检测试剂盒(Roche 公司,Cat. No. 1745832)。

② DNA 杂交膜:尼龙膜。

③ 2% 蛋白酶 K 溶液:称取蛋白酶 K 0.20 g,溶于灭菌水 10 mL 中,分装后储藏于 -20 ℃备用。

④ 3% 牛血清白蛋白溶液:称取牛血清白蛋白 0.30 g,溶于 10 mL 灭菌水中。

⑤ 1 mol/L 三羟甲基氨基甲烷(Tris)溶液(pH 8.0):称取三羟甲基氨基甲烷 121.1 g,溶于 800 mL 水中,加入盐酸调 pH 至 8.0,加水稀释至 1 000 mL。

⑥ 5.0 mol/L 氯化钠溶液:称取氯化钠 292 g,加水溶解并稀释至 1 000 mL。

⑦ 0.5 mol/L 乙二胺四乙酸二钠溶液(pH 8.0):称取乙二胺四乙酸二钠(EDTA - Na$_2$ · 2H$_2$O)186.1 g,溶于 800 mL 水中,用磁力搅拌器剧烈搅拌,加 10 mol/L NaOH 调节 pH 至 8.0,加水稀释至 1 000 mL。

⑧ 20% 十二烷基硫酸钠(SDS)溶液:称取十二烷基硫酸钠 20 g,溶于 90 mL 水中,加热至 68 ℃助溶,用盐酸调 pH 至 7.2,加水稀释至 100 mL。

⑨ 蛋白酶缓冲液(pH 8.0):量取 1 mol/L Tris 溶液(pH 8.0)1.0 mL,5.0 mol/L 氯化钠溶液 2.0 mL,0.5 mol/L 乙二胺四乙酸二钠溶液(pH 8.0)2.0 mL,20% SDS 溶液 2.5 mL,加灭菌水至 10 mL。

⑩ TE 缓冲液(pH 8.0):量取 1 mol/L Tris 溶液(pH 8.0)10 mL,0.5 mol/L 乙二胺四乙酸二钠溶液(pH 8.0)2 mL,加灭菌水至 1 000 mL。

DNA 稀释液:取 1% 鱼精 DNA 溶液 50 μL,加 TE 缓冲液至 10 mL。

(2) 操作流程(图 3 - 8)

① 探针标记和阳性对照的 DNA 制备:取大肠杆菌菌悬液,将其浓度调整为每 1 mL 含 10^8 个细菌。取悬液 1 mL,离心,在沉淀中加入裂解液 400 μL,混匀,37 ℃作用 12 ~ 24 h 后,加入饱和酚溶液 450 μL,剧烈混合,以每 min 10 000 转离心 10 min,转移上层液

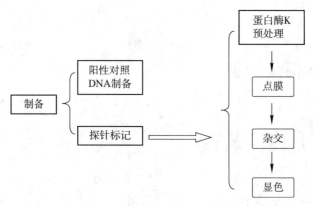

图 3-8　残余 DNA 操作流程图

体,加入三氯甲烷 450 μL,剧烈混匀,以 10 000 r/min 离心 10 min,转移上层液体,加入 pH 5.2 的 3 mol/L 乙酸钠溶液 40 μL,充分混合,再加入 -20 ℃以下的无水乙醇 1 mL,充分混合,-20 ℃以下作用 2 h,以 15 000 r/min 离心 15 min;弃上清液,保留沉淀,吹至干燥后,加适量灭菌 TE 缓冲液溶解,RNase 酶切,酚/三氯甲烷抽提,Sephadex G25 分子筛纯化 DNA 即得。

② 蛋白酶 K 预处理:按下表对供试品、阳性和阴性对照进行加样,混合后 37 ℃保温 4 h 以上,以保证酶切反应完全。

	加样量/μL	2%蛋白 K 溶液/μL	蛋白酶缓冲液/μL	3%牛血清白蛋白溶液	加水至终体积/μL
供试品	100	1	20	适量	200
D1	100	1	20	适量	200
D2	100	1	20	适量	200
D3	100	1	20	适量	200
阴性	100	1	20	适量	200

① 点膜:用 TE 缓冲液浸润杂交膜后,将预处理的供试品、阳性对照、阴性对照与空白对照置 100 ℃水浴加热 10 min,迅速冰浴冷却,以 8 000 r/min 转离心 5 s。用抽滤加样器点样于杂交膜(因有蛋白质沉淀,故要视沉淀的多少确定加样量,以避免加入蛋白质沉淀。所有供试品与阳性对照、阴性对照、空白对照加样体积应一致,或按同样比例加样)。晾干后置 80 ℃真空干烤 1 h 以上。

② 杂交及显色:按试剂盒使用说明书进行。

3. 结果判断

阳性对照应显色,其颜色深度与 DNA 含量相对应,呈一定的颜色梯度;阴性、空白对照应不显色,或显色深度小于阳性 DNA 对照 D_3,试验成立。将供试品与阳性对照进行比较,根据显色的深浅判定供试品中外源性 DNA 的含量。

二、宿主菌蛋白质残留量检测

1. 实验原理

用菌体蛋白残留检测抗体包被微孔板,制成固相抗体,往包被单抗的微孔中依次加入菌体蛋白残留检测,再与HRP标记的菌体蛋白残留检测抗体结合,形成抗体–抗原–酶标抗体复合物,经过彻底洗涤后加底物TMB显色。TMB在HRP酶的催化下转化成蓝色,并在酸的作用下转化成最终的黄色。颜色的深浅和样品中的菌体蛋白残留检测呈正相关。用酶标仪在492 nm波长下测定吸光度(OD值),通过标准曲线计算样品中的菌体蛋白残留浓度。

2. 基本操作过程

(1) 实验仪器

分析天平;枪和量筒;96孔酶标板;恒温箱;酶标仪。

(2) 实验试剂

① 包被液(pH 9.6碳酸盐缓冲液):称取碳酸钠0.32 g、碳酸氢钠0.586 g,置200 mL量瓶中加水溶解并稀释至刻度。

② 磷酸盐缓冲液(pH 7.4):称取8 g氯化钠、氯化钾0.2 g、磷酸氢二钠1.44 g、磷酸二氢钾0.24 g,加水溶解并稀释至1 000 mL,121 ℃灭菌15 min。

③ 洗涤液(pH 7.4):取聚山梨酯20 0.5 mL,加磷酸盐缓冲液至500 mL。

④ 稀释液(pH 7.4):称取牛血清白蛋白0.5 g,加洗涤液溶解并稀释至100 mL。

⑤ 底物缓冲液(pH 5.0柠檬酸–磷酸盐缓冲液):称取磷酸氢二钠($Na_2HPO_4 \cdot 12H_2O$)1.84 g,柠檬酸0.51 g,加水溶解,并稀释至100 mL。

⑥ 底物液:取邻苯二胺8 mg,30%过氧化氢30 μL,溶于底物缓冲液20 mL中。临用时现。

⑦ 终止液:1 mol/L硫酸溶液。

(3) 操作流程

① 样品制备:

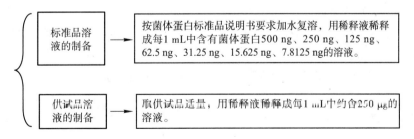

② 测定法:取兔抗大肠杆菌菌体蛋白抗体适量,用包被液溶解并稀释成1 mL中含10 μg的溶液,以100 μL/孔加至96孔酶标板内,4 ℃放置过夜(16~18 h)。用洗涤液洗板3次;用洗涤液制备1%牛血清白蛋白,以200 μL/孔加至板内,37 ℃放置2 h。将封闭好的酶标板洗板3次,以100 μL/孔加入标准品溶液和供试品溶液,每个稀释度做双孔,同时加入两孔空白对照(稀释液),37 ℃放置2 h。用稀释液稀释辣根过氧化酶(HRP)酶联兔抗大

肠杆菌菌体蛋白抗体1 000倍,以100 μL/孔加至板内,37 ℃放置1 h。用洗涤液洗板10次。以100 μL/孔加入底物液,37 ℃避光放置40 min。以50 μL/孔加入终止液终止反应。用酶标仪在492 nm波长处测定吸光度,应用计算机分析软件进行读数和数据分析,也可使用手工作图法计算。

3. 结果计算

以标准品吸光度对标准品浓度作曲线,并以供试品吸光度在曲线上读出相应菌体蛋白含量,按以下公式计算

$$供试品菌体蛋白残留含量(\%) = \frac{c \times D}{T \times 10^6} \times 100\%$$

式中,c 为供试品溶液中菌体蛋白质含量,ng/mL;

D 为供试品稀释倍数;

T 为供试品蛋白质含量,mg/mL。

三、残余抗生素活性检测

1. 实验原理

在琼脂培养基内抗生素对微生物的抑制作用,比较对照品与供试品对接种的试验菌产生的抑菌圈的大小,检查供试品中氨苄西林或四环素的残留量。

2. 基本操作过程

(1) 实验仪器

培养皿;移液管;恒温箱;接种环;分析天平。

(2) 实验试剂

① 磷酸盐缓冲液(pH 6.0):称取磷酸二氢钾8.0 g,磷酸氢二钾2.0 g,加入900 mL超纯水,不断搅拌使其完全溶解。调节pH至6.0,加入超纯水定容至1 000 mL。

② 抗生素Ⅱ号培养基:取抗生素检定培养基Ⅱ(北京三药科技开发公司生产,中国药品生物制品检定所监制,批号:021226)28.5 g,加入1 000 mL超纯水,加热溶解,分装于锥形瓶中,经121 ℃高压灭菌15 min,4 ℃保存。

③ 0.01 mol/L盐酸:取浓盐酸100 μL,加入115.9 mL超纯水中。

④ 对照品溶液的制备:取安苄西林对照品(中国药品生物制品检定所化学对照,编号:0410 – 200004)适量,用0.01 mol/L盐酸溶解并稀释成每1 mL中含安苄西林10 mg的溶液,精量取适量,用磷酸盐缓冲液稀释成每1 mL中含1.0 μg的溶液。

⑤ 金黄色葡萄球菌悬液的制备:取金黄色葡萄球菌(CMCC 26003)营养琼脂斜面培养物,接种于营养琼脂斜面上,37 ℃培养22 h。临用时,用0.9 %无菌氯化钠溶液将菌苔洗下,备用。

(3) 操作流程

① 取直径10 cm的培养皿,注入融化的抗生素Ⅱ号培养基15 mL,使在培养皿内均匀分布,放置水平台上使凝固,作为底层。

② 取抗素Ⅱ号培养基15 mL置于1支50 ℃水浴预热的试管中,加入0.5 %(mL/mL)的菌悬液300 μL生混匀,将其全部注入已铺制底层的培养皿中,放置水平台上。

③ 冷却后,在每个培养皿上等距离均匀放置钢管(内径 6~8 mm、壁厚 1~2 mm、管高 10~15 mm 的不锈钢管,表面应光滑平整),于钢管中依次滴加供试品溶液、阴性对照液(磷酸盐缓冲液)及对照品溶液各 300 μL。培养皿置 37 ℃培养 22 h。

3. 结果判定

对照品溶液有抑菌圈,阴性对照液无抑菌圈,供试品溶液抑菌圈直径小于对照品溶液抑菌圈的直径时判为阴性;否则判为阳性。本实验应在无菌条件下进行,使用的玻璃仪器,钢管等应灭菌。

四、凝胶法检测细菌内毒素含量

1. 实验原理

利用鲎试剂与微量内毒素产生凝集反应的现象,鲎试剂能与极微量的细菌内毒形成特异凝胶反应,反应的速度和凝胶的坚固程度与内毒素的浓度有关。

2. 基本操作过程

(1) 实验仪器

电热恒温水浴锅;定时钟;去热原枪头和小玻璃瓶;移液枪和试架管;剪刀和锡箔纸

(2) 实验试剂

① 鲎试剂(福州新北生化工业有限公司,批号:09120712)。

② 细菌内毒素工作标准品(福州新北生化工业有限公司,批号:100116)。

③ 细菌内毒素检查用水(福州新北生化工业有限公司,批号:09110205)。

(3) 实验步骤

① 供试品溶液的制备:供试品为原液,可直接进行检测;供试品若为成品,则需按标示量加入注射用水,待其完全溶解为澄明液体后再进行检测。

② 鲎试剂灵敏度复核:根据鲎试剂灵敏度的标示量(λ),将细菌内毒素工作标准品用细菌内毒素检查用水溶解,在旋涡混合器上混匀 15 min,然后制成 2λ、λ、0.5λ 和 0.25λ 4 个浓度的内毒素标准溶液,每稀释一步均应在旋涡混合器上混匀 30 s。取分装有 0.1 mL 鲎试剂溶液的 10 mm × 75 mm 试管或复的溶后 0.1 mL/支规格的原安瓶 18 支,其中 16 管分别加入 0.1 mL 不同浓度的内毒素标准溶液,每一个内毒素浓度平行做 4 管;另外 2 管加入 0.1 mL 细菌内毒素检查用水作为阴性对照。将试管中溶液轻轻混匀后,封闭管口,垂直放入 37 ± 1 ℃温箱中,保温 60 ± 2 min。

将试管从温箱中轻轻取出,缓缓倒转 180°,若管内形成凝胶,并且凝胶不变形、不从管壁滑脱为阳性;为形成凝胶或形成的凝胶不坚实、变形并从管壁滑脱者为阴性。

当最大浓度 2λ 管均为阳性,最低浓度 0.25λ 管均为阴性,阴性对照管为阴性,试验方为有效。按照下式计算鲎试剂灵敏度测定值(λ_c):

$$\lambda_c = \lg^{-1}\left(\sum X/4\right)$$

式中,X 为反应终点内毒素浓度的对数值。

当 λ_c 在 $0.5\lambda \sim 2\lambda$(包括 0.5λ 和 2λ)时,方可用于细菌内毒素检查,并以标示灵敏度 λ 为该批鲎试剂的灵敏度。

③ 干扰试验:按表 3-2 制备溶液 A、B、C 和 D,使用的供试品溶液应为未检验出内毒

素的溶液,按鲎试剂灵敏度复核项下操作。

表 3 - 2　凝胶法干扰试验溶液的制备

编号	内毒素浓度/配制内毒素的溶液	稀释用液	稀释倍数	所含内毒素的浓度	平行管数
A	无/供试品溶液	—	—	—	2
B	2λ/供试品溶液	供试品溶液	1	2λ	4
			2	1λ	4
			4	0.5λ	4
			8	0.25λ	4
C	2λ/检查用水	检查用水	1	2λ	4
			2	1λ	4
			4	0.5λ	4
			8	0.25λ	4
D	无/检查用水	—	—	—	2

注:A 为供试品溶液;B 为干扰试验系列;C 为鲎试剂标示灵敏度的对照系列;D 为阴性对照。

　　只有当溶液 A 和阴性对照 D 的所有平行管都为阴性,并且系列溶液 C 的结果在鲎试剂灵敏度复核范围内时,试验方为有效。按下式计算系列溶液 C 和 B 的反应终点浓度的几何平均值(E_s 和 E_t)。

$$E_s = \lg^{-1}\left(\sum X_s/4\right)$$
$$E_t = \lg^{-1}\left(\sum X_t/4\right)$$

式中,X_s、X_t 分别为系列溶液 C 和 B 的反应终点浓度的对数值($\lg$)。

　　当 E_s 在 $0.5\lambda \sim 2\lambda$(包括 0.5λ 和 2λ)及 E_t 在 $0.5E_s \sim 2E_s$(包括 $0.5E_s$ 和 $2E_s$)时,认为供试品溶液在该浓度下无干扰作用。若供试品溶液在小于 MVD 的稀释倍数下对试验有干扰,应将供试品溶液进行不超过 MVD 的进一步稀释,再重复干扰试验。

　　④ 检查法:按表 3 - 3 制备溶液 A、B、C 和 D。按鲎试剂灵敏度复核进行操作。

表 3 - 3　凝胶限量试验溶液的制备

编号	内毒素浓度/配制内毒素的溶液	平行管数
A	无/供试品溶液	2
B	2λ/供试品溶液	2
C	2λ/检查用水	2
D	无/检查用水	2

注:A 为供试品溶液;B 为供试品阳性对照;C 为阳性对照;D 阴性对照。

　　3. 结果判断

　　保温 $60 \pm 2\ \mathrm{min}$ 后观察结果。若阴性对照溶液 D 的平行管均为阴性,供试品阳性对照溶液 B 的平行管均为阳性,阳性对照溶液 C 的平行管均为阳性,试验有效。

若溶液 A 的两个平行管均为阴性,判供试品符合规定;若溶液 A 的两个平行管均为阳性,判供试品不符合规定。若溶液 A 的两个平行管中的一管为阳性,另一管为阴性,需进行复试。复试时,溶液 A 需做 4 支平行管,若所有平行管均为阴性,判供试品符合规定;否则判供试品不符合规定。

第五节

安全性检测

一、无菌试验

1. 实验原理

无菌检查法系指用微生物培养法检查生物制品是否无菌的一种方法。无菌检查应在洁净度为 10 000 级环境中的局部洁净度 100 级、单向流空气区域内或无菌隔离系统中进行,其全过程应严格遵守无菌操作,防止微生物污染。单向流空气区、工作台面及无菌隔离系统必须进行洁净度验证。

2. 基本操作过程

（1）实验仪器

恒温培养箱;取样用灭菌注射器(5 mL、10 mL 直接接种法用);全封闭式集菌培养器(滤膜孔径不大于 0.45 μm,膜直径约 50 mm,供薄膜过滤法用);显微镜(细菌镜检用)。

（2）培养基配制

硫乙醇酸盐流体培养基(用于培养需氧菌、厌氧菌)30～35 ℃培养:

改良马丁培养基(用于培养真菌)23～28 ℃培养:

营养琼脂培养基(用于培养需氧菌):

（3）培养基的灵敏度检查

① 菌种:由国家药品检定机构分发。

需氧菌:A 乙型溶血性链球菌(*Streptococcus hemdytis* - β)［CMCC(B)32210］。

B 短芽胞杆菌(*Bacillus brevis* 7316 株)。

压氧菌:C 生胞梭菌(*Clostridium sporogenes*)［CMCC(B)64941］。

真 菌:D 白色念珠菌(*Candida albicans*)［CMCC(F)98001］。

② 菌液制备。

再将以上菌液稀释至于标准比浊管(由国家药品检定机构分发)相同浓度,然后用

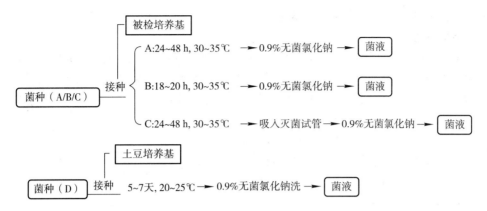

0.1%蛋白胨水作10倍系列稀释。

③ 培养基接种。逐日记录结果。

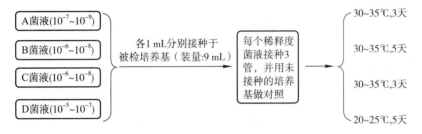

④ 结果判定。以接种后培养基管数的2/3以上呈现生长的最高稀释度为该培养基的灵敏度,在3次试验中,以2次达到的最高灵敏度为判定标准。

⑤ 注意事项。

ⅰ. 不应在同一洁净室内同时操作两个菌株,以防止交叉污染。

ⅱ. 无菌检查用培养基应每批进行灵敏度检查,合格后方可使用。

（4）无菌检查操作

① 抽样量及抽验瓶数。

原液:原液抽验量为10 mL。

成品:每亚批均应进行无菌检查。每亚批(500瓶以上)的抽验量为20瓶。每瓶(0.5 mL≤V<5 mL)抽验量为0.5 mL。

② 检查法。

ⅰ. 原液:将硫乙醇酸盐流体培养基、适宜的营养琼脂斜面各1管置30~35℃培养;其余各管置20~25℃培养。同时以0.9%无菌氯化钠溶液代替供试品,同法操作做阴性对照。

注:增菌管及移种管培养时间全程不得少于14天。

ⅱ. 成品:每亚批取20瓶供试品,每瓶取0.5 mL,每10瓶进行混合。将混合后的供试品溶液分别接种于 200 mL 硫乙醇酸盐流体培养基内增菌。余下步骤同原液。

3. 结果判定

如硫乙醇酸盐流体培养基及改良马丁培养基均为澄清，或虽显浑浊但经证明并非有菌生长，营养琼脂斜面培养基未见菌生长，判供试品符合规定；如硫乙醇酸盐流体培养基、改良马丁培养基及营养琼脂斜面培养基中任何一管确证有菌生长，并证明生长的微生物为供试品所含有，判供试品不符合规定。

当满足下列至少一个条件时，判试验结果无效：

① 对无菌相关设施的微生物监控数据标明其不符合规定。

② 对无菌检查过程的回顾，揭示了本操作程序是错误的。

③ 阴性对照管有菌生长。

④ 供试品管中生长的微生物经鉴定后，确证微生物生长是因无菌检查中使用的物品和（或）无菌操作技术不当引起的。

试验如经确证无效，应重试。重试时，重新取同量供试品，依法重试，如无菌生长，判供试品符合规定；如有菌生长，判供试品不符合规定。

二、热原试验

1. 原理

本法系将一定剂量的供试品，静脉注入家兔体内，观察家兔体温升高的情况，以判断供试品中所含热源的限度是否符合规定。

2. 基本操作过程

（1）实验材料

供试用家兔：应健康，体重 1.7 ~ 3.0kg，雌兔应无孕。预测体温前 7 日即应用同一饲料饲养，在此期间内，体重应不减轻，精神、食欲、排泄等不得有异常现象。未曾用于热源检查的家兔，应在检查供试品前 3 ~ 7 日内预测体温，进行挑选。挑选条件与检查供试品相同，仅不注射药液，每隔 30 min 测量体温 1 次，共测 8 次，8 次体温均在 38.0 ~ 39.6 的范围内，且最高与最低体温差不超过 0.4 ℃的家兔，方可供热原检查用。用于热源检查后的家兔，若供试品判定为符合规定，至少应休息 48 h 后可重复使用；对血液制品、抗毒素和其他同一过敏原的供试品在 5 天内可重复使用 1 次。若供试品判定为不符合规定，则组内全部家兔不再使用。

（2）实验步骤

① 试验前准备。热原检查前 1 ~ 2 日，供试验用家兔应尽可能出于同一温度的环境中，实验室和饲养室的温度相差不得大于 5 ℃，实验室的温度应在 17 ~ 25 ℃，热源检查全过程中，应注意室温变化不得大于 3 ℃；并应保持安静，避免强光照射，避免噪声干扰和引起动物骚动。家兔在检查前至少 1 h 开始停止给食并置于适宜的装置中，直至检查完毕。家兔体温应使用糖密度为 ±0.1 ℃的测温装置。测温探头或肛温计插入肛门的深度和时间各兔应相同，深度一般约 6 cm，时间不得少于 1.5 min。每隔 30 min 测量体温 1 次，一般测量 2 次，两次体温之差不得超过 0.2 ℃，以此两次的平均值作为该兔的正常体温。当日使用的家兔，正常体温应在 38.0 ~ 39.6 ℃的范围内，同组兔正常体温之差不得超过 1 ℃。

检察用的注射器、针头及一切与供试品接触的器皿，置于干烤箱中用 250 ℃加热

30 min,也可用其他适宜方法除热源。

② 检查法。供试品或稀释供试品的无热源稀释液,在注射前应预热至 38 ℃。供试品的注射剂量按各制品规程的规定。但家兔每 1kg 体重注射体积不得少于 0.5 mL,不得大于 10 mL。

取适用的家兔 3 只,测定其正常体温后 15 min 内,自家兔耳静脉缓缓注入规定剂量并预热至 38 ℃的供试品溶液,然后每隔 30 min 按前法测量其体温一次,共测 6 次,以 6 次体温中最高的一次减去正常体温,即为该兔体温升高的温度。如 3 只家兔中,有 1 只家兔体温升高 0.6 ℃或 0.6 ℃以上;或 3 只家兔体温升高均低于 0.6 ℃,但体温升高的总和达 1.4 ℃或 1.4 ℃以上,应另取 5 只家兔复试,检查方法同上。

3. 结果判定

在初试 3 只家兔中,体温升高均低于 0.6 ℃,并且 3 只家兔体温升高总和低于 1.4 ℃;或在复试的 5 只家兔中,体温升高 0.6 ℃或 0.6 ℃以上的家兔仅有 1 只,并且初试、复试合并 8 只家兔的体温升高总和为 3.5 ℃或 3.5 ℃以下,均认为供试品的热原检查符合规定。

在初试 3 只家兔中,体温升高 0.6 ℃或 0.6 ℃以上的家兔超过 1 只;或在复试的 5 只家兔中,体温升高体温升高 0.6 ℃或 0.6 ℃以上的家兔超过 1 只;或在初试、复试合并的 8 只截图的体温升高总和超过 3.5 ℃,均认为供试品的热原检查不符合规定。

当家兔升温为负值时,均以 0 ℃计。

第六节

其他检测项目

一、水分检测

1. 原理

费休氏法,根据碘和二氧化硫在吡啶和甲醇溶液中能与水起定量反应的原理以测定水分。

2. 基本操作过程

(1) 实验仪器

烧瓶;滴定管;甲苯法仪器装置。

(2) 操作流程

① 配制。称取碘(置硫酸干燥器内48 h以上)110 g,置干燥的具塞烧瓶中,加无水吡啶160 mL,注意冷却,振摇至碘全部溶解后,加无水甲醇300 mL,称定重量,将烧瓶置冰浴中冷却,通入干燥的二氧化硫至重量增加72 g,再加无水甲醇使成1 000 mL,密塞,摇匀,在暗处放置24 h。本液应遮光,密封,置阴凉干燥处保存。临用前应标定浓度。

② 标定。用水分测定仪直接标定。或取干燥的具塞玻瓶,精密称入重蒸馏水约30 mg,除另有规定外加无水甲醇2~5 mL,用本液滴定至溶液由浅黄色变为红棕色,或用永停滴定法(附录Ⅶ A)指示终点;另作空白试验,按下式计算

$$F = \frac{W}{A - B}$$

式中,F 为每1 mL费休氏试液相当于水的重量,mg;

$\quad$ W 为称取重蒸馏水的重量,mg;

$\quad$ A 为滴定所消耗费休氏试液的容积,mL;

$\quad$ B 为空白所消耗费休氏试液的容积,mL。

③ 测定法。精密称取供试品适量(约消耗费休氏试液1~5 mL),除另有规定外,溶剂为甲醇,用水分测定仪直接测定。或将供试品置干燥的具塞玻瓶中,加溶剂2~5 mL,在不断振摇(或搅拌)下用费休氏试液滴定至溶液由浅黄色变为红棕色,或用永停滴定法(附录Ⅶ A)指示终点;另作空白试验,按下式计算

$$供试品中水分含量(\%) = \frac{(A - B)F}{W} \times 100\%$$

式中,A 为供试品所消耗费休氏试液的容积,mL;

$\quad$ B 为空白所消耗费休氏试液的容积,mL;

$\quad$ F 为每1 mL费休氏试液相当于水的重量,mg;

$\quad$ W 为供试品的重量,mg。

二、渗透压检测

1. 原理

溶液的渗透压,依赖于溶液中溶质粒子的数量,是溶液的依数性之一,通常以渗透压摩尔浓度(Osmolality)来表示,它反映的是溶液中各种溶质对溶液渗透压贡献的总和。

渗透压摩尔浓度的单位,通常以每千克溶剂中溶质的毫渗透压摩尔来表示,可按下列公式计算毫渗透压摩尔浓度(mOsmol/kg)

$$毫渗透压摩尔浓度(mOsmol/kg) = \frac{每千克溶剂中溶解溶质的克数}{相对分子质量} \times n \times 1\,000$$

式中,n 为一个溶质分子溶解或解离时形成的粒子数。在理想溶液中,例如,葡萄糖 $n=1$,氯化钠或硫酸镁 $n=2$,氯化钙 $n=3$,枸橼酸钠 $n=4$。

在生理范围及稀溶液中,其渗透压摩尔浓度与理想状态下的计算值偏差较小;随着溶液浓度的增加,与计算值比较,实际渗透压摩尔浓度下降。例如 0.9% 氯化钠注射液,按上式计算,毫渗透压摩尔浓度是 $2 \times 1\,000 \times 9/58.4 = 308$ mOsmol/kg,而实际上在此浓度时氯化钠溶液的 n 稍小于 2,其实际测得值是 286 mOsmol/kg;复杂混合物,如水解蛋白注射液的理论渗透压摩尔浓度不容易计算,因此通常采用实际测定值表示。

渗透压摩尔浓度的测定通常采用测量溶液的冰点下降来间接测定其渗透压摩尔浓度。在理想的稀溶液中,冰点下降符合 $\Delta T_f = K_f \cdot m$ 的关系,式中,ΔT_f 为冰点下降温度,K_f 为冰点下降常数(当水为溶剂时为 1.86),m 为质量摩尔浓度。而渗透压符合 $P_o = K_o \cdot m$ 的关系,式中,P_o 为渗透压,K_o 为渗透压常数,m 为溶液的重量摩尔浓度。由于两式中的浓度等同,故可以用冰点下降法测定溶液的渗透压摩尔浓度。

供试品溶液与 0.9%(g/mL)氯化钠标准溶液的渗透压摩尔浓度比率称为渗透压摩尔浓度比。用渗透压摩尔浓度测定仪分别测定供试品溶液与 0.9%(g/mL)氯化钠标准溶液的渗透压摩尔浓度 O_T 与 O_S,方法同渗透压摩尔浓度测定法,得到渗透压摩尔浓度比 $\frac{O_T}{O_S}$。

2. 基本操作过程

(1) 实验仪器

渗透压摩尔浓度测定仪。

(2) 溶液制备

① 标准溶液的制备。取基准氯化钠试剂,于 500~650 ℃ 干燥 40~50 min,置干燥器(硅胶)中放冷至室温。根据需要,按表 3-4 中所列数据精密称取适量,溶于 1 kg 水中,摇匀,即得。

表 3-4　渗透压摩尔浓度测定仪校正用标准溶液

每 1kg 水中氯化钠的质量/g	毫渗透压摩尔浓度/(mOsmol·kg^{-1})	冰点下降温度 ΔT/℃
3.087	100	0.186
6.260	200	0.372
9.463	300	0.558

续表

每1kg 水中氯化钠的质量/g	毫渗透压摩尔浓度/（mOsmol·kg^{-1}）	冰点下降温度 ΔT/℃
12.684	400	0.744
15.916	500	0.930
19.147	600	1.116
22.380	700	1.302

② 供试品溶液。供试品如为液体,通常可直接测定;如其渗透压摩尔浓度大于700 mOsmol/kg或为浓溶液,可用适宜的溶剂(通常为注射用水)稀释至表中测定范图内;如为固体(如注射用无菌粉末),可采用药品标签或说明书中的规定溶剂溶解并稀释至表中测定范围内。需特别注意的是,溶液经稀释后,粒子间的相互作用与原溶液有所不同,一般不能简单地将稀释后的测定值乘以稀释倍数来计算原溶液的渗透压摩尔浓度。例如,甘露醇注射液、氨基酸注射液等高渗溶液和注射用无菌粉末可用适宜的溶剂(如注射用水)溶解、稀释后测定,并在各品种项下规定具体的溶解或稀释方法。

③ 渗透压摩尔浓度比的测定用标准溶液的制备。精密称取经 500～650 ℃ 干燥 40～50 min 并置干燥器(硅胶)中放冷的基准氯化钠 0.900 g,加水使溶解并稀释至 100 mL,摇匀,即得。

（3）操作流程

按仪器说明书操作,首先取适量新沸放冷的水调节仪器零点,然后由表中选择两种标准溶液(供试品溶液的渗透压摩尔浓度应介于两者之间)校正仪器,再测定供试品溶液的渗透压摩尔浓度或冰点下降值。

本章参考文献

[1] 郭中平. 实施《中国药典》2010 年版三部完善生物制品质量控制. 中国药事,2010,24(7):627-630.
[2] 国家药典委员会. 中华人民共和国药典. 北京:中国医药科技出版社,2010.
[3] 王晓娟,曹琰,郭中平. 我国生物制品国家标准的历史沿革. 中国生物制品学杂志,2013,26(4):582-584.
[4] 王军志. 生物技术药物研究开发和质量控制. 2 版. 北京:科学出版社,2007.

第四章

制药企业HVAC的设计与要求

第一节

概述

采暖通风与空气调节系统(heating ventilation and air conditioning, HVAC 系统)是制药工厂的一个关键系统,对制药工厂能否实现向患者提供安全有效的产品的目标具有重要的影响。

为了让学生在实习过程中更好的理解 HVAC 系统在保护产品、人员及环境等方面的重要作用,本章节通过对空调系统的概述入手,从药品生产对环境的基本要求、法规对药品生产受控环境的基本要求、HVAC 系统的基本概念、HVAC 设计的基本过程、设计的基本考虑因素及措施等方面进行简要介绍。

1. 空调系统的分类

按照空气流的利用方式,空调系统可划分为:①直流型空调系统。即将经过处理的、能满足洁净空间要求的室外空气送入室内,然后又将这些空气全部排出,也称全新风空调系统。②再循环型空调系统。即洁净室送风由部分经处理的室外新风与部分从洁净室空间的回风混合而成。根据回风利用比例和利用方式的不同,再循环型空调系统又分为一次回风空调系统和一、二次回风空调系统。

按照空气流处理方式,又有两类空调系统值得关注:①新风集中处理式空调系统。即利用一台空气处理机组对新风进行集中预处理,再分配到其他空调系统中加以利用的联合式空调系统。除新风处理机组外,其他空调系统中的空调机组将不再单设新风预处理功能。②嵌套独立空气处理单元的空调系统。即空调系统对空气流的处理功能将不集中在送风空调机组内部,而是分散于洁净室各处,随着需要单独设置空气处理功能段的空调系统。

(1) 全新风空调系统　在生产过程中,由于人员操作、设备运转、原辅料、中间体、成品以及工艺本身等因素,总会或多或少的对室内空气造成污染。防止生产过程所产生、发散的粉尘或其他有害物污染室内空气最有效的方法是在有害物产生地点直接将其捕集起来,经过必要的净化处理后排至室外。如果由于生产条件限制,有害物发生源不固定等原因,不能采用局部排风,或采用局部排风后,室内污染物浓度仍超过允许值时,在此情况下,需考虑全面通风的手段,即全新风空调系统(图 4 - 1)。

全新风空调系统适用于在如下区域:

① 污染区域,如生产过程中大量产尘的区域等。

② 生物安全区域,如存在二类以上支原体菌株的生产区域等。

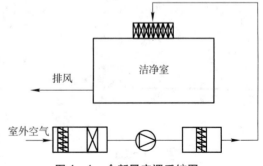

图 4 - 1　全新风空调系统图

③ 特殊要求区域,如易燃易爆区域、有毒区域等。

④ 其他经局部排风仍不能控制污染的区域。

全新风空调系统的优点在于可以对控制区域内的污染环境进行最大程度的置换或稀释,而缺点同样明显,那就是能源的巨大损耗。一般来说,控制区域的洁净级别越高,温湿度控制要求越严格,能源损耗也就越大。

（2）一次回风空调系统　在制药行业的空调净化系统中,室外空气经净化过滤以及温湿度调节后进入洁净区,在此过程中,耗费的能源巨大,而将已经处理过的合格空气直接排放,又会造成能源的二次浪费。在空调系统的节能研究中,把洁净室(区)内已处理的合格空气通过回风系统再次接入到空调系统中进行循环再利用将显得尤为重要。

系统回风再次引入到空调净化系统中的接入点取决于系统回风空气的质量参数:

① 如系统回风空气的质量已完全符合洁净环境的要求,可将系统回风直接接入到送风风机段前端,和经过过滤处理及温度调节后的新风混合,经过终端过滤后再次进入洁净室(区)内。

② 如系统回风空气虽然已被轻微污染或有温度偏差,但和经处理过的新风混合,并再次经终端过滤后可达到洁净环境的要求,也可将系统回风接入到送风风机段前段。

③ 如系统回风空气中含较大的粉尘颗粒,不经二次预过滤处理而直接利用可能会对终端过滤器造成负面影响,应将系统回风接入到新风过滤段之前和新风混合,再次预过滤后循环利用。

④ 如系统回风空气温度已偏离洁净环境中的控制标准,经与处理过的新风混合仍不能达到洁净环境的需求,应将系统回风接入到温度处理段之前和新风混合,再次温度处理后循环利用。

综上所述,当系统回风在系统中只有一个接入点的时候,此空调净化系统称为一次回风空调系统(图4-2)。

（3）一、二次回风空调系统　与一次回风空调系统对应,当系统回风在系统中存在两个接入点的时候,此空调系统称为一、二次回风空调系统(图4-3)。

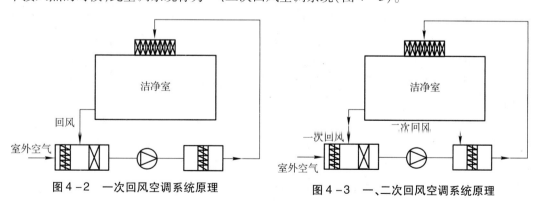

图4-2　一次回风空调系统原理　　　　图4-3　一、二次回风空调系统原理

一、二次回风空调系统的运行特点:系统回风部分接入到送风风机段前端,直接循环利用,部分接入到新风过滤段,对新风温度进行中和,从而有效降低新风处理所需的能源消耗。与一次回风空调系统相比,一、二次回风空调系统对节能降耗的原则利用更加灵活,而

且当洁净室内的空气指标发生变化时,一、二次回风空调系统可以通过风阀的调整转化成一次回风空调系统。

(4) 新风集中处理式空调系统　当有多个空调净化系统时,可以采用新风集中预处理,再分别供给各个空调净化系统的方式(图 4 - 4)。

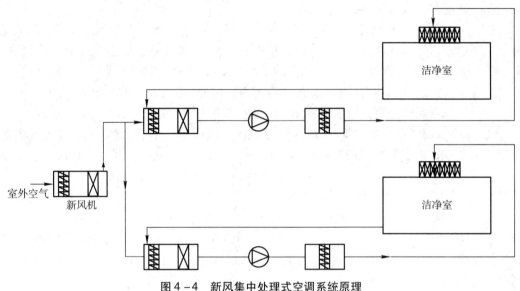

图 4 - 4　新风集中处理式空调系统原理

在某些条件下,此方式有其可取之处。如冬季室外气温较低的北方地区新风需预热,不然与一次回风混合时可能有冷凝水产生,而冬季处理过程往往还需要加湿空气。因此增大了加湿负荷。夏季新风含湿量较高,对于某些对相对湿度要求较严的车间,如粉针冻干室和粉针分装室等,往往新风宜予预处理使其降温、去湿。再循环空调系统一般新风比不会很高,每个空调净化系统各设新风预处理段,就不如集中预处理更节省设备投资和少占建筑面积和空间。

新风集中处理的空调系统优点是节能降耗,但此方法亦有不可避免的缺点。新风预处理机组和各空调净化系统都完成调试平衡后,整体系统的运行模式将被固定下来。一旦某一台空调机组或某一个子空调系统的运行模式发生改变,可能会对整体系统的运行产生一系列的连锁影响。所以,此类空调系统,应结合企业的生产模式和工艺特点加以选用。

(5) 嵌套独立空气处理单元的空调系统　对洁净环境中的不同房间(空间)来说,虽然经过过滤处理和温湿度调节后送入房间的空气参数是一致的,但由于生产工艺需求或实际生产中产生的负面影响,使得同一空调系统中各房间内实际生产环境的控制结果并不相同,为了改善这一状况,同时也为了满足生产工艺需求,应在适宜的部位设置独立功能的空气处理装置(图 4 - 5)。

常见独立功能的空气处理装置为:

① 局部洁净等级控制设备。例如,存在局部 A 级环境。

② 局部温度控制。例如,冰箱间因产热较大,需独立设置循环降温单元。

③ 局部湿度控制。例如,粉针分装房间需控制低湿度,需独立设置除湿机。

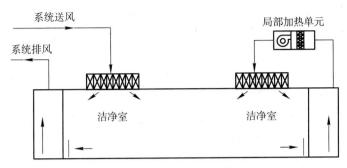

图4-5　嵌套局部加热单元的空调系统原理(局部)

2. 风量和换气次数

为维持室内所需求的洁净度,需要送入足够量的、经过滤处理的清洁空气,以排除、稀释室内的污染物。所需送风量的多少取决于室内污染物的发生量、室外新风量及所含同种污染物质的浓度、空气再循环比例、空气净化设备的过滤效率以及控制区域的人员数量和活动特点等因素。虽然通过以上分析,可以确定影响送风量的各个因素,而且针对各因素均有明确的计算公式和设计思路,但实际应用于工程设计时,送风量的计算仍是一个难题。根据几十年来国内外在对制药行业设计工作中经验的总结,衡量一个洁净室(区)是否被送入了充足的风量时,常常会用到另外一个关键参数——换气次数。相对于复杂的送风量计算来说,换气次数的应用起到了化繁为简的效果。

换气次数和送风量通常使用如下公式进行换算:

换气次数 = 房间送风量/房间体积,单位是次/h。换气次数的大小不仅与空调房间的性质有关,也与房间的体积、高度、位置、送风方式以及室内空气变差的程度等许多因素有关,是一个经验系数。

在实际设计时,设计院通常会采用如下换气次数:

① D级区域:15~20 次/h。

② C级区域:20~40 次/h。

③ B级区域:40~60 次/h。

④ A级区域:300~600 次/h。

当然,换气次数也只是一个最基本的结果,并非最终设计数值,应当结合洁净室和工艺特点对此结果进行适当修正。如洁净室层高较高时,换气次数应适当增加,以保证洁净室下层有适宜的风速可带走房间内的污染空气,如房间产热、产湿或操作人员较多时,为确保送风可带走房间内的产热、产湿,同时保证操作人员的舒适性,也应适当提高换气次数。

3. 气流形式

虽然可将洁净室内的换气次数作为维持洁净环境的关键决定因素,但是成功的制药行业空气净化系统设计应归功于恰当的过滤和良好的气流形式(几何形状、进出空气布局等)。洁净室内的气流形式通常设计为单向流(图4-6)、非单向流(图4-7)以及混合流(图4-8)3种形式。单向流对环境污染控制原理主要是使用洁净空气置换受污染空气,而非单向流更倾向于向房间(空间)内注入一定量的洁净空气,从而不断稀释该房间(空间)的污染物浓度。对比来说,整体性单向流设计及运行成本会大大超出非单向流,而非单向流对环境维持效果又远远低于单向流,混合流的出现则大大改善了这一状况。

制药行业中对非单向流的设计一般为顶送下侧回的方式[图4-7(b)],室内送风口和排风口相对于污染源以及气流障碍物的位置对于污染控制十分重要,可通过调整末端送风口和排风口位置,使产品和操作人员得到防护。过高的风速可能会在操作人员附近产生漩涡或涡流,增加了在有害物质下暴露的风险。

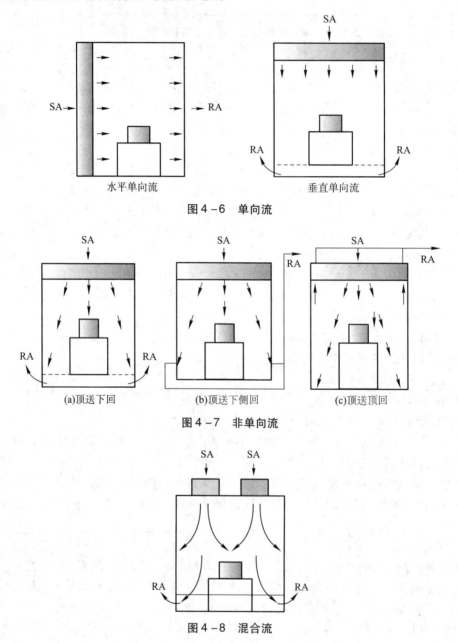

图4-6　单向流

图4-7　非单向流

图4-8　混合流

利用适当流速和方法的置换气流(例如单向流罩、局部排放口)比利用稀释通风能够更快地清除污染物,为防止洁净室内出现局部高微粒浓度的情况,在污染源附近设置局部送风和排风的做法是最为有效的。

4. 压差

为避免洁净室内的洁净度受邻室的污染,或污染邻室,洁净室与一般房间(非洁净)之间、洁净度不同的洁净室之间或同等级别但污染程度不同的房间之间要保持适当的静压差(图4-9)。总的来说,高级别区域、高风险区域的压差应高于低级别区域、低风险区域,才能保证"脏"空气不会污染"干净"空气,才能有效减少对产品的潜在污染。

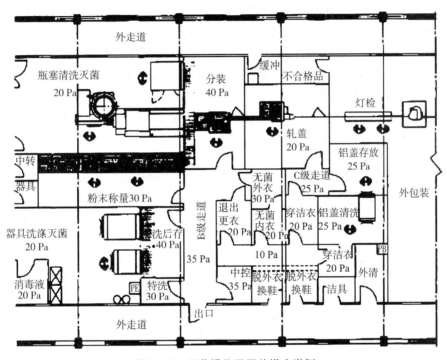

图4-9　无菌操作区压差梯度举例

压差梯度为设计者提供了使用和可计量的设计工具,以及可测量的具体目标值。当通过压差来建立梯度时,必须考虑下列因素。

① GMP 中规定的最低值。

② 场能够测量得到的压差。

③ 气锁门打开时的可接受的压差变化。

④ 内压力。

⑤ 开或关闭门的能力。

⑥ 自洁净区的漏风量(沿门缝渗露)。

⑦ 越不同区域的设备对压差的影响。

⑧ 打开或关闭的可能延续时间(即压差短暂损失)。

⑨ 压差失效报警的响应程序。

目前,国内外最常见的不同洁净级别之间的设计压差梯度为 12.5 Pa,经证实,当实际

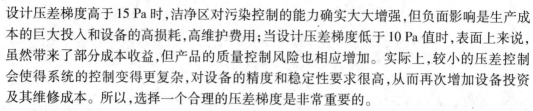

设计压差梯度高于15 Pa时,洁净区对污染控制的能力确实大大增强,但负面影响是生产成本的巨大投入和设备的高损耗,高维护费用;当设计压差梯度低于10 Pa值时,表面上来说,虽然带来了部分成本收益,但产品的质量控制风险也相应增加。实际上,较小的压差控制会使得系统的控制变得更复杂,对设备的精度和稳定性要求很高,从而再次增加设备投资及其维修成本。所以,选择一个合理的压差梯度是非常重要的。

5. 温湿度

洁净室的温度与相对湿度应与药品生产要求相适应,应保证药品的生产环境和操作人员的舒适感。当药品生产无特殊要求时,洁净室的温度范围可控制在18 ℃ ~26 ℃,相对湿度控制在45 % ~65 %。通常可采用加热盘管、电加热器、冷却盘管、加湿器、除湿器等进行空气的温湿度处理。此部分功能通常包含在组合式空调机组中,有时,也会针对局部区域的温湿度控制安装独立的温湿度控制功能段。当采用蒸汽加湿时,蒸汽中的添加剂(应符合 21 CFR 173. 310 的要求)不得对人员呼吸空气产生不安全影响,一些特定的产品和工艺可能会对这些添加剂非常敏感。当环境必须采用湿度控制并且工业蒸汽的添加剂是工艺所不允许时,可以采用纯化水制备蒸汽进行加湿,来解决这一问题。当工艺和产品有特殊要求时,应按这些要求确定温度和相对湿度:

① 房间温度对于敞开和密闭操作来说都是关键参数。许多产品、物料以及工艺过程都具有较宽的温度范围。但是范围越宽,它们暴露的时间就越短。如果产品或物料需要存放或暴露较长的时间,那么影响就会显现。

② 房间的相对湿度会对暴露的产品或物料产生影响并使其吸潮,而对含水分的产品则几乎没有影响。

第二节

对受控环境的要求

一、药品生产对环境的基本要求

在药品生产过程中,存在着各种的影响药品质量的因素,包括环境空气带来的污染,药品间的交叉污染,存在人员的认为差错等。为此,必须建立起一套严格的药品质量管理体系和生产质量管理制度,最大限度的减少影响药品质量的风险,确保患者的安全。

作为药品生产质量控制系统的重要组成,药品生产企业 HVAC 系统主要通过对药品生产环境的空气温度、湿度、悬浮粒子、微生物等的控制和监测,确保环境参数符合药品质量的要求,避免空气污染和交叉污染的发生,同时为操作人员提供舒适的环境,并且周围的环境。

二、法规要求

1. 中国法规的要求

中国《药品生产质量管理规范(2010 年修订)》(以下简称中国 GMP)规定:"为降低污染和交叉污染的风险,厂房、生产设施和设备应当根据所生产药品的特性、工艺流程及相应洁净度级别要求合理设计、布局和使用",中国 GMP"附录 1:无菌药品",对无菌药品生产过程中的空气悬浮粒子、微生物限度及其监测等进行了具体规定,同时对无菌药品生产各过程的空气洁净度要求也进行了明确的说明。

洁净区的设计必须符合相应的洁净度要求,包括达到"静态"和"动态"的标准,无菌药品生产所需的洁净区可分为以下 4 个级别(表 4 - 1):

A 级:高风险操作区,如灌装区、放置胶塞桶和与无菌制剂直接接触的敞口包装容器的区域及无菌装配或连接操作的区域,应当用单向流操作台(罩)维持该区的环境状态。单向流系统在其工作区域必须均匀送风,风速为 0.36 ~ 0.54 m/s(指导值)。应当有数据证明单向流的状态并经过验证。在密闭的隔离操作器或手套箱内,可使用较低的风速。

B 级:指无菌配制和灌装等高风险操作 A 级洁净区所处的背景区域。

C 级和 D 级:指无菌药品生产过程中重要程度较低操作步骤的洁净区。

表 4 - 1   各级别空气悬浮粒子的标准规定

洁净度级别	悬浮粒子最大允许数/m³			
	静态		动态***	
	≥0.5 μm	≥5.0 μm**	≥0.5 μm	≥5.0 μm
A 级*	3 520	20	3 520	20
B 级	3 520	29	352 000	2 900

135

续表

洁净度级别	悬浮粒子最大允许数/m³			
	静态		动态***	
	≥0.5 μm	≥5.0 μm**	≥0.5 μm	≥5.0 μm
C 级	352 000	2 900	3 520 000	29 000
D 级	3 520 000	29 000	不作规定	不作规定

* 为确认 A 级洁净区的级别,每个采样点的采样量不得少于 1 m³。A 级洁净区空气悬浮粒子的级别为 ISO 4.8,以≥5.0 μm 的悬浮粒子为限度标准。B 级洁净区(静态)的空气悬浮粒子的级别为 ISO 5,同时包括表中两种粒径的悬浮粒子。对于 C 级洁净区(静态和动态)而言,空气悬浮粒子的级别分别为 ISO 7 和 ISO 8。对于 D 级洁净区(静态)空气悬浮粒子的级别为 ISO 8。测试方法可参照 ISO14644 - 1。** 在确认级别时,应当使用采样管较短的便携式尘埃粒子计数器,避免≥5.0 μm 悬浮粒子在远程采样系统的长采样管中沉降。在单向流系统中,应当采用等动力学的取样头。*** 动态测试可在常规操作、培养基模拟灌装过程中进行,证明达到动态的洁净度级别,但培养基模拟灌装试验要求在"最差状况"下进行动态测试。

应当对微生物进行动态监测,评估无菌生产的微生物状况(表 4 - 2)。监测方法有沉降菌法、定量空气浮游菌采样法和表面取样法(如棉签擦拭法和接触碟法)等。动态取样应当避免对洁净区造成不良影响。成品批记录的审核应当包括环境监测的结果。

对表面和操作人员的监测,应当在关键操作完成后进行。在正常的生产操作监测外,可在系统验证、清洁或消毒等操作完成后增加微生物监测。

表 4 - 2 洁净区微生物监测的动态标准*

洁净度级别	浮游菌 CFU/m³	沉降菌(φ90 mm) CFU/4 h**	表面微生物	
			接触(φ55 mm)CFU/碟	5 指手套 CFU/手套
A 级	<1	<1	<1	<1
B 级	10	5	5	5
C 级	100	50	25	—
D 级	200	100	50	—

* 表中各数值均为平均值。** 单个沉降碟的暴露时间可以少于 4 h,同一位置可使用多个沉降碟连续进行监测并累积计数。

2. 国外法规的要求

表 4 - 3 美国食品与药品监督管理局(FDA)2004 年 9 月指南中明确的级别要求

空气洁净度分级 0.5 μm 微粒/(个/ft³)	ISO 分级	大于 0.5 μm 微粒数/(个/ft³)	浮游菌行动限 /(CFU/m)	沉降菌行动限(φ90 mm 沉降碟)/(CFU/4h)
100	5	3 520	1e	1e
1 000	6	35 200	7	3
10 000	7	352 000	50	5
100 000	8	3520 000	1 000	50

欧盟的欧洲药品管理局(EMEA)的 GMP,第四卷,"附录 1,无菌医药产品的制造"(2009 年 3 月 1 日生效,其中轧盖条款 2010 年 3 月 1 日生效)中,对无菌药品生产环境的洁净等级作了规定:对空气悬浮离子的要求与中国 GMP 要求一致。实际上,《药品生产质量管理规范(2010 年修订版)》是参照欧盟法规进行的修订。

第三节

制药企业 HVAC 的设计

一、设计的基本过程

HVAC 系统设计的目标是提供一个符合 GMP 的系统,确保其满足产品和工艺的需求以及良好工程规范(比如可靠性、可维修性、可持续性、灵活性及安全性)。除此之外,设计需要遵守一些地方性的有关安全、健康、环保等方面的规范和标准。因此,暖通空调系统设计小组既应了解先进的暖通空调系统设计,还应了解药品监管部门的最新要求。设计小组应考虑暖通空调系统怎样与工厂设计、预期运行的其他方面相互融合,并且考虑因此会受到怎样的影响。通常情况下,与暖通空调系统设计相关的问题包括:

人员、设备及材料的流向。

开放或封闭式的生产方式。

- 各个房间内实施的生产活动;
- 建筑与工艺布局;
- 房间装修及结构的严密性;
- 门的选择和位置;
- 气锁间的设置策略;
- 洁净服的穿着及清洁策略;
- HVAC 系统设备及风管的特殊要求;
- 进风口和排风口的位置。

就 HVAC 系统的设计层面而言,药品监管机构的 GMP 要求会对项目设计产生影响,特别是一些关键参数的确定。设计应协调处理 GMP 要求与适用于工厂和 HVAC 系统设计的国家/地方建筑规范/标准之间的矛盾和冲突,包括有关建筑、防火、安全、卫生、环保、劳动保护、节能、抗震等。

药厂的 HVAC 系统设计可分为用户需求的确定、基础设计、详细设计、施工配合。

1. 用户需求的确定

设计过程的第一个步骤是建立核心的 HVAC 系统用户需求,这需要用户根据生产工艺和产品质量标准,以及有关 GMP 的要求,确定关键的 HVAC 系统性能参数,由此确定工厂设计的环境要求。有些参数可以直接控制(比如洁净室温度),而另一些参数(比如悬浮粒子)不能直接控制,它们是一些可控参数的结果(如洁净室压差、气流组织、过滤器等)。

用户需求的定义是设计过程中的一个关键步骤,对工厂大小和复杂程度以及最终工厂的施工、调试、鉴定、运行和维护成本的影响最大。洁净等级或洁净区域的小范围递增会导致工厂的初始成本及之后的运转成本出现相对较大的增长。应通过风险评估仔细考虑工艺、设备及工厂人员与悬浮粒子、生物或化学污染等相关的洁净度要求,并明确的加以界定。

HVAC 系统的用户需求通常包括:

- 温度;
- 相对湿度;
- 洁净级别(如有);
- 自净时间(如有);
- 换气次数要求;
- 微粒控制或过滤要求(如无分级);
- 压差或气流方向的要求;
- 辅助通风或排风要求(比如除尘);
- 初步的 AHU 数量及区域划分;
- 服务区域;
- AHU 基本配置(比如回风或 100 % 全新风);
- 辅助 HVAC 系统清单:
- 除尘;
- 冷冻水;
- 冷却塔;
- 洗气塔/炭吸附;
- 系统的确认原则。

2. 基础设计

确定用户需求之后,由 HVAC 系统工程师与项目组成员共同协作配合完成。基础设计包括:

- 基础设计说明书,包括设计依据、室内外空环境参数,设计内容说明、关键要素等;
- 初步的各系统带控制点空气流程图;
- 基本的平面布置图,包括主要设备及风管走向;
- 洁净室分级图;
- 空调机组分区图;
- 压力或气流方向图;
- HVAC 系统主要设备规格参数。

在准备基础设计的过程中,下述问题必须得到考虑:

- 人员、产品、设备及其他物料的流向;
- 气锁室方案;
- 污染源、途径、风险及其控制;
- 能够满足用户需求的其他备选设计方案的风险评估;
- HVAC 系统的服务区;
- 洁净室的洁净度与产品污染风险之间的关系;
- 污染物残留的控制(即:清洁或消毒);

- 设备和系统的可靠性及备用策略;
- 设施和系统的灵活性;
- 施工及启动/调试的便利性;
- 维护、维修及操作的便利性;
- 调试与确认计划;
- 经济性及设施的生命周期成本。

3. 详细设计

在基础设计获得批准之后,即可开始详细设计。在这个阶段中,应确定与工程相关的施工、安装、运行等技术细节。详细设计应包括:

- 基础设计文件资料的更新和细化;
- 各系统最终带控制点空气流程图(AF&ID);
- 设备及风管布置设计图;
- 空调机组(AHU)组合图及其性能参数;
- 初步的立面、剖面图以及各系统协调配合图;
- 系统操作控制原理;
- 房间送/回/排风量及风口形式规格表;
- 最终设备选型;
- 施工说明;
- 工程设计详图。

关于 HVAC 系统的调试和鉴定,根据项目需要,可在设计阶段将调试和鉴定活动的计划包括在之前的各设计阶段中,以使项目的范围、成本和进度计划得到事先的考虑,避免产生负面影响,因为净化空调系统的设计缺陷通常在调试过程中才会变得显著。

4. 设计的审查和鉴定

在设计过程中的特定时间点(例如,在功能设计结束之时以及在详细设计结束之时),应进行设计审查/设计鉴定,以验证项目设计是否满足要求。审查主要着重于两个方面:

- 良好工程实践规范(GEP)。包括:设计在技术方面是否可靠? 设计是否满足用户的需求? 设计是否能够方便施工、调试、运转及维护? 设计是否满足成本效益?
- 药品生产质量管理规范(GMP)。包括:设计是否符合在用户需求中规定的产品要求? 设计是否与风险评估相一致? 设计是否符合法规要求?

对 HVAC 系统而言,在设计审查和鉴定过程中需要关注的典型问题包括:温度、湿度和洁净度要求;洁净分区的要求;AHU 系统分区与生产活动的协调;尘埃或污染物的产生与解决措施(例如:局部排风等);交叉污染的控制;气锁室设计与压力流向的协调;所采用的换气次数;遵守防火及防烟法规,遵守排放许可;维护、检测及调试的通道及空间;工程余量、备用和可靠性;工艺设备与 HVAC 系统的关联。

5. 风险评估

风险评估是一种评估系统及组件对产品质量所产生的影响的过程。在实施风险评估时,应将系统分为不同的组件,并评估系统/组件对关键工艺参数(CPP)产生的影响。由于系统所含的组件具有显著影响将 CPP 保持在它们容许限度范围内的能力。因此,确定系统边界是确保风险评估获得成功的一个关键步骤。

HVAC 系统工程师对系统失效的风险和潜在影响进行评审,并考虑潜在失效模式,例如:气流失效;过滤器失效(丧失对悬浮粒子或交叉污染的控制);温度控制失效;湿度控制失效;一个 AHU 失效,其他 AHU 会产生干扰性压差。

系统失效的潜在影响会对 HVAC 系统的设计和维护以及辅助公用设施的设计产生重大影响。分析范围可以包括经营和质量等方面(如果某个系统失效,但同时合格的监控系统通知了质量部门该区域已偏离预定参数范围,则对患者没有风险,但可能需要考虑经营成本)。

风险评估程序可被用于确定:

- 系统及其控制的测试(调试、确认)要求;
- 适当的文件编制水平;
- 应单独进行验证(调试/确认)的组件;
- 适用于系统组件的必要的变更控制水平。

可能对 CPP 产生影响的典型 HVAC 系统性能参数包括下述各项:

- 温度;
- 相对湿度;
- 静态的微粒计数;
- 动态的总微粒计数(分级区域);
- 洁净室内从动态到静态的自净时间;
- 送风 HEPA 过滤器的性能(污染物的捕获);
- 换气次数/风量(影响粒子计数和恢复时间);
- 区域压差(洁净室的保护);
- 关键区域的气流组织;
- 活性微粒的试验结果 - 空气中(与总悬浮粒子有关);
- 活性微粒的试验结果 - 表面擦拭试验(间接受 HVAC 系统影响)。

应对关键参数清单进行审查,以确保其将对产品质量和患者安全的风险降到最低水平。应对组件失效造成的影响实施评估。

二、设计的基本考虑因素及措施

1. 概述

空调系统应提供物理分隔,以防止产品之间出现交叉污染,可采用直流风空气,也可以采用独立(专用)空气处理机组,通过严格的空气过滤实现对交叉污染的控制。独立空气处理机组可被用于不同的产品区,以防止通过风道系统产生交叉污染,它还常用于分隔不同的区域,如:生产区、辅助生产区、仓储区、行政管理区、机械动力区。

在特定产品的生产区,对不同操作单元的分隔,应证明其进一步的分隔成本因素是合理的。为核心区域提供支持的辅助生产区,一般要求在生产过程中具有高可靠性,空调系统的配置要考虑到备用率,以保证其正常的围护操作。应注意简化的设计通常能够确保正常的运行时间,同时可减少所需的维护程序。

2. 加热与冷却

在洁净室空调系统中,可采用带有传热翅片时冷热盘管、管状电加热等方式对空气实现加热与冷却,将空气处理至洁净室所要求的温度。

合理选用空气处理的冷热媒。对空气加热/冷却处理的冷热媒通常采用:冷热水、饱和蒸汽、乙二醇、电、各种制冷剂等,在确定冷热媒时,应根据对空气加热/冷却处理的要求、卫生要求、建厂条件、经济成本分析作出选择。在寒冷地区,在新风量较大的情况下,应考虑对新风进行预加热,以防止下游的盘管冻结。

合理采用能量回收装置,包括对非生产区的热回收。

为带有再循环的单向流罩提供一定的冷却空气,以避免因风机热量而造成罩内空气的局部过热情况,单向流罩内的温度不应大于室内设计温度 2 ℃,在 B 级背景下的 A 级区域内,这一温度不应高于 24 ℃。

3. 温度与湿度

(1) 一般要求

洁净室的温度与相对湿度应与药品生产要求相适应,应保证药品的生产环境和操作人员的舒适感。当药品生产无特殊要求时,洁净室的温度范围可控制在 18 ℃ ~ 26 ℃,相对湿度控制在 45 % ~ 65 %。考虑到无菌操作核心区对微生物污染的严格控制,对该区域的操作人员的服装穿着有特殊要求,故洁净区的温度和相对湿度可按如下数值设计:

A 级和 B 级洁净区:温度 20 ~ 24 ℃,相对湿度 45 % ~ 60 %;

C 级和 D 级洁净区:温度 18 ~ 26 ℃,相对湿度 45 % ~ 65 %。

当工艺和产品有特殊要求时,应按有关要求确定温度和相对湿度。

(2) 特殊要求

导致产品质量受到负面影响的洁净室温度和相对湿度要求应根据稳定性研究、验证产品或工艺容许工作范围的参数。就无菌设施而言,如果空气与产品直接接触(A 级开放式处理区),则温度可能会对产品质量产生影响,因此,可对温度范围实施正/负几度的限定。

对生物原料的处理区而言,保持洁净室的温度和相对湿度通常只是为了使操作人员感到舒适。大多数产品的加工在 C 或 D 级区内进行,并采用密闭操作方式。如生产设备不采用夹套进行温度控制时,此时如能证明洁净室的温度和湿度对产品质量或工艺有影响,则应将 HVAC 系统参数视为关键参数。

对固体制剂设施而言,虽然空气与产品直接接触,但通常情况下,温度并不对产品质量起到关键作用。设定值通常基于穿着隔离衣的操作人员的舒适感。许多粉剂产品具有吸湿性,要求湿度低于一般为确保操作人员舒适感而提供的湿度。产品或工艺可能需要严格的洁净室环境条件,以满足生产或保持产品质量的要求(例如,配料的吸湿性会导致产品在暴露于环境湿度条件时出现增重现象,这会对基于重量的配方产生影响)。

根据规范要求,成品或原料的贮存条件要得到控制和监测。一般情况下,鉴于成品或原料的贴标要求,空间的温度和湿度应受到监测和控制。对封闭和密封的容器而言,湿度要求通常并不严格。

4. 湿度的控制

通常可采用冷却盘管、去湿机、加湿器等进行空气的湿度处理。空气中的湿度取决于通过冷却盘管低温水的温度、剂冷制的蒸发温度以及去湿机、加湿机的能力决定。

- 对于低湿度洁净室(例如粉剂生产),应考虑应用去湿机和后冷却器。由于较高的投资和运行费,通常在需要露点温度低于 5 ℃时才使用。

- 如果室外的潮湿空气可以直接渗漏至工艺房间,而冷却盘管已不能足以达到洁净室的湿度要求,则也可能需要使用除湿器。对房间增加压力并加强管道密封,可以减少室外湿空气的渗漏量。

- 当洁净室有相对湿度要求时,夏季的室外空气应先经过冷却器冷却后再经再加热器作等湿加热,用以调节相对湿度。

- 为了防止吸收水分,裸露的粉剂产品可能要求相对湿度低于 40 %。需注意当相对湿度过低(低于 20 % ~ 30 %),则操作人员咽喉和眼睛会感觉不适。

- 如需要控制室内静电,则应在寒冷或干燥气候条件下考虑增湿。

- 加湿器的位置通常设在 AHU 中末端过滤器之后或在冷却盘管之前,当将加湿器设在风机之前时,设计应确保水滴不会溅落到风机入口,以免导致风机锈蚀。

5. 有害物质及其清除

- 在室内对溶剂进行处理情况下,应采用直流风系统。如果适用,可采用可燃气体探测器,以确保不会出现危险情况。特别是在采用再循环系统情况下,处理溶剂等危险物质的系统,应遵守有关消防和建筑防火法规。

- 根据 ISPE 的建议,在室内溶剂含量超过 25 % 爆炸卜限的情况卜,不应对洁净室的空气实施再循环,如果溶剂的使用只是短时间的,而且用量很小时可考虑利用回风,并在回风管道上安装传感器等控制装置,当回风中的可燃气体超过爆炸下限时,可对系统切换至100 % 室外空气。

- 服务于带有易燃易爆物质的工艺生产区,其排风设备应采用防爆型,如在易爆气流之外,则电机可采用非防爆型。

- 为洁净室内的飞尘或悬浮物质的控制提供局部排风,产生粉尘的设备应尽量设置防尘隔离措施。

- 处理特殊药品情况下,应采用能清除污染物,同时不会暴露并接触有害物的吸尘系统(如袋进袋出过滤器等)。

- 排风管道一般不需要保温,除非是热回收系统要求或在管道内壁或外壁有可能形成结露时。

- 排风管道应尽可能采用硬质连接。若排放源不能采用硬连接或固定式排气罩,则可采用活动臂式排风装置,排放点应通过风阀直接与主管相连接。

- 如果向大气进行排放,则应对排放物的成分、浓度等进行评估和分析,比如物质、形态(固体、蒸汽等)、含量及排放时间。为保护室外环境,防止气流再次进入暖通空调系统,可能需要用涤气器、吸尘器、炭吸附及精细过滤器处理。如果采用,应尽可能回收排放气流中的能量,能量回收装置的结构和材质要适用于排放气流的成分。

- 排风系统应根据具体情况考虑是否使用应急电源,如排烟系统,应设应急电源,设有多台排风机系统中(如实验室或特殊药品化学设施),应考虑至少一台风机使用应急电源。

• 在排气扇无应急电源情况下,应将报警器与应急电源相连接,或配备不间断电源(UPS),以确保针对排气故障发出信号(如不带压差检测的通风柜)。

6. 产品污染控制

• 为防止通过压差气流导致污染物或溶剂蒸汽进入生产洁净室,如果对多产品同时进行处理时,可采用各生产区的直流式系统或专用空气处理系统,或采用 HEPA 过滤器处理回风(含有溶剂蒸汽的空气不适用)。

• 可以在各洁净室的回风管道中设一个遥控电动阀或自动风阀,以设定所需压差。对于简易设施,只需利用手动风阀即可实现平衡。

• 如果存在交叉污染问题,则建议采用气流方向或压差监测与报警(适用于分级区域)。

• 如果使用手挖/遥控风阀,则风阀控制装置应由专门人员操作,相关各洁净室设置一个压差计,以便于实现平衡。

• 建议 D 级操作区采用低位回风。

• 全室 5 级(A 级)洁净室或大面积 UFH 罩可能会采用(比如冷冻干燥机的手动加载等),但不推荐使用,因为将操作人员和产品同置于一个洁净空间内,易使产品受到污染。

气流形式表明,在位于关键活动区的洁净区中心的低位,存在一个回流空气的死区,这个问题在电子行业的解决办法是:在地板上开孔,并在地板下方设回风静压室。但是这种解决方法引发了一个清洁问题,有可能为细菌提供了藏身之处,因此不建议应用于制药行业洁净室。在冻干机门下部的低端回风可以改善门前侧的气流。

• 如果送风过滤器安装位置过高,那么空气到达关键区之前,气流流型会变差。开放式 5 级区域应保持小面积,并使 HEPA 过滤器尽可能靠近关键位置。

• 在系统中不建议使用消声器,它们容易成为污染物和微生物的藏身处。

7. AHU 考虑的因素

• 在辅助生产区,若不涉及溶剂或特殊药品的处理,则空气系统可采用带有最小新风比,并维持室内压力的再循环形式。

• 应考虑 HEPA 过滤,防止交叉污染,同时限制暴露于再循环系统的人员。

• 直流风系统不要求为控制交叉污染而在排风系统中采用 HEPA 过滤。

• 不建议将生产区的循环回风作为非生产区的送风。

• 制药生产的空气处理系统常采用末端定风量再加热器,用以恒定各生产房间的送风量和控制房间温度。

• 送风机应配有可调风阀,叶片或可调的速度控制器(如变频控制),使所设定的风量不因系统中过滤器压降的增大而变化。

• 根据风险评估确定风机的备用率的必要性。应根据情况考虑使用备用电源系统,使风机在局部断电情况下仍能维持设计压差。

• 100 % 全新风 AHU 机组易发生预热盘管被冻结的情形,采用可变水温定流量预热盘管或 AHU 内带旁通风阀的蒸汽盘管可有助于降低被冻结的风险。预热器采用丙二醇溶液也可以防止冻结。

- 应考虑为监测系统提供备用电源,以了解关键参数在断电过程中是否受到影响。
- 建议采用检修门,以供维修或检测需要,至少要在 AHU 主要空气处理组件和管道内传感器位置上设置。

8. 室外空气预处理

(1) 对新风进行过冷或干燥去湿预处理 同时提供给一个或多个再循环机组,这种方式具有较高的能源效率。

- 应确定所要求的空气混合条件,它决定了可达到的湿度限值。
- 回风中的湿负荷应低于要求的空气混合条件(内部潜热负荷低)。
- 空调预处理设备的规格应能满足所要求的室外新风量。
- 由于内部潜热负荷(比如清洁工作)增加而导致设定的湿度值的偏离在允许范围内。
- 在室内显热量较低或室外空气占总风量较大比例情况下,预处理空气可以为空间提供全部冷量,这种配置可有较低的投资和运行费,但有可能导致受控空间内温度变化。只有在充分了解工艺流程、系统及环境情况下才可采用这种配置。
- 在使用多个再循环机组情况下,中央预处理系统可为所有 AHU 提供新风。
- 可为再循环 AHU 配置显热干冷却盘管,盘管只有少量排数、压降小,且无需集水盘。或者也可在再循环机组中安装排数较多的盘管和集水盘,以确保灵活性,并能使系统较快地从偏离状态回复到原来的值定值。
- 使用小规格除湿机提供含湿量低的预处理空气,这样即可避免在再循坏 AHU 的降湿要(通过再冷却和再加热)。
- 建议预处理后的空气送至再循环空气的入口,以确保合适的混合和温度控制、便于系统平衡和压力平衡。不过,在再循环机组的下游侧混合空气也是可以的。

(2) 优点

- 避免因对全部再循环空气的再冷却、再加热或除湿而造成的浪费。
- 不需要集水盘,可使用排数较少的冷却盘管和较小的除湿器(如需要),降低了设备费。
- 冷盘管的压降小,降低了能耗成本。
- 对大多数需处理的湿量为外部因素时才有效。

(3) 缺点

- 内部的潜热负荷或由非空调区域泄漏至回风管道的湿空气,有可能无法达到所需要的较低的湿度。
- 以后变更条件的灵活性较少。
- 如果回风湿度过高(室内潜热负荷较大时),可能不适用。
- 增加了对预处理设施的维护工作。
- 增加了预处理设备及风道系统所需要的空间。
- 如对预处理系统增加干燥除湿器,用以替代循环机组中的过冷和预热,则将增大了设备的复杂程度。

第四节

制药企业 HVAC 的安装与调试

为了保证 HVAC 系统符合用户要求,需对 HVAC 的设计、制造、安装阶段进行遵循 GEP 要求的安装工作。

安装活动的主要依据是 GEP,是在工程技术方面对安装对象进行测试和检查,主要关注工程学方面的要求。

一、风管系统安装

风管安装工艺要点如图 4 – 10。

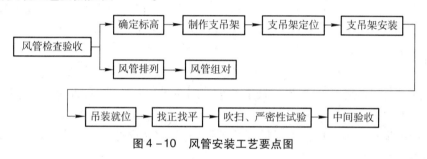

图 4 – 10　风管安装工艺要点图

明装风管:水平度每米 < 3 mm,总偏差 < 20 mm;垂直度每米 < 2 mm,总偏差 < 20 mm。暗装风管:位置应正确,无明显偏差。

安装顺序为先干管后支管;安装方法应根据施工现场的实际情况确定、可以在地面上连成一定的长度然后采用整体吊装的方法就位;也可以把风管一节一节地放在支架上逐节连接。整体吊装是将风管在地面上连接好,用倒链或升降机将风管吊到吊架上。

风管连接必须严密不泄露,法兰垫料应不产尘、不易老化并具有一定的强度和柔性。

经清洗密封的净化空调系统风管及附件在安装前不得拆卸,安装时打开端口封膜后,随即连好接头,中途若停顿,应把端口重新封好。

风管穿越需要封闭的防火、防爆的墙体或楼板时,应设预埋管或防护套管,风管与防护套管之间,应用不燃且对人体无危害的柔性材料封堵。

风管系统安装完毕后,应按系统类别进行严密性检验。

在安装风口时,风口安装应横平、竖直、严密、牢固,表面平整。带风量调节阀的风口安装时,应先安装调节阀框,后安装风口的叶片框。同一方向的风口,其调节装置应设在同一侧。

风阀安装前应检查框架结构是否牢固,调节、制动、定位等装置是否准确灵活。将其法兰与风管或设备的法兰对正,加上密封垫片,上紧螺栓,使其与风管或设备连接牢固、严密。风阀安装时,应使阀件的操纵装置便于人工操作。其安装方向应与阀体外壳标注的方向一致。安装完的风阀,应在阀体外壳有开启方向、开启程度的标志。

二、通风机的安装

风机安装工艺流程如图 4 – 11。

| 基础验收 | → | 开箱检查 | → | 搬运 | → | 清洗 | → | 就位、找平、找正 | → | 试运转、检查验收 |

图 4 – 11　风机安装工艺流程题

风机安装前应根据设计图纸对设备基础进行全面检查,坐标、标高及尺寸应符合设备安装要求。风机安装前应在基础表面铲出麻面,以使二次浇灌的混凝土或水泥能与基础紧密结合。

按设备装箱清单,核对叶轮、机壳和其他部位的主要尺寸,进、出风口的位置方向是否符合设计要求,做好检查记录。叶轮旋转方向应符合设备技术文件的规定。机壳的防锈情况和转子有无变形或锈蚀、碰损的现象。

风机安装前,应将轴承、传动部位及调节机构进行拆卸、清洗,使其转动灵活。

风机就位前,按设计图纸并依据建筑物的轴线、边缘线及标高线放出安装基准线。将设备基础表面的油污、泥土杂物清除和地脚螺栓预留孔内的杂物清除干净。整体安装的风机,搬运和吊装的绳索不得捆绑在转子和机壳或轴承盖的吊环上。风机吊至基础上后,用垫铁找平,垫铁一般应放在地脚螺栓两侧,斜垫铁必须成对使用。风机安装好后,同一组垫铁应点焊在一起,以免受力时松动。

风机安装在无减振器的支架上,应垫上 4 ~ 5 mm 厚的橡胶板,找平找正后固定牢。风机安装在有减振器的机座上时,地面要平整,各组减振器承受的荷载压缩量应均匀,不偏心,安装后采取保护措施,防止损坏。

通风机的机轴应保持水平,水平度允许偏差为 0.2/1 000;风机与电动机用联轴器连接时,两轴中心线应在同一直线上,两轴芯径向位移允许偏差为 0.05 mm,两轴线倾斜允许偏差为 0.2/1 000。通风机与电动机用三角皮带传动时,应对设备进行找正,以保证电动机与通风机的轴线平行,并使两个皮带轮的中心线相重合。三角皮带拉紧程度控制在可用手敲打已装好的皮带中间,以稍有弹跳为准。

通风机附属的自控设备和观测仪器、仪表安装,应按设备技术文件规定执行。

风机试运转:经过全面检查,手动盘车,确认供应电源相序正确后方可送电试运转,运转前轴承箱必须加上适度的润滑油,并检查各项安全措施;叶轮旋转方向必须正确;在额定转速下试运转时间不得少于 2h。运转后,再检查风机减振基础有无位移和损坏现象,做好记录。

三、空调机组的安装

空调机组安装工艺流程如图 4 – 12。

1. 设备基础的验收

根据安装图对设备基础的强度、外形尺寸、坐标、标高及减振装置进行认真检查。

2. 设备开箱检验

开箱前检查外包装有无损坏和受潮。开箱后认真核对设备及各段的名称、规格、型

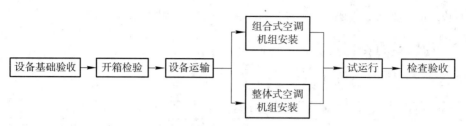

图 4 - 12 空调机组安装工艺流程

号、技术条件是否符合设计要求。产品说明书、合格证、随机清单和设备技术文件应齐全。逐一检查主机附件、专用工具、备用配件等是否齐全,设备表面应无缺陷、缺损、损坏、锈蚀、受潮的现象。取下风机段活动板或通过检查门进入,用手盘动风机叶轮,检查有无与机壳相碰、风机减振部分是否符合要求。检查表冷器的凝结水部分是否畅通、有无渗漏,加热器及旁通阀是否严密、可靠,过滤器零部件是否齐全、滤料及过滤形式是否符合设计要求。

3. 设备运输

空调设备在水平运输和垂直运输之前尽可能不要开箱并保留好底座。现场水平运输时,应尽量采用车辆运输或钢管、跳板组合运输。室外垂直运输一般采用门式提升架或吊车,在机房内采用滑轮、倒链进行吊装和运输。整体设备允许的倾斜角度参照说明书。

4. 装配式空调安装

阀门启闭应灵活,阀叶须平直。表面式换热器应有合格证,在规定期间内外表面又无损伤时,安装前可不做水压试验,否则应做水压实验。试验压力等于系统最高工作压力的 1.5 倍,且不低于 0.4 MPa,试验时间为 2 ~ 3 min;压力不得下降。空调器内挡水板,可阻挡喷淋处理后的空气夹带水滴进入风管内,使空调房间湿度稳定。挡水板安装时前后不得装反。要求机组清理干净,箱体内无杂物。

现场有多套空调机组安装前,将段体进行编号,切不可将段位互换调错,按厂家说明书,分清左式、右式,段体排列顺序应与图纸吻合。

从空调机组的一端开始,逐一将段体抬上底座就位找正,加衬垫,将相邻两个段体用螺栓连接牢固严密,每连接一个段体前,将内部清扫干净。组合式空调机组各功能段间连接后,整体应平直,检查门开启要灵活,水路畅通。

加热段与相邻段体间应采用耐热材料作为垫片。

喷淋段连接处要严密、牢固可靠,喷淋段不得渗水,喷淋段的检视门不得漏水。积水槽应清理干净,保证冷凝水畅通不溢水。凝结水管应设置水封,水封高度根据机外余压确定,防止空气调节器内空气外漏或室外空气进来。

安装空气过滤器时方向应符合要求,规格符合设计要求。

现场组装的空调机组,应做漏风量测试。其漏风量必须符合现行国家标准的要求。

四、高效过滤器的安装

1. 高效过滤器安装前的准备

洁净室内的装修、安装工程全部完成,并对洁净室进行全面清扫。净化空调系统内部必须进行全面清洁、擦拭,并认真检查直到达到洁净要求。

高效过滤器在安装现场打开包装进行外观检查,检查内容包括框架、滤材、密封胶有无损伤;各种尺寸、合格证及性能指标是否符合设计要求。对洁净度为 100 级及以上洁净室用的高效过滤器,应按规定进行检漏,合格后方可安装。

洁净室和净化空调系统达到洁净要求后,净化空调系统必须进行空吹 12～24 h,空吹后再次清扫洁净室,并立即安装高效过滤器。

2. 高效过滤器安装

高效过滤器的运输、存放应按制造厂标注的方向放置。搬运过程中应轻拿轻放,避免剧烈振动和碰撞。

安装过程中应根据各台过滤器的阻力大小进行合理调配。高效过滤器安装时,外框上箭头和气流方向应一致。

安装高效过滤器的框架应平整,每个过滤器的安装框架平整度允许偏差不大于 1 mm。

高效过滤器不论采用何种密封形式,都必须将填料表面、过滤器边框表面、框架表面擦净。

五、HVAC 设备单机的调试

1. 风机、空调机组中的风机

(1) 试运转前的检查

核对风机,电动机的规格、型号及皮带轮直径是否符合设计要求。

检查风机与电动机带轮(连轴器)中心是否在允许偏差范围内,其地角螺栓是否已紧固。

润滑油有无变质,添加量是否达到规定。

风机启闭阀门是否灵活,柔性接管是否严密。

空调器、风管上的检查门、检查孔和清扫孔应全部关闭好,并开关好加热器旁通阀。

用手转动风机时,叶轮不应有卡碰和不正常的响声。

电动机的接地应符合安全规程要求。

通风主、支管上的多叶调节阀要全部打开,三通阀要放在中间部位,防火阀应处在开启位置。

通风、空调系统的送、回风调节阀要打开;新风和一、二次回风口及加热器的调节阀应全开。

(2) 风机起动

点动风机,检查叶轮和机壳是否擦碰或发出其他不正常的响声;叶轮的转动方向是否正确。

风机起动前,要关闭起动闸板阀;起动后,要缓慢开动阀门的开度,直至全开,以防止起动电流过大导致烧坏电动机。

风机起动时,用电流表测量电动机的启动电流是否符合要求。运转正常后,要测定电动机的电压和电流,各相之间是否平衡。如电流超过额定值时,应关小风量调节阀。

在风机运转中,用金属棒或螺丝刀仔细触听轴承内部有无杂音,以此来检查轴承内是

否脏物或零件损坏。

运转 2 h 后,用温度计测量轴承表面温度,滑动轴承外壳表面不应超过 70 ℃,滚动轴承不得超过 80 ℃。

用转速表测定通风机转速。

风机运转正常后,要检查电动机、通风机的振幅大小,声音是否正常,整个系统是否牢固可靠。各项检查无误后,经运转 8 h 即可进行调整测定工作。

(3) 水泵

① 水泵的外观检查:检查水泵和其附属系统的部件应齐全,各紧固连接部位不得松动;用手盘动叶轮时应轻便、灵活、正常,不得有卡、碰现象和异常的振动及声响。

② 水泵的启动和运转:水泵与附属管路系统上的阀门启闭状态要符合调试要求,水泵运转前,应将入口阀全开,出口阀全闭,待水泵启动后再将出口阀打开。

点动水泵,检查水泵的叶轮旋转方向是否正确。启动水泵,用钳形电流表测量电动机的启动电流,待水泵正常运转后,再测量电动机的运转电流,检查其电机运行功率值,应符合设备技术文件的规定。

水泵在连续运行 2 h 后,应用数字温度计测量其轴承的温度,滑动轴承外壳最高温度不得超过 70°C,滚动轴承不得超过 75°C。

(4) 冷却塔

① 冷却塔运转前准备工作:清扫冷却塔内的杂物和尘垢,防止冷却水管或冷凝器等堵塞;冷却塔和冷却水管路系统用水冲洗,管路系统应无漏水现象;检查自动补水阀的动作状态是否灵活准确。

② 冷却塔运转:冷却塔风机与冷却水系统循环试运行不少于 2 h,运行时冷却塔本体应稳固、无异常振动,用声级计测量其噪声应符合设备技术文件的规定。

冷却塔试运转工作结束后,应清洗集水池。冷却塔运转后,如长期不使用,应将循环管路及集水池中的水全部放出,防止设备冻坏。

2. 系统无生产负荷下的联合调试和确认

设备单机试运转合格后,应进行整个暖通空调系统的无负荷联合试运转。其目的是检验系统的温度、湿度、风量等是否达到了标准的规定,也是考核设计、制造和安装质量等能否满足工艺生产的要求。

(1) 试运转的准备工作

熟悉暖通空调系统的有关资料,了解设计施工图和安装说明书的意图,掌握设备构造和性能以及各种参数的具体要求。

了解工艺流程和送风、回风、供热、供冷、自动调节等系统的工作原理,控制机构的操作方法等,并能熟练运用。

编制无负荷联合试运转方案,并定制具体实施办法,保证联合试运转的顺利进行。

在单机试运转的基础上进行一次全面的检查,发现隐患及时处理,特别是单机试运转遗留的问题,更要慎重对待。

作好机具、仪器、仪表的准备,同时要有合格证明或检查试验报告,不符合要求的机具和仪表不能在试运转工作中使用。

（2）试运转的主要项目和程序

电气设备和主要回路的检查和测试，要按照有关的规程、标准进行。

空气处理设备和附属设备试运转，是在电气设备和主回路符合要求的情况下进行，其中包括风机和水泵的试运转。考核其安装质量并对发现的问题应及时加以处理。

空调处理机组性能的检测和调整。通过检测，应确认空调机性能和系统风量可以满足使用要求。

受控房间气流组织测试与调整，在"露点"温度和二次加热器调试合格后进行。经气流组织调试后，使房间内气流分布趋向合理，气流速度场和温度场的衰减能满足设计规定。

室温调节性能的试验与调整。

空调系统综合效果检验和测定，要在分项调试合格的基础上进行，使空调、自动调节系统的各环节投入试运转。

受控房间对噪声和洁净度度，在整个系统调试完成后，分别进行测定。

（3）通风空调系统的风量测定与调整

开风机之前，将风道和风口本身的调节阀门放在全开位置，三通调节阀门放在中间位置，空气处理室中的各种调节阀门也应放在实际运行位置。

开启风机进行风量测定与调整，先粗测总风量是否满足设计风量要求，做到心中有数，有利于下一步测试工作。

系统风量测定与调整。对送（回）风系统调整采用"流量等比分配法"或"基准风口调整法"等，从系统的最远最不利的环路开始，逐步调向通风机。

风口风量测试可用热电风速仪。用定点法或匀速移动法测出平均风速，计算出风口风量，测试次数不少于 $3 \sim 5$ 次。在送风口气流有偏斜时，测定时应在风口安装长度为 $0.5 \sim 1.0\ m$ 与风管断面尺寸相同的短管。

系统风量调整平衡后，应达到：

① 风口的风量、新风量、排风量、回风量的实测值与设计风量的允许偏差值不大于 15%。

② 新风量与回风量之间和应近似等于总的送风量，或各送风量之和。

③ 总的送风量应略大于回风量与排风量之和。

（4）空气处理设备性能测定与调整

加湿器的测定应在冬季或接近冬季室外计算参数条件下进行，主要测定它的加湿量是否符合设计要求。

过滤器阻力的测定、表冷器阻力的测定、表面式热交换器冷却能力和加热能力的测定等应计算出阻力值、空气失去的热量值和吸收的热量值是否符合设计要求。

空调设备中风机风量的调整可以通过节流调节阀或者改变其转速。

风机盘管机组的三速、温控开关的动作应正确，并与机组运行状态——对应。

在测定过程中，保证供水，供冷、供热源，做好详细记录，与设计数据进行核对是否有出入，如有出入时应进行调整。

（5）净化空调系统房间参数测试调整

温度和相对湿度的测试。

风量或风速的测试。

室内空气洁净度等级或菌落数的测试。

静压差的测试。

以上测试方法和原则参照 ISO 标准相关要求。

第五节

制药企业 HVAC 的确认与验证

一、验证的步骤

（1）预确认/设计确认　设计方案→修改→施工图→审图修改→施工图确认。

（2）安装确认　即对上述空调系统的检查与验收。

（3）运行确认　空调系统安装完毕后,进行试车到运行的过程是验证的核心部分,各类技术参数从测试、调整、记录到合格为止。

（4）性能确认　将运行正常的各类数据及记录和验证方案提出的各项指标进行对比,判断该系统是否符合药品生产的洁净要求。

二、HVAC 系统的验证要点

HVAC 系统为洁净/无菌室提供满足药品生产要求的室内环境参数,通过室内参数的测试来控制 HVAC 系统的恰当运行,主要手段是围绕对药品生产工艺所需要的主要室内环境参数进行检测和有效控制来进行。这些参数的检测通常可归属于 HVAC 系统验证的范畴,HVAC 系统的验证过程,遵循常规验证的 V 模型。

1. 验证"V"模型(图 4 - 13)

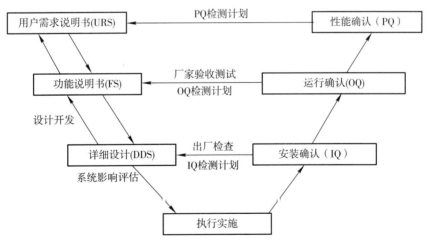

图 4 - 13　HVAC 系统的验证"V"模型图

2. HVAC 系统验证活动的要点描述

（1）设计确认（DQ）要点　HVAC 系统需要对以下内容进行设计确认:设计文件的确认;房间布局和 HVAC 系统图的确认;房间参数的确认(风量、温湿度、压差等);设备和组件的确认;仪器仪表的确认;系统风管和风口布置图的确认;空调控制功能的确认;人员的确认;偏差报告等。

（2）设计确认（DQ）需要的文件　设计说明;房间平面图;洁净区划分图;人流物流图;HVAC 系统区域划分图;房间压力分布图;HVAC 系统流程图与风管布置图（送、回、排风）（P&ID）;设备和仪表清单;风量平衡计算表;空气处理计算表（机组冷热负荷计算）。

（3）安装确认（IQ）要点　HVAC 系统需要对以下内容进行安装确认:文件的确认;风管安装的确认;系统图和布局图的确认;设备安装的确认;关键仪表和校准的确认;高效过滤器布置的确认;公用设施的确认;人员确认;偏差报告等。

（4）运行确认（OQ）要点　HVAC 系统需要对以下内容进行运行确认:验证仪器校准的确认;高效过滤器完整性检查;房间风量和换气次数测试;房间压差测试;房间温湿度测试;气流流型测试;自净时间测试;洁净度测试（静态）;人员确认;偏差报告等。

（5）性能确认（PQ）要点　HVAC 系统需要对以下内容进行性能确认:验证仪器校准的确认;系统标准操作程序的确认;验证取样计划;洁净房间洁净度的测试（动态）;房间压差的测试;房间温湿度的测试;房间微生物的测试等。

第六节

制药企业 HVAC 的运行与维护

一、简介

净化空调系统运行直接关系到受控环境的温度、湿度、空气质量、气流流型和压力等性能参数,运行质量的好坏,很大程度上取决于值班人员是否按规定的要求进行操作。而系统维护是实现正常运行、保持良好外观、延长使用寿命和保证安全的基础。维护不当会导致意料不到的长时间停机。也可能导致无法达到 GMP 设施所要求的各种环境参数如温度、湿度、空气质量、气流和压力等。

应制定合理的运行管理制定对空调系统的运行进行科学的管理,其主要内容应包括:值班人员岗位职责、开机前检查及开关机顺序、运行参数记录等,对重点系统设备应定期检查保养以保障系统运行满足使用要求,延长设备使用寿命。

二、空气处理机组

应定期检查空气处理机组是否出现漏气、生锈、冷凝水排泄问题和污物累积,并检查各门、驱动装置、风门和执行机构及照明装置和开关是否正常工作。

建议定期清洁机组内部,特别是用于分级空间(例如无菌工作)的机组。清洁检查应包括机组内部设备,例如:

- 过滤器
- 加热和冷却盘管
- 冷凝水盘
- 冷凝水排放管路
- 加湿系统
- 隔音装置
- 风机
- 风门
- 门密封垫
- 整个机组

预过滤器不能清除空气处理机组内的所有空气污染物。随着时间的过去,污物累积会导致微生物滋生。机组通常采用能够杀死微生物的溶液进行清洗,但同时也会冲洗掉分布在轴承及其他润滑接头的润滑脂和润滑油。

建议清除可见的铁锈,并重漆表面,使其外观恢复如新。

冷凝水泄水盘中的积水可能导致微生物滋生和铁制零件生锈。在易产生冷凝水的高温潮湿条件下,应检查排泄是否正常。

照明装置的荧光灯管或镇流器若损坏,会导致照明不良,影响空气处理机组设备维护和人员安全。

缺陷电气开关和插座会导致电气危险、相关设备运行不良,且会增加维修工作。

门的维护对于空间的气密性十分重要。密封垫、框架、铰链和锁柄容易松动和磨损,导致机组供气量下降、能量损失、表面凝水和污物渗透。

三、风机

保持合适的风机气流是向空间提供充足调节供给空气的关键。风机各部件如果维护不当,可能导致气流减小,最终导致故障。风机部件包括:

- 风机壳体
- 叶轮
- 轴承
- 皮带
- 护罩
- 电机

应定期检查风机叶轮是否出现污物累积、机械疲劳和不平衡(可能导致振动和噪声增大及最终导致可能危及生命的严重故障(例如叶片和壳体破裂))。这些问题若不加以纠正,则可能无法达到要求的气流量。

润滑过量或润滑不足及使用不适合气流环境的润滑剂经常会导致轴承损坏,人员应接受轴承制造商和润滑剂供应商的适当培训。振动和温度监测有助于趋势分析,以发现即将发生的轴承损坏。

在拆卸、安装和起动配备皮带驱动装置的设备时,应注意保护皮带驱动装置并按照规定的程序操作。皮带张力不合适是导致过早损坏的最常见的原因:应按照下列步骤操作:

检查皮带张力(用一个张力计或超音波张力测试器)。调整皮带驱动装置的中心距,直至测得的张力正确。

用手将皮带驱动装置转动几圈。再次检查皮带张力,并根据需要进行调整。

起动驱动装置,通过看和听检查是否出现异常噪声或振动。如果皮带或轴承很热,说明皮带张力过大。

三角皮带磨合程序:建议执行三角皮带磨合程序,以延长皮带使用寿命。磨合包括起动驱动装置,并使其在满负荷下运转 24 h。皮带磨合后,停止皮带驱动装置并检查皮带张力。然后,让皮带装置在满负荷下长时间运转,使三角带进入带轮槽中。三角带在初次磨合和进入轮槽后,张力会下降。根据需要重新调整皮带张力。若不检查并重新调整皮带张力,会导致皮带张力下降、皮带打滑、气流减小,最终会使皮带过早损坏。

电机应能够运转 10 年以上,不出现重大问题。由于电机价格昂贵,且运行成本较高,维护对于保持最低运行成本至关重要。应进行下列工作:

当厚厚的一层污物盖住电机座和堵住冷却空气通路时,会使脏污的电机发热。热量会降低绝缘层的寿命,最终导致电机故障。电机外部应定期清洁,以除去可能影响电机散热的污染物。可采用擦拭、刷洗、吸尘或吹洗的方法清除电机座和气路的累积污物。

检查是否出现腐蚀迹象。严重腐蚀可能表明内部零件损坏,和外部需要重新涂漆。

轴承应定期润滑,或在噪声增大或发热时润滑。应避免过量润滑。过量的润滑脂或润滑油会粘附污物,并可能导致轴承损坏。

用手摸电机座和轴承,检查是否过热或振动过大。听是否有异常噪声,如有,则表明电机可能发生故障。迅速找出并消除导致发热、噪声或振动的原因。

检查皮带和电机驱动装置护罩是否牢固,以免导致振动和噪声,及设备损坏和人员受伤。

四、加热和冷却盘管

盘管(无论用于加热、冷却还是除湿)内外均应清洁,用于热传递的翅片应完好无损。由于冷却盘管一般用于减少空气中的可感知热量(冷却)和潜在热量(除湿),与加热盘管相比更容易丧失传热能力(由于单位面积的热负荷较高)。冷却盘通常有水,因此更可能累积污物。

一般情况下,盘管(特别是冷却盘管)外部每年清洗一次,因为盘管的这一侧接受大部分污物(来自气流)。内部清洗一般只有在传热流体的压差(入口与出口之间)超出制造商提供的适用于特定工作条件下的建议值时才进行。盘管可定期进行压力测试,以检查是否泄漏。应通过处理加热蒸汽和传热水使盘管的管道保持清洁,且应在许多年内保持较高的传热性能。当采用表面和旁路加热盘管时,风门机构应每年检查一次,以确保其在整个活动范围内正常工作。

由于经常调节,控制阀在经过一段时间后会磨损。这些阀门应包括在定期维护计划中。

五、蒸汽加湿器

加湿器系统由许多部件构成,应检查和维护的主要部件如下。

过滤器滤网:每年至少检查两次(如果脏污,蒸汽流量会减小)。

控制阀每年检查一次,以确保:蒸汽阀关闭严密;阀杆填料不漏汽;执行机构隔膜不漏气。

密封圈和 O 形圈确保蒸汽不会泄漏到周围区域,以免人员受伤。

使蒸汽正确分散到气流中的喷嘴;如果蒸汽分散不正确,会导致性能下降或在下游形成冷凝水。

消声器:每年至少检查一次是否清洁。

六、干燥剂除湿器

干燥剂装置的维护包括:
- 过滤器
- 叶轮驱动装置总成
- 叶轮支承轴承
- 工艺段与再生段之间的密封

- 风机
- 皮带
- 控制器

干燥剂部件应按照推荐的时间表进行维护。

由于干燥剂系统有来自供给侧的进气和用于再活化的辅助气流,两组进气过滤器均需定期更换,以防止气流减小。供给空气或工艺空气过滤器堵塞会导致过热(由于气流减小和能源浪费。再活化侧过滤器堵塞可能导致许多问题,包括干燥剂转轮除湿气流不足,降低系统性能。由于过滤器负荷会不断增大,没有足够的气流安全地吸收再活化加热器的热量,会导致机组因进入转轮的再活化空气温度过高而停机。与干燥剂系统相关的许多问题均可追溯到过滤器堵塞。

应检查再生气流段与工艺气流段之间的密封。泄漏会导致性能下降。

氯化锂干燥剂会吸收多余的水分,膨胀然后从转轮中"爆"出。氯化锂转轮在未使用时应保持高温和转动。

环绕干燥剂转轮的驱动皮带需要足够的紧度,以转动转轮,但不能过紧,以免增大驱动电机轴承的负荷。干燥剂机组配备自动张紧装置,但皮带张力应至少每年检查两次,或在更换过滤器时检查,以确保皮带既不过松也不过紧。

在检查风机轴承时,应同时检查干燥剂转轮的轴承,并按照制造商的建议加注润滑脂。一般情况下,每年只需要加一次润滑脂,因为转轮转速较慢。

控制器应定期重新校准,以保证工作状态稳定。应检查旁路风门工作状态和位置是否正确。应检查关闭风门的密封。

七、空气过滤

随着微粒增加过滤器的负荷,气流阻力增大(压降提高)到一定程度时,气流会减小,过滤器会破裂。随着过滤器负荷增大,其效率也可能提高。最好根据预先确定的压降和过滤器的成本更换过滤器。这样可以优化过滤器的总运行成本。如果能源成本较高,一般需要降低更换过滤器的压差设定值。过滤器应正确安装,以防止空气从外部绕过。过滤器制造商应能够提供关于根据现场工作条件达到最低总运行成本的说明。

1. 高中效过滤器

高中效过滤器在使用不到两年后即应更换,即使未达到压差更换极限。这样可防止微生物滋生和过滤器性能下降。过滤器每年至少应检查两次。

2. HEPA/ULPA

根据测试方法和产品/工艺,现场测试中若发现浓度超过容许极限的上游气溶胶泄漏,则可能需要更换或修补 HEPA/ULPA 过滤器。通常情况下,过滤器现场泄漏测试所用的方法、设备和材料不同于在工厂进行的过滤器效率测试。因此,这两种测试一般没有直接关系。确定过滤器泄漏最常用的极限是在通过现场过滤器表面泄漏扫描装置进行测试时,局部泄漏率大于等于上游气溶胶浓度的 0.01%。关于各种应用场合局部泄漏率容许极限的详细说明见 ISO 14644 - 3。为满足 GMP 运行要求,现场泄漏测试一般每年进行一次,但在某些地区,无菌生产一般要求每六个月测试一次。

HEPA/ULPA 过滤器的泄漏情况有几种。在用仪器、工具或手取放或接触过滤介质时，若不小心，很容易使其损坏。介质与滤框之间的密封接触面也可能发生泄漏。粘合材料有时会开裂或脱离滤框。这种情况通常是由于生产过程质量控制不合格，或粘合剂与气流中的材料不相容所导致。另一个主要泄漏源是硅胶密封，即过滤器壳体与过滤器网格系统接触的地方。随着时间的过去，过滤器测试中所用的气溶胶会使硅胶变质。

在贮存、搬运、安装和测试 HEPA/ULPA 过滤器时应小心。应将其存放在环境受控的场所，温度为 4~38 ℃，相对湿度为 25 %～75 %。过滤器应妥善存放，以免损坏或异物进入。

在按照制造商建议搬运过滤器时应小心，防止下列情况导致过滤器损坏：
- 包装箱跌落
- 振动
- 动作过大
- 野蛮装卸
- 贮存或堆放高度不合适

安装前，建议记录各过滤器上和过滤器壳体上的信息(型号、序列号、性能、工厂测试数据等)。这可解决将来出现的关于过滤器效率和更换问题，或产品召回引发的问题。

八、管网

定期检查暖通空调管道可发现各种潜在问题(污物、碎屑、漏洞和腐蚀)，以便在突然发生故障和需要大修前加以纠正。管道使用一段时间后，密封会松动，可能导致影响房间加压的过量泄漏。压坏的管道会导致气流量不足、噪声增大和气流控制不良。管道保温层若损坏或丧失，则应尽快更换，以免导致水汽凝结，使冷凝水进入工作区域，以及表面生锈和霉菌滋生。

九、风门和百叶窗

应检查这些部件是否有污物累积，是否运动自如，连杆机构在整个工作范围内无卡滞(全开到全闭)。连杆机构应能够自由活动。对于低泄漏场合的风门，密封垫若变硬或不能提供良好的密封，则应更换风门。这些装置出现污物累积或运转不正常时，若不处理，则会导致空气分配量不足。

十、风口

污物累积会导致空气分配量不足，可在房间内看到。散流器和风口应定期检查和清洁。

十一、排烟/抽烟系统

制药工作所用的排烟系统需要高度的可靠性，因为它们若发生故障，会对生产造成影响。维护应能够保证设备的正常运行时间，主要包括：

应检查系统，确保没有可能减小气流量的碎屑和污物。

控制风门应动作自如。

应检查挠性管道接头,确保其不漏气(通常由于损坏或磨损)。

应按照 ASHRAE 标准 10 对排烟罩性能进行测试。

风机是排烟/抽烟系统的主要设备。

十二、空气平衡

应定期对暖通空调系统进行测试、调整和平衡(TAB),以确保系统符合要求,并检查系统是否有效工作。房间配置或暖通空调设备若发生改变,则应进行 TAB。对于 GMP 空间,至少应重新校准监测仪表、检查工艺空间的供给气流量、重新计算每小时换气次数(ACPH)和调整压力关系,这些工作至少应每年进行一次或在测试终端 HEPA 过滤器时进行。应考虑至少每 5 年(对于非 GMP 空间,则为 7 年)进行一次全面的再平衡。总体再平衡可发现未知的能耗增加和潜在的设备故障。进行部分再平衡会有一定的风险;因为某一区域的气流若发生变化,会导致其他区域的相反变化(增大一个房间的气流可能减小其他房间的气流)。

注意,气流测量的精度一般为 ±10% 左右。只要达到房间条件(和回收率(若测量)),这一偏差无关紧要。用于空气平衡的风量罩应定期校准(通常每年校准一次)。在计算再平衡时间表时,应预留足够的时间。

本章参考文献

[1] 国家食品药品监督管理局. 药品生产验证指南. 北京:化学工业出版社,2003.

[2] 顾雏军. 制药工艺的验证. 北京:中国质量出版社,2012.

[3] 国家药品食品监督管理局. 药品生产质量管理规范. 2010.

[4] 何国强. 制药工艺验证实施手册. 北京:化学工业出版社,2012.

[5] ISPE. Baseline Volume 5:Commissioning and Qualification. 2001.

[6] ISPE. GAMP5:A Risk-Based Apporach to Compliant GxP Computerized Systems, International Society for Pharmaceutical Engineering. 5th ed. 2008.

第五章

制药企业用汽系统设计与要求

第一节
概述

通常有三种类型的蒸汽用于制药行业。工厂蒸汽,其在锅炉中加入化学物质;无化学物质蒸汽,其在锅炉中没有任何添加物质;纯蒸汽,当其冷凝后符合《中国药典》所要求的纯净水。通常工厂蒸汽与无化学物质蒸气的分配系统的验证在运行确认结束后完成。每个系统必须具经过适当设计(包括蒸汽疏水阀位置),妥善维修保养并按照经过批准的程序运行。

纯蒸汽通常是以纯化水为原料水,通过纯蒸汽发生器或多效蒸馏水机的第一效蒸发器产生的蒸汽,纯蒸汽冷凝时要满足注射用水的要求。软化水、去离子水和纯化水都可作为纯蒸汽发生器的原料水,经蒸发、分离(去除微粒及细菌内毒素等污染物)后,在一定压力下输送到使用点。

纯蒸汽发生器通常由一个蒸发器、分离装置、预热器、取样冷却器、阀门、仪表和控制部分等组成(图5-1)。分离空间和分离器可以与蒸发器安装在一个容器中,也可以安装在不同的容器中。

纯蒸汽发生器设置取样器,用于在线检测纯蒸汽的质量,其检验标准是纯蒸汽冷凝水是否符合注射用水的标准,在线检测的项目主要是温度和电导率。

当纯蒸汽从多效蒸馏水机中获得时,第一效蒸发器需要安装两个阀门,一个是控制第一效流出的原料水,使其与后面的各效分离;另一个是截断纯蒸汽使其不进入到下一效,而是输送到使用点。当蒸馏水机用于生产注射用水时,同时是否产生纯蒸汽,这需要药厂与生产商共同确定。

制药企业纯蒸汽可用于湿热灭菌和其他工艺,如设备和管道的消毒。其冷凝物直接与设备或物品表面接触,或者接触到用以分析物品性质的物料。纯蒸汽还用于洁净厂房的空气加湿,在这些区域内相关物料直接暴露在相应净化等级的空气中。

图5-1 纯蒸汽发生器

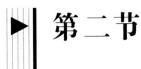

第二节
制药用汽系统设计

一、工作原理

原料水通过泵进入蒸发器管程与进入壳程的工业蒸汽进行换热,原料水蒸发后通过分离器进行分离变成纯蒸汽,由纯蒸汽出口输送到使用点。纯蒸汽在使用之前要进行取样和在线检测,并在要求压力值范围内输送到使用点(图5-2)。

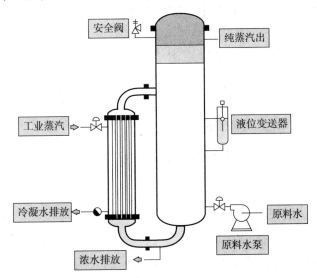

图5-2 纯蒸汽发生器工作原理图

二、主要检测指标

(1) 微生物限度:同注射用水。

(2) 电导率:同注射用水。

(3) TOC:同注射用水。

(4) 细菌内毒素:0.25 EU/mL(若用于注射制剂)。

在上述4种指标之外,还有一些与灭菌效果相关的检测指标,在 HTM 2010 和 EN 285 中有相关要求和检测方法,可以作为一个参考,简单介绍如下。

(5) 不凝气体:不凝气体(如空气、氮气)可以在纯蒸汽发生器出口夹带在蒸汽中,将原本纯净的蒸汽变成了蒸汽和气体的混合物。根据 HTM 2010 第3部分的规定,每100 mL饱和蒸汽中不凝气体体积不超过3.5 mL。

(6) 过热度:根据 HTM 2010 第3部分的规定,过热度不超过25 ℃。

（7）干燥度：干燥度是检测蒸汽中携带液相水的总量。例如，一个干燥度为95％的蒸汽，其释放的潜热量约为饱和蒸汽的95％。换言之，除了引起载体过湿现象之外，当蒸汽干燥度小于1时，其潜热也明显小于饱和蒸汽。干燥度可以通过检测加以确定，所得的数值多为近似值。根据 HTM 2010 第 3 部分的规定，干燥值不低于 0.9（对金属载体进行灭菌时，不低于 0.95）。

关于以上 3 种指标的要求，EN 285 与 HTM 2010 是相同的。

这些属性对于灭菌工艺也是相当重要的。因为随着蒸汽从气相到液相的转变（冷凝时放出潜热），能量被大量释放，这是蒸汽灭菌效果和效率的关键。总的来说，它是热量转化因子。应当理解，如果蒸汽过热，干燥度将影响相变，从而影响灭菌的效果。

以公用系统蒸汽作为加热源的换热器，包括蒸发器推荐使用双管板式结构，这种结构设计可以防止纯蒸汽被加热介质所污染。

除了那些产量很低的，大多数纯蒸汽发生器都安装了原料水预热器。另外，最好还要有排污冷却器用来对排出的非常热和溅起的水进行冷却。

虽然纯蒸汽冷凝物的电导率监测可以作为一个参考信息，但还是建议取样冷却器安装在线的电导率仪用来监控纯蒸汽冷凝物的质量，另外纯蒸汽输出的压力和温度也是要监测的参数。

三、纯蒸汽制备系统的设计

纯蒸汽发生器其设计要求、材质要求、表面处理与多效蒸馏水机相同，这里不再重复描述。

四、纯蒸汽分配系统的设计

纯蒸汽循环分配的常规设计要求：

（1）纯蒸汽输出压力是随着工艺使用要求变化的，在纯蒸汽发生器的输出口安有压力变送器。

（2）保证使用点都能够进行纯蒸汽的流通消毒/灭菌。管道内的纯蒸汽流速设计要低于 25 m/s；建议在每个使用点安装有纯蒸汽冷凝水疏水器，此疏水器的选择要合适，使得在消毒/灭菌过程中产生的冷凝水能够及时排出。

（3）在进行消毒/灭菌的容器类设备上要配有合适的安全卸放装置，如安全阀或爆破片等。

（4）为了保证消毒/灭菌温度（一般 121 ℃），在每个使用点都安装有温度传感器或变送器，对温度进行监测。

（5）当冷点温度达到消毒/灭菌温度时开始计时。

（6）纯蒸汽对储罐进行消毒/灭菌，由于储罐不能像灭菌柜那样做冷点检测，只能在储罐的排放口安装疏水器和温度传感器进行温度监测。

（7）管路要有保温措施，要按相关标准实施。

（8）分配管道要用足够支撑，避免下垂使冷凝水积聚。

（9）建议的管路的坡度为 0.5 ％ ~ 2.0 ％（ASME BPE），以便全部排净凝结水。

（10）如果主分配管路在使用点之上，通往使用点的分支应当在主管的顶端引出，再返到使用点,这样可以防止过多的冷凝物在分支积聚,每个分支还应有存水弯来防止冷凝物积聚。

（11）用汽点阀门建议采用不锈钢 316 L 球阀（见 ISPE 指南及 ASME BPE）。

（12）建议在管路上安装不凝气体去除装置。

（13）根据系统的用汽量及压力来确定管径的大小。

（14）一般要求管路内表面光洁度 $R_a < 0.6~\mu m$。

（15）如果管线过长,要考虑热量损失。

（16）管路上要有排凝结水装置,该装置必须是卫生型的,以确保系统不会被污染。

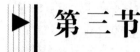

第三节

制药用汽系统确认、验证与运行

一、验证计划

1. 新建水系统项目的验证计划主要用来描述直接影响产品质量的水或蒸汽调试和确认策略,它应该在项目设计确认结论批准后(或者与设计确认同时)产生。验证计划中应该制定出每个验证阶段应该进行哪些系统调试和确认活动,各个参与部门的人员及职责,在验证过程中会产生哪些文件,同样应该关注调试和确认之间如何过渡,以确保系统处于满足要求的状态。例如,调试阶段是否需要进行取样(确认合格),判断能否进入确认阶段。

2. 该验证计划应确保包含所有的调试和确认活动而且没有不必要的重复,从而提高调试和确认的效率以减少时间、费用、人力、物力。如:在 FAT 和 SAT 阶段完成所有的调试和确认活动,安装确认和运行确认只是复核 FAT 和 SAT 阶段测试记录及变更处理的合理性,以及一些需增加的确认项目。同时,质量保证部应全程参与调试和确认计划的建立。

二、基础文件

在纯蒸汽系统设计阶段产生的三个主要文件:用户需求说明、功能设计说明、详细设计说明,这些文件是验证的基础,这些文件也可以合并到一起。这些文件的详细程度直接影响到验证文件的编写和实施,同时,这些文件需要在项目执行过程中不断审核和更新,并经质量部门的审核。

(1)用户需求说明(URS),应该说明纯蒸汽系统的用途、质量标准。这些项目应该在 PQ 中进行测试和确认。

(2)功能设计说明(FDS),可以是一个或者多个文件,描述纯蒸汽系统如何满足运行要求。FDS 中描述的功能应该在调试和 OQ 中进行测试和确认。

(3)详细设计说明(DDS),可以是一个或者多个文件,用来描述如何建造纯蒸汽系统。一般来说 DDS 应在 IQ 中进行测试和确认。

三、确认与验证

1. 纯蒸汽系统的设计确认(DQ)、安装确认(IQ)、运行确认(OQ)
要求参见注射用水系统确认与验证的要求。

2. 性能确认

(1)所有使用点,包括从水生产厂出口点到使用放行系统,将至少连续 7 天采样。

(2)按照文件程序进行测试。

(3)纯蒸汽冷凝水验收标准必须满足注射用水(WFI)质量。

表 5 – 1　纯蒸汽冷凝水检验指标及标准

参数	参数规格	参数	参数规格
微生物总数	≤10 个/100 mL	总有机碳(TOC)	<0.50 mg/L
微生物学	不得检出革兰氏阴性菌	不凝结气体	每 100 mL 饱和蒸汽中不凝气体体积不超过 3.5 mL
内毒素	≤0.25CEU/mL	干燥度	干燥值不低于 0.9
电导率	不同温度有不同规定,如 <1.1 μs/cm(20 ℃), <1.3 μs/cm(25 ℃)	过热度	过热度不超过 25 ℃

第六章

制药企业工艺气体设计与要求

第一节

常用制药用工艺气体

制药企业应根据需要配备气体系统,包括压缩空气系统和惰性气体系统。其中压缩空气通常用于设备驱动,而惰性气体(通常为氮气)用于隔绝氧气保护产品。无菌产品需要使用清洁的压缩空气和氮气,并在进入无菌生产区或与无菌容器、物料接触前经可靠的除菌过滤。

一、压缩空气

1. 介绍

压缩空气特指进入洁净室或可能与经清洁的产品容器或物料相接触的压缩空气。制药企业应根据产品特性和工艺特点制定压缩空气的标准,设计压缩空气系统。

2. 技术要求

(1)露点 实质是空气中的含水量(表6-1)。露点标准取决于产品对水分的敏感程度、空气与产品接触的量。对以水为主要溶剂的注射液而言,空气中含水量多少对产品本身没有什么风险。考虑到水分对气体传输管道可能的腐蚀性(视管道的材质),露点不超过-20℃应能满足绝大多数药品的需要。

表6-1 露点与水分含量对照表

露点/℃	水份含量/(g/m³)	露点/℃	水份含量/(g/m³)
-10	2.4	-20	1.07
-30	0.45	-40	0.176
-50	0.062	-60	0.02

(2)含油量 从费用和效果的平衡角度,使压缩空气中的含油量低于常规监测方法的限度不难做到。常规监测方法通常采用显色反应管。其原理为一定量的空气通过吸附了浓硫酸的载体后,润滑油和浓硫酸反应后会显黑色。显色反应管的检测限可达0.1 mg/m³。如没有特殊要求,压缩空气的含油量应不大于0.1 mg/m³。

(3)微生物含量 根据产品风险确定压缩空气的微生物限度。进入无菌区的压缩空气应经过除菌过滤,至少达到A级层流空气的微生物限度水平,即小于1 CFU/m³。在除菌过滤前,通常应规定一个带菌量限度作为控制目标,如30 CFU/m³。

二、氮气

1. 介绍

氮气是制药行业常用的惰性气体,用于将产品同氧气隔离以提高产品的稳定性或增强产品耐受热处理(如湿热灭菌)的能力。在无菌药品生产和原料药生产中应用较为普遍。作为接触产品的气体,应采用去除微生物、微粒的有效措施。这些措施应与产品的风险相适应。

2. 技术要求

(1) 质量标准(表6-2)

表6-2 欧洲药典制药用氮气标准

项目	限度
氮气纯度	不得小于99.5%
氧气含量	不大于50 μL/L
一氧化碳含量	不大于5 μL/L
二氧化碳含量	不大于300 μL/L
水分含量	不大于67 μL/L

该标准系制药氮气的通用标准,可供我国企业参考。企业应根据氮气使用目的和产品风险特点,确定企业特定的质量标准。实际上对产品质量更直接更重要的是与产品接触的空间的氧气含量、药液中的溶解氧含量。氮气中的氧气含量限度应能保证达到产品中氧气含量限度的目标。

(2) 微生物含量限度 根据产品风险确定氮气的微生物限度。进入无菌区的氮气应经过除菌过滤,至少达到A级层流空气的微生物限度水平,即小于1 CFU/m^3。采用空气液化分馏方法制备的氮气,生产过程中微生物残存的可能性很小,通常不需要规定、检验除菌过滤前的微生物含量限度。

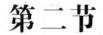
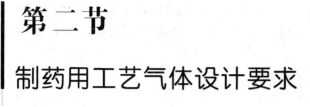

第二节
制药用工艺气体设计要求

一、压缩空气系统设计

（1）压缩空气通常采用无油空气压缩机将空气压缩，经冷却器冷却、分子筛除水、管道过滤器过滤除去绝大部分尘埃粒子后，即得到干燥、清洁的压缩空气。在系统中应设置缓冲罐以提高压力和流量稳定的压缩空气。在洁净厂房外的气体管道通常采用镀锌铁管，进入洁净室后采用不锈钢管。

（2）可为管道过滤器设计反吹管路，定期反吹过滤器，以延长过滤器的使用寿命。根据实际运行情况，可确定过滤器更换周期。

（3）无菌生产工艺使用的压缩空气，需要在使用点经过 $0.22~\mu m$ 孔径的终端气体过滤器过滤除去可能存在的微生物和微粒。气体过滤器为疏水性过滤器，可方便地用纯蒸汽进行在线灭菌。我国 GMP 规定应定期检查这类气体过滤器的完整性。而欧盟 GMP 则要求对每批无菌工艺生产后的气体过滤器进行完整性测试。

（4）最终灭菌产品使用的压缩空气，建议经过除菌过滤器后再使用。由于相应的风险较低，通常根据过滤器的使用寿命，每六个月到一年更换一次过滤器。不必对过滤器进行灭菌。

二、氮气系统设计

（1）氮气制备通常采用空气液化分馏技术。一般制药企业通常采购专业气体生产企业供应的液氮，经蒸发气化后进入缓冲罐，再经管道送达使用点。在洁净厂房外的氮气管道通常采用镀锌铁管，进入洁净室后采用不锈钢管。

（2）氮气用量特别大的企业也会自行建造空气液化分馏车间以制备氮气。此时，尽管我国药品监管部门未将氮气列为生产监管的对象，企业仍应按照 GMP 的原则严格管理这一重要的物料的生产和质量控制。

（3）对于采用分子筛技术制备氮气的小型装置，由于所制备氮气的纯度较低且受分子筛性能的影响较大，企业应作详细调查确认其适用于本企业的目的。

（4）为降低产品的风险，建议在氮气管道中安装在线氧气分析仪，以实现对氮气中残留氧的连续监控。

（5）无菌生产工艺使用的氮气，需要在使用点经过 $0.22~\mu m$ 孔径的终端气体过滤器过滤除去可能存在的微生物和微粒。气体过滤器为疏水性过滤器，可方便地用纯蒸汽进行在线灭菌。我国 GMP 规定应定期检查这类气体过滤器的完整性。而欧盟 GMP 则要求对每批无菌工艺生产后的气体过滤器进行完整性测试。

（6）最终灭菌产品使用的氮气，建议经过除菌过滤器后再使用。由于相应的风险较低，通常根据过滤器的使用寿命，每六个月到一年更换一次过滤器。不必对过滤器进行灭菌。

第三节
制药用工艺气体确认、验证与运行

一、压缩空气系统验证与校验

压缩空气系统的验证应符合验证的一般要求,通常进行安装确认、运行确认和性能确认。验证实施可参考各类文献,如国家食品药品监督管理局编写的《药品生产验证指南》(2003)。

(1)安装确认:设备安装后各种技术检查、技术文件的归档,提高运行确认的预备条件。

(2)运行确认:证明设备运行状态良好,能达到设计标准。

(3)性能确认:在运行确认完成基础上,对压缩空气采样以确认能达到压缩空气质量标准。气候变化也许对系统的性能有所影响,但通常压缩空气系统原理和结构比较简单,不难设计出设备处理能力能够应对气候变化影响的系统。所以通常对压缩空气系统并不要求象纯化水系统那样的分阶段实施性能确认,以考察气候变化对性能影响的验证方案。

(4)在系统经验证、运行状态良好的前提下,根据产品风险压缩空气的检验可定期进行,如新安装的系统检验周期可定为三个月,成熟系统为六个月到一年。取样点可通过风险分析,选择有代表性的使用点取样。

二、氮气系统验证与检验

(1)氮气系统的验证相对制药企业的其他工艺系统而言较为简单,符合验证的一般原则,确认其供应能力和氮气质量符合标准即可。

(2)应按照供应商确认的原则对氮气供应商进行审计确认,对每批氮气查验供应商提供的化验证书。安装了在线氧分仪后,氮气的主要潜在风险得以可靠控制,不必对每批液氮另行取样分析,通常每半年至一年进行一次确认性化验即可。

本章参考文献

[1] 国家食品药品监督管理局. 药品生产验证指南. 北京:化学工业出版社,2003.

[2] 顾雏军. 制药工艺的验证. 北京:中国质量出版社,2012.

[3] 国家食品药品监督管理局. 药品生产质量管理规范(2010年修订). 2010.

[4] 何国强. 制药工艺验证实施手册. 北京:化学工业出版社,2012.

[5] ICH Q7. Good Manufacturing Practice Guide for Active Pharmaceutical Ingredients. 2000.

第七章

制药企业用水系统的设计与要求

第一节
概述

　　水是一切有机化合物和生命物质的源泉,是人类赖以生存的宝贵资源。水也是药物生产过程中用量最大、使用最广范的一种原料,用于生产过程及药物制剂的制备。一般应根据各生产工序或者使用目的与要求选择适宜的制药用水。药品生产企业应该确保制药用水的质量符合预期的用途的要一切求。

　　《中华人民共和国药典(2010年版)》[以下简称《中国药典(2010版)》]所收载的制药用水,因为其使用的范围不同而分为饮用水(drinking water)、纯化水(purified water,PW)、注射用水(water for injection)及灭菌注射用水;《欧洲药典》和WHO GMP将其分为饮用水、纯化水、高纯水和注射用水;《美国药典》将其分为饮用水、纯化水、血液透析用水(water for hemodialysis)、注射用水和纯蒸汽(pure steam)(表7-1)。

表7-1　各国药典对工艺用水的分类

中国药典	欧洲药典/WHO GMP	美国药典
饮用水	饮用水	饮用水
纯化水	纯化水	纯化水
注射用水	高纯水	注射用水和纯蒸汽
	注射用水	血液透析用水

　　纯蒸汽系统的冷凝水应该满足药典对注射用水的要求,另外灭菌用蒸汽还应该满足EN285-2006(British Standard,Sterilization/Steam sterilizer/Large sterilizers)的要求;不凝性气体(non-condensable gases)、过度热(superheat)干度(dryness)。

第二节

各国药典、中国 GMP 对制药用水的要求

一、《中国药典(2010 版)》要求

1. 饮用水要求

制药用水的原水通常为饮用水,饮用水为天然水经净化处理得到的水,其质量必须符合中华人民共和国国家标准《GB5749 - 2006 生活饮用水卫生标准》,表 7 - 2 和表 7 - 3 列出了国家饮用水的基本标准要求。饮用水可作为药材净制时的漂洗、制药用具的粗洗用水。除另有规定外,也可作为饮片的提取溶剂。

表 7 - 2 水质常规指标及限值

指标	限值
1. 微生物指标[①]	
总大肠菌群(MPN/100 mL 或 CFU/100 mL)	不得检出
耐热大肠菌群(MPN/100 mL 或 CFU/100 mL)	不得检出
人肠埃希氏菌(MPN/100 mL 或 CFU/100 mL)	不得检出
菌落总数(CFU/mL)	100
2. 毒理指标	
砷(mg/L)	0.01
镉(mg/L)	0.005
铬(六价,mg/L)	0.05
铅(mg/L)	0.01
汞(mg/L)	0.001
硒(mg/L)	0.01
氰化物(mg/L)	0.05
氟化物(mg/L)	1.0
硝酸盐(以 N 计 mg/L)	10
	地下水源限制时为 20
三氯甲烷(mg/L)	0.06
四氯化碳(mg/L)	0.002
溴酸盐(使用臭氧时,mg/L)	0.01
甲醛(使用臭氧时,mg/L)	0.9
亚氯酸盐(使用二氧化氯消毒时,mg/L)	0.7

续表

指标	限值
氯酸盐(使用复合二氧化氯消毒时,mg/L)	0.7
3. 感官性状和一般化学指标	15
色度(铂钴色度单位)	1
浑浊度(NTU - 散射浊度单位)	水源与净水技术条件限制时为3
臭和异味	无异臭、无异味
肉眼可见物	无
pH(pH 单位)	6.5 ~ 8.5
铝(mg/L)	0.2
铁(mg/L)	0.3
锰(mg/L)	0.1
铜(mg/L)	1.0
锌(mg/L)	1.0
氯化物(mg/L)	250
硫酸盐(mg/L)	250
溶解性总固体(mg/L)	1 000
总硬度(以 $CaCO_3$ 计,mg/L)	450
耗氧量(COD_{Mn}法,以 O_2 计,mg/L)	3 水源限制,原水耗氧量 >6 mg/L 时为5
挥发酚类(以苯酚计,mg/L)	0.002
阴离子合成洗涤剂(mg/L)	0.3
4. 放射性指标[②]	指导值
总 α 放射性(Bq/L)	0.5
总 β 放射性(Bq/L)	1

注:①MPN 表示最可能数;CFU 表示菌落形成单位。当水样检出总大肠菌群时,应进一步检验大肠埃希氏菌或耐热大肠菌群;水样未检出总大肠菌群,不必检验大肠埃希氏菌或耐热大肠菌群。②放射性指标超过指导值,应进行核素分析和评价,判定能否饮用。

表7 -3　农村小型集中式供水和分散式供水部分水质指标及限值

指标	限值
1. 微生物指标	
菌落总数(CFU/mL)	500
2. 毒理指标	
砷(mg/L)	0.05
氟化物(mg/L)	1.2
硝酸盐(以 N 计,mg/L)	20

续表

指标	限值
3. 感官性状和一般化学指标	
色度(铂钴色度单位)	20
浑浊度(NTU – 散射浊度单位)	3 水源与净水技术条件限制时为 5
pH(pH 单位)	6.5 ~ 9.5
溶解性总固体(mg/L)	1 500
总硬度(以 $CaCO_3$ 计,mg/L)	550
耗氧量(COD_{Mn}法,以 O_2 计,mg/L)	5
铁(mg/L)	0.5
锰(mg/L)	0.3
氯化物(mg/L)	300
硫酸盐(mg/L)	300

2. 纯化水要求

纯化水为饮用水经蒸馏法、离子交换法、反渗透法或其他适应方法制备的制药用水。不含任何添加剂,其质量应符合纯化水项下的规定。

纯化水可作为配制普通药物制剂用的溶剂或试验用水;可作为中药注射剂、滴眼剂等灭菌制剂所用饮片的提取溶剂;口服、外用制剂配制用溶剂或者稀释剂;非灭菌制剂用器具的精洗用水、也用作非灭菌制剂所用饮片的提取溶剂。但纯化水不得用于注射剂的配制与稀释。

纯化水有多种制备方法,应严格监测各生产环节,防止微生物污染,确保使用点的水质。

3. 注射水要求

为纯化水经蒸馏法所得的水,应符合细菌内毒素试验要求。注射用水必须防止细菌内毒素产生的设计条件下生产、贮藏及分装。其质量应符合注射用水的规定。

注射用水可作为配制注射剂、滴眼剂等的溶剂或稀释剂及容器的精洗。

为保证注射用水的质量,应减少原水中的细菌内毒素,监控蒸馏法制备注射用水的各生产环节,并防止微生物的污染。

应定期清洗与消毒注射用水系统。注射用水的储存方式和静态储存期限应经过验证确保水质符合质量要求,例如可以在 70 ℃以上保温循环。

二、《欧洲药典(7 版)》要求

《欧洲药典》收录的制药用水还有纯化水、高纯水、注射用水和灭菌注射用水。其中纯化水分为原料纯化水(purified water in bulk)和产品纯化水(purified water in containers)两种。原料纯化水为符合官方标准的饮用水经蒸馏法、离子交换法、反渗透法或其他适宜的方法制备的制药用水,产品纯化水指纯化水被灌装或储运在特定的容器中,并保证符合微生物指标的要求。

1. 高纯水要求

高纯水是指在《欧洲药典》中出现的制药用水类型。当系统中无需采用注射用水进行配制，但对水中微生物指标有严格的控制时，可使用高纯水。高纯水可用作滴眼剂溶液、耳鼻药品溶液、皮肤用药品溶液、喷雾剂溶液、无菌产品容器的初次淋洗、注射用非无菌原料药等。除了纯化水需要控制的项目外，高纯水要求的微生物限度不高于 10 CFU/100 mL。

2. 注射用水要求

通过符合官方标准的饮用水制备或者通过纯化水蒸馏制备，蒸馏设备接触水的材质应为中性玻璃、石英或合适的金属，并装备有预防液滴带的装置。纯化水与注射用水的《欧洲药典》具体检查项目见表 7-4。

三、《美国药典(34版)》要求

《美国药典》收录了制药用水的质量、纯度、包装和贴签的详细标注，这里主要介绍作为生产原料的用水要求，其主要包含饮用水、纯化水、血液透析用水、注射用水和纯蒸汽。

1. 饮用水要求

必须符合美国国家环境保护局(environmental protection agency, EPA)发布的国家基本饮用水规定(national primary drinking water regulations, NPDWR)。

2. 纯化水要求

主要用于肠道给药制剂的制剂配料或主要生产上的其他应用，如清洗某些设备或清洗肠道给药制剂的产品成分。也规定了纯化水的原水至少为饮用水，无任何外源性添加物。

3. 注射用水要求

主要用于对细菌内毒素含量有严格要求的制剂产品，如非常道给药制剂等。《美国药典》规定了注射用水原水至少为饮用水，无任何外源性添加物；采用适当的工艺设备(如蒸馏法或纯化法，该纯化法在去除微生物和化合物方面的作用应不低于蒸馏法)并减少微生物的滋生；注射用水的生产、储存和分配系统的设计必须能抑制微生物污染和细菌内毒素的形成，且该系统必须经过验证。

4. 血液透析用水要求

用于生产血液透析产品，主要是用于血液透析浓溶液的稀释，血液透析用水可被密封储存在惰性容器中并阻止细菌的进入。严禁将血液透析用水用作注射剂的溶剂。

5. 纯蒸汽要求

为原水被加热到超过 100 ℃ 并通过蒸馏法制备而得，该蒸馏法需防止原水水滴被夹带入纯蒸汽产品中，原水至少为饮用水，无任何外源性添加物。

此外，《美国药典(34版)》(第11章)对制药用水提出下列建议性要求。

(1) 纯化水系统要求经常消毒并定期检测微生物，以保证使用点水质符合相应的微生物质量要求。

(2) 注射用水的生产、储存、分配方式应能防止微生物生长并得到验证。

(3) 纯化水的微生物的限度为 100 CFU/mL。

(4) 注射用水的微生物的限度为 10 CFU/100 mL。

纯化水和注射用水《美国药典》具体检查项目及指标见表 7-5，注意测定制药用水的

表 7 - 4　各国药典对制药用水的检测要求

标准	《中国药典（2010版）》		《欧洲药典（7版）》（2011年）			《美国药典（34版）》（2012年）	
	纯化水	注射用水	纯化水	注射用水	高纯水	纯化水	注射用水
类型	纯化水	注射用水	纯化水	注射用水	高纯水	纯化水	注射用水
原水	饮用水	纯化水	饮用水	至少饮用水	饮用水	饮用水	至少饮用水
制备方法	蒸馏、离子交换、反渗透或其他适宜方法	蒸馏	蒸馏、离子交换、反渗透或其他适宜方法	蒸馏	反渗透、离子交换或超滤	适宜的方法	蒸馏或适宜的方法
性状	无色澄明、无臭、无味	无色澄明、无臭、无味	无色澄明	—	—	—	—
pH/酸碱度	符合要求	pH 5.0～7.0	—	—	—	—	—
氨	≤0.3 μg/mL	≤0.2 μg/mL	—	—	—	—	—
不挥发物	≤1 mg/100 mL	≤1 mg/100 mL	—	—	—	—	—
硝酸盐	≤0.06 μg/mL	≤0.06 μg/mL	≤0.2 μg/mL	≤0.2 μg/mL	≤0.2 μg/mL	—	—
亚硝酸盐	≤0.02 μg/mL	≤0.02 μg/mL	—	—	—	—	—
重金属	≤0.1 μg/mL	≤0.1 μg/mL	≤0.1 μg/mL	—	—	—	—
铝盐	—	—	10 μg/L	10 μg/L	10 μg/L	—	—
易氧化物	符合规定	符合规定	符合规定	—	—	—	—
总有机碳	≤0.5 mg/L	≤0.5 mg/L	≤0.5 mg/L	≤0.5 mg/L	≤0.5 mg/L	≤0.5 mg/L	≤0.5 mg/L
电导率	符合规定	符合规定	符合规定	符合规定	符合规定	符合规定	符合规定
细菌内毒素	—	<0.25 IU/mL	<0.25 IU/mL	<0.25 IU/mL	<0.25 IU/mL	<0.25 IU/mL	<0.25 IU/mL
微生物限度	≤100 CFU/mL	≤1 CFU/10 mL	≤100 CFU/mL	≤1 CFU/10 mL	≤1 CFU/10 mL	≤100 CFU/mL	≤1 CFU/10 mL

电导率值不可采用温度补偿模式。

表 7-5 pH 与电导率限度表

pH	5.0	5.1	5.2	5.3	5.4	5.5	5.6	5.7	5.8
电导率/(μs/cm)	4.7	4.1	3.6	3.3	3.0	2.8	2.6	2.5	2.4
pH	5.9	6.0	6.1	6.2	6.3	6.4	6.5	6.6	6.7
电导率/(μs/cm)	2.4	2.4	2.4	2.5	2.4	2.3	2.2	2.1	2.6
pH	6.8	6.9	7.0						
电导率/(μs/cm)	3.1	3.8	4.6						

四、中国 GMP 对制药用水的要求

中国 GMP(2010 版)(以下简称中国 GMP)对制药用水做出了详细规定,并要求指标必须符合《中国药典(2010 版)》的质量要求,具体如下:

第九十六条　制药用水应当适合其用途,并符合《中华人民共和国药典》的质量标准及相关要求。制药用水至少应当采用饮用水。

第九十七条　水处理设备及其输送系统的设计、安装、运行和维护应当确保制药用水达到设定的质量标准。水处理设备的运行不得超出其设计能力。

第九十八条　纯化水、注射用水储罐和输送管道所用材料应当无毒、耐腐蚀;储罐的通气口应当安装不脱落纤维的疏水性除菌滤器;管道的设计和安装应当避免死角、盲管。

第九十九条　纯化水、注射用水的制备、贮存和分配应当能够防止微生物的滋生。纯化水可采用循环,注射用水可采用 70 ℃ 以上保温循环。

第一百条　应当对制药用水及原水的水质进行定期监测,并有相应的记录。

第一百零一条　应当按照操作规程对纯化水、注射用水管道进行清洗消毒,并有相关记录。发现制药用水微生物污染达到警戒限度、纠偏限度时应当按照操作规程处理。

同时,在中国 GMP 无菌附录 1"无菌药品"中对制药用水也做出了相应规定:

第四十条　关键设备,如灭菌柜、空气净化系统和工艺用水系统等,应当经过确认,并进行计划性维护,经批准方可使用。

第五十条　必要时,应当定期监测制药用水的细菌内毒素,保存监测结果及所采取纠偏措施的相关记录。

在中国 GMP 附录 2"原料药"中对制药用水也做出了相应规定:

第十一条　非无菌原料药精制工艺用水至少应当符合纯化水的质量标准。

在中国 GMP 附录 5"中药制剂"中对制药用水也做出了相应规定:

第三十一条　中药材洗涤、浸润、提取用水的质量标准不得低于饮用水标准,无菌制剂的提取用水应当采用纯化水。

与 1998 版 GMP 相比,中国 GMP 对制药用水的要求更加接近欧盟 GMP 对制药用水的

要求,主要变化如下:

(1) 中国 GMP 规定制药用水必须满足《中国药典(2010 版)》的规定。《中国药典(2010 版)》采用更科学的方法来检查水质质量,引入电导率和 TOC 等国外流行的检验指标。与《中国药典(2005 版)》相比,《中国药典(2010 版)》取消了氯化物、硫酸盐、钙盐和二氧化碳等微量物质的含量检测,取而代之的是采用易于在线检测并进行趋势分析的电导率指标;纯化水保留了易氧化物的检验法,并将 TOC 列为纯化水的可选检验法;注射用水采用 TOC 检验法取代了原有的易氧化物检验法。

(2) 中国 GMP 强调了计算分析法和统计分析法对水处理设备设计和运行的重要性。

(3) 中国 GMP 引入了"质量源于设计的理念"。

(4) 中国 GMP 与欧盟和 FDA cGMP 的观点一样,中国 GMP 采用"过程控制"分析理念,并强调文件系统和整个系统的可追溯性。

五、制药用水的选择

选择适当品质的水用于制药用途是制药企业的责任。首先要根据药品质量的工艺要求选择制药用水的品质要求;同时要满足本国的有关药品法律法规的要求和目标市场地区相关法律法规的要求。《中国药典(2010 版)》关于制药用水的用途在纯化水、注射用水、附录制药用水中都有提及。与 2005 版相比,用途也有变化,如规定眼用制剂需用注射用水作为溶剂或稀释剂及容器的精洗。在《美国药典》制药用途水中有专门的论述,如图 7-1 所示的判断树。而且 Selection of water for pharmaceutical purposes. EMEA 的有一个指南 Guidcline on Water for Pharmaceutical Use EMEA 关于药用水的指导原则,可供参考。

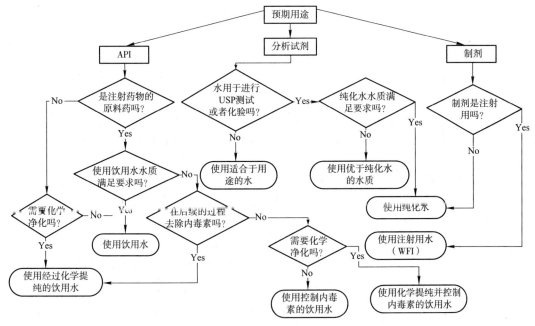

图 7-1　制药用途水的选择

第三节

纯化水和注射用水的系统的设计与运行

一、水系统设计的基本理念

质量(quality by design,QbD)是美国 cGMP 的基本组成部分,美国 FDA cGMP 的一个关键要素就是在质量源于设计原则范围下,基于对产品和工艺的科学理解而制定的一套新的药物质量评估体系。实施 QbD 的目的就是高度保障产品质量。对于制药企业来说,可以节约投资、运行成本和提高效率。

QbD 概念在制药用水系统中也贯穿了始终。制药用水系统的设计主要考虑以下几个因素:水质质量要求、工艺选择、安装要求、运行要求、验证要求等。首先要定义制药用水的用途,然后确定其符合的质量标准。工艺选择主要是采用何种方式来制备、储存和输送制药用水;安装要求主要是采用 GEP(good engineering practice)和 ASME BPE(美国工程机械协会生物工程设备委员会)等规范的要求进行高质量地安装;运行要求主要是兼顾生产、维修和 GMP 的要求。因此只有充分了解自身工艺需求、对制药用水系统的各个环节进行严格控制,才能使制药企业的工艺用水始终符合质量要求。

计算是制药用水系统设计中的一个重要组成部分。一套可靠的制药用水系统计算方法能为企业的制药用水设备和系统选型提供科学的理论基础和准确的投资估算。制药用水系统的计算主要包括制水设备产量的计算、储罐容积的计算、泵体流量和扬程的计算、管网管径的计算以及换热器面积的计算等。

《中国 GMP(2010 版)》第九十七条规定"水系统的运行不应超越其设计能力"。计算不当常导致泵体气蚀现象、循环管网后端用点阀门没水可用、系统流量和压力报警,甚至处于负压状态,这些均会直接影响企业产品的正常生产。

当企业的生产车间规模、平面布局和工艺设备选型完成后,企业和设计施工单位应着手调查各工艺用水点的实际用水需求,并制定详细的《用水量情况调查表》(表 7-6)每个用水点均由以下 4 个参数组成:

(1)使用时间 一般分为 0~24 h,共 24 个时间段。

(2)单点消耗量 即该用点对应时间段内的消耗量,单位为 L 或 m³。

(3)单点流量 即该用点对应时间段内的阀门开启后的瞬时流量,单位为 L/h 或 m³/h。

(4)压力、温度 即该用点工艺所需的温度和压力。

相关工作完成后,根据用量和使用时间计算制水设备产能和储罐容量以及泵体流量、扬程与分配管网的管径。需要消毒、灭菌和降温的系统还要考虑计算换热器的交换面积。

表 7-6　用水量情况调查表

生产周期				
用点编号	1	2		
所在房间编号(房间名称)				
用途(设备名称)				
温度				
压力				
时间段	消耗量	流量	消耗量	流量
0:00－1:00				
1:00－2:00				
2:00－3:00				
3:00－4:00				
4:00－5:00				
5:00－6:00				
6:00－7:00				
7:00－8:00				
8:00－9:00				
9:00－10:00				
10:00－11:00				
11:00－12:00				
12:00－13:00				
13:00－14:00				
14:00－15:00				
15:00－16:00				
16:00－17:00				
17:00－18:00				
18:00－19:00				
19:00－20:00				
20:00－21:00				
21:00－22:00				
22:00－23:00				
23:00－24:00				
总计				
最大值				

二、纯化水的系统设计

一套完整的纯化水系统应该是分为:纯化水制备系统、纯化水储存系统、纯化水输送分配系统以及在线监控系统组成。制药用水系统除了控制化学指标及微粒污染外,必须有效地处理和控制微生物及细菌内毒素的污染。纯化水系统可采用反渗透、电去离子技术(EDI)或者二者组合,而注射用水系统则更多地使用蒸馏法,蒸馏水机往往是纯化水系统分配循环回路(用水回路)中的主要用水点。

纯化水为饮用水经蒸馏法、离子交换法、反渗透法或其他适应方法制备的制药用水。纯化水的质量取决于源水的水质及纯化水制备系统的组成和处理能力。纯化水制备系统的配置应根据源水的水质、水质变化、用户对纯化水质量的要求、投资费用、运行费用等技术经济指标综合考虑确定。一般可根据源水含盐量选择纯化水制备系统的处理单元。如下单元组合比较常用:预处理 + RO + RO(国内"目前"常用);预处理 + RO + EDI(常用);预处理 + 阴阳离子交换(10 年前常用);预处理 + 蒸馏;预处理 + RO + RO + EDI(同时要求去内毒素的方案之一)

1. 预处理系统

包括石英砂过滤器、活性炭过滤器、软化器(图 7 - 2),保安过滤器也可以算是预处理系统,它是为拦截前三者可能泄露的一些破碎滤料,避免由高压板加压后进入反渗透膜而击穿膜,但通常我们都是把它和高压泵、RO 膜主件安装在同一主机机架上,所以我们通常把它算为反渗透主机中。

图 7 - 2　反渗透预处理系统

(1) 多介质过滤器　一般称为多机械过滤器或砂滤,过滤介质为不同直径的石英砂分层填装,较大直径的介质通常位于过滤器顶端,水流自上而下通过逐渐精细的介质层,通常情况下介质床的孔隙率应允许去除微粒的尺寸最小为 10 ~ 40 μm,介质床主要用于过滤除去原水中的大颗粒县浮物、胶体及泥沙等以降低原水浊度对膜系统的影响,同时降低 SDI(污染指数)值,出水浊度 < 1,SDI < 5 达到反渗透系统进水要求。根据原水水质的情况,有时要通过在进水管道投加絮凝剂,采用直流凝聚方式,使水中大部分悬浮物

和胶体变成微絮体在多介质滤层中截留而去除。根据压差的升高以及时间推移,可通过反向冲洗操作来去除沉积的微粒,同时反向冲洗也可以降低过滤器的压力。一般情况下反向冲洗液可以采用清洁的原水,通常以 3 倍 ~ 10 倍设计流速冲洗约 30 min,反向冲洗后,再以操作流方向进行短暂正向冲洗,使介质床复位。通常情况下反洗泵多采用立式多级泵。

(2) 活性炭过滤器 主要用于去除水中的游离氯、色度、微生物、有机物以及部份重金属等有害物质,以防止它们对反渗透膜系统造成影响。过滤介质通常由颗粒活性炭(如椰壳、褐煤或无烟煤)构成的固定层。经过处理后的出水余氯应 < 0.1 ppm(1 ppm = 1 mg/kg)。微生物的生长是一个关键的考虑因素,出现这种情况的原因是过滤器内部的表面面积大以及相对低的流速,同时过滤介质还是一个细菌滋生的温床。由于活性炭过滤器会截留住大部分的有机物和杂质等,使其吸附在表面,因此,可以采用定期的巴氏消毒来保证活性炭的吸附作用。其反洗和正洗可参照多介质过滤器。

(3) 软化器 软化器通常由盛装树脂的容器、树脂、阀或调节器以及控制系统组成。介质为树脂,目前主要是用钠型阳离子树脂中有可交换的 Na^+ 阳离子来交换出原水中的钙,镁离子而降低水的硬度,以防止钙,镁等离子在 RO 膜表面结垢,使原水变成软化水后出水硬度能达到 < 1.5 ppm。软化器通常的配备是两个,当一个进行再生时,另一个可以继续运行,确保生产的连续性。容器的筒体部分通常由玻璃钢或碳钢内部衬胶制成。通常使用 PVC 或 PP/ABS 或不锈钢材质的管材和多接口阀门对过滤器进行连接。通过 PLC 控制系统来对软化器进行控制。系统提供一个盐水储罐和耐腐蚀的泵,用于树脂的再生。

2. 纯化水制备系统

(1) 膜技术

涵盖微滤、超滤、纳米过滤和反渗透。

① 微滤。微滤是用于去除细微粒和微生物的膜工艺。在微滤工艺中没有废水流产生。如果滤芯的尺寸相同,微孔过滤器的壳体是可以通用的,只不过是滤芯的材料和孔径不同。在最终过滤的过滤器中,孔径的大小通常是 0.04 ~ 0.45 μm。微滤应用的范围很广,包括不进行最终灭菌药液的无菌过滤,表 7 - 7 的分离过程的基本特性对比提供了具体的分离范围和应用信息。

微孔过滤器一般应用于纯水系统中一些组件后的微生物的截留,那里可能存在微生物的增长,微孔过滤器在这个区域内的效果非常明显,但是必须要采取适当的操作步骤来保证在安装和更换膜的过程中过滤器的完整性,从而来确保其固有的性能。微孔过滤器最适合应用于纯化水制备系统的中间过程,而不适用于循环分配系统。过滤器在系统中不应是唯一的微生物控制单元,它们应当是全面微生物控制措施当中的一部分。减少微孔过滤器位置及数量会使维护更容易些。微滤在减少微生物方面的效率和超滤一样,但不会产生废水。然而微滤不能像超滤来降低溶解有机物的水平,由于孔径大小不一样,微滤不能去除超滤所能去除的更小的微粒。如果选择合适的材料,微孔过滤器可以耐受加热和化学消毒。

表 7－7　常用膜分离过程的基本特性

过程	分离目的	透过组分	截留组分	透过组分在料液中的含量	推动力	传递机理	膜类型	进料和透过物的物态	简图
微滤 MF	溶液脱粒子、气体脱粒子	溶液、气体	0.02～10 μm 粒子	大量溶剂及少量小分子溶质和大分子溶质	压力差约 100 kPa	筛分	多孔膜	液体或气体	进料→□→滤液(水)
超滤 UF	溶液脱大分子、大分子溶液脱小分子、大分子分级	小分子溶液	1～20 nm 大分子溶质	大量溶剂、少量小分子溶质	压力差 100～1 000 kPa	筛分	非对称膜	液体	进料→□→浓缩液、滤液
纳滤 NF	溶剂脱有机组分、分离高价离子、软化、脱色、浓缩、分离	溶剂、低价小分子溶质	1 nm 以上溶质	大量溶剂、低价小分子溶质	压力差 500～1 500 kPa	溶解－扩散、Donna 效应	非对称膜或复合膜	液体	进料→□→高价离子溶质(盐)、溶剂(水)、低价离子
反渗透 RO	溶剂脱溶质、含小分子溶质溶液浓缩	溶剂、可被电渗析截留组分、渗析截流组分	0.1～1 nm 小分子溶质	大量溶剂	压力差 1 000～10 000 kPa	优先吸附、毛细管流动、溶解－扩散	非对称膜或复合膜	液体	进料→□→溶质(盐)、溶剂(水)

② 超滤。超滤系统可作为反渗透的前处理,用于去除水中的有机物、细菌,以及病毒和热源等,确保反渗透进水品质。超滤与反渗透采用相似的错流工艺,进水通过加压平行流向多孔的膜过滤表面,通过压差使水流过膜,微粒、有机物、微生物、热原和其他的污染物不能通过膜,进入浓缩水流中(通常是给水的 5 % ~ 10 %)排掉,这使过滤器可以进行自清洁,并减少更换过滤器的频率。和反渗透一样,超滤不能抑制相对分子质量低的离子污染。

超滤系统的设备主要包括原水箱、原水泵、盘式过滤器、超滤装置、超滤产水箱、反洗泵、氧化剂加药装置等。膜的材质是聚合体或陶瓷物质。聚合膜元件可以是卷式和中空纤维的结构。陶瓷的模块可以是单通道或多通道结构。

超滤膜可以用很多种方式消毒。大多数聚合膜能承受多种化学药剂清洗,如次氯酸盐、过氧化氢、高酸、氢氧化钠及其他药剂,有些聚合膜能用热水消毒,有些甚至能用蒸汽消毒。

陶瓷超滤材料能承受所有普通的化学消毒剂、热水、蒸汽消毒或除菌工艺中的臭氧消毒。超滤不能完全去除水中的污染物。离子和有机物的去除随着不同的膜材料,结构和孔隙率的不同而不同,对于许多不同的有机物分子的去除非常有效。超滤不能阻隔溶解的气体。大多数超滤通过连续的废水流来除去污染物,通常情况下废水流是变化的,通常是 2 % ~ 10 % 的变化。有些超滤系统运行可能导致堵塞,要及时地进行处理。

超滤流通量和清洁频率根据进水的水质和预处理的不同而变化。很多超滤膜是耐氯的,不需要从进水中去除氯。超滤系统的主要处理装置为超滤装置。超滤膜分离技术具有占地面积小、出水水质好(出水 SDI 小于 3)、自动化程度高等特点。SFP 超滤装置采用全流过滤、频繁反洗的全自动连续运行方式,运行 60 min,反冲洗 60 ~ 120 s。系统采用 PLC 控制。化学清洗频率 1 ~ 3 个月,化学清洗时间 60 ~ 90 min。

采用超滤系统作为反渗透的预处理,系统可适应较大范围的进水水质变化,浊度 <50 的情况下均可使用,且产水水质较好,产水 SDI 值 <3。超滤的采用可以更有效地保护反渗透装置,使反渗透膜免受污染,通常情况下使用寿命可从 3 年延长至 5 年,甚至更长时间;同时可提高反渗透膜的设计通水量,即在产水量不变的前提下可减少膜的使用数量,从而减少反渗透装置的设备投资。

③ 纳滤。纳滤是一种介于反渗透和超滤之间的压力驱动膜分离方法。纳滤膜的理论孔径是 1 nm(10^{-9} m)。纳米膜有时被称为"软化膜",能去除阴离子和阳离子,较大阴离子(如硫酸盐)要比较小阴离子(氯化物)更易于去除。纳米过滤膜对二价阴离子盐以及相对分子质量大于 200 的有机物有较好的截留作用,这包括有色体、三卤甲烷前体细胞以及硫酸盐。它对一价阴离子或相对分子质量大于 150 的非离子的有机物的截留较差,但是也有效。与其他压力驱动型膜分离工艺相比,纳滤出现较晚。纳滤膜大多从反渗透膜衍化而来,如 CA、CTA 膜、芳族聚酰胺复合膜和磺化聚醚砜膜等。但与反渗透相比,其操作压力要求更低,一般为 4.76 ~ 10.2 bar,因此纳滤又被称作"低压反渗透"或"疏松反渗透"。经过纳滤的最终产水的电导率范围是 40 ~ 200 μS/cm,但这还取决于进水的溶解总固体含量和矿物质的种类,一个单通道 RO 单元的产水电导率是 5 ~ 20 μS/cm。目前在我国的纯水制备系统当中,纳滤还没有普遍使用。

④ 反渗透系统。反渗透系统承担了主要的脱盐任务。典型的反渗透系统包括反渗透给水泵、阻垢剂加药装置、还原剂加药装置、5 μm 精密过滤器、一级高压泵、一级反渗透装置、CO_2 脱气装置或 NaOH 加药装置、二级高压泵、二级反渗透装置以及反渗透清洗装置等。

ⅰ. 阻垢剂加药装置:阻垢剂加药系统在反渗透进水中加入阻垢剂,防止反渗透浓水中碳酸钙、碳酸镁、硫酸钙等难溶盐浓缩后析出结垢堵塞反渗透膜,从而损坏膜元件的应用特性,因此在进入膜元件之前设置了阻垢剂加药装置。阻垢剂是一种有机化合物质,除了能在朗格利尔指数(LSI) = 2.6 情况下运行之外,还能阻止 SO_4^{2-} 的结垢,它的主要作用是相对增加水中结垢物质的溶解性,以防止碳酸钙、硫酸钙等物质对膜的阻碍,同时它也可以降低铁离子堵塞膜。系统中是否要安装阻垢剂加药装置,这取决于原水水质与使用者要求的实际情况。

如果采用的是双级反渗透,在二级反渗透高压泵前加入 NaOH 溶液,用以调节进水 pH 值,使二级反渗透进水中 CO_2 气体以离子形式溶解于水中,并通过二级反渗透去除,使产水满足 EDI 装置进水要求,减轻 EDI 的负担。

ⅱ. 反渗透装置:反渗透(reverse osmosis, RO)是压力驱动工艺,利用半渗透膜去除水中溶解盐类,同时去除一些有机大分子,前阶段没有去除的小颗粒等。半渗透的膜可以渗透水,而不可以渗透其他的物质,如很多盐、酸、沉淀、胶体、细菌和内毒素。通常情况下反渗透膜单根膜脱盐率可大于 99.5 %。反渗透膜的工作原理如图 7-3 所示。

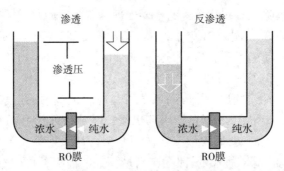

图 7-3 反渗透工作原理

预处理系统的产水进入反渗透膜组,在压力作用下,大部分水分子和微量其他离子透过反渗透膜,经收集后成为产品水,通过产水管道进入后序设备;水中的大部分盐分、胶体和有机物等不能透过反渗透膜,残留在少量浓水中,由浓水管道排出。在反渗透装置停止运行时,自动冲洗 3 ~ 5 min,以去除沉积在膜表面的污垢,对装置和反渗透膜进行有效的保养。反渗透膜经过长期运行后,会沉积某些难以冲洗的污垢,如有机物、无机盐结垢等,造成反渗透膜性能下降,这类污垢必须使用化学药品进行清洗才能去除,以恢复反渗透膜的性能。化学清洗使用反渗透清洗装置进行,装置通常包括清洗液箱、清洗过滤器、清洗泵以及配套管道、阀门和仪表,当膜组件受污染时,可以用清洗装置进行 RO 膜组件的化学清洗。目前市场上反渗透膜多数采用卷式结构作为制药用水生产用。膜可以从两种基本的材料中生产:乙酸纤维素和薄膜状合成物(聚酰胺)。

表 7-8　典型 RO 膜操作参数表

项目	乙酸纤维素	聚酰胺
pH	4~7	2~11
余氯的限制/(mg/L)	1.0	0.05
除菌效果	差	好
操作温度范围/℃	15~28	5~50
脱盐率/%	90~98	97~99
消毒温度限制/℃	30	50~80
进水总溶解固体范围/mg/L	30~1 000	30~1 000
最大污染指数	5	5

反渗透不能完全去除水中的污染物,很难甚至不能去除极小分子量的溶解有机物。但是反渗透能大量去除水中细菌、内毒素、胶体和有机大分子。反渗透不能完全纯化进料水,通常是用浓水流来去除被膜截留的污染物。很多反渗透的用户利用反渗透单元的浓水作为冷却塔的补充水或压缩机的冷却水等。二氧化碳可以直接通过反渗透膜,反渗透产水的二氧化碳含量和进水的二氧化碳含量一样。反渗透产水中过量的二氧化碳可能会引起产水的电导率达不到药典的要求。二氧化碳将增加反渗透单元后面的混床中阴离子树脂的负担,所以在进入反渗透前可以通过加 NaOH 除去二氧化碳,如果水中的 CO_2 水平很高,可通过脱气将其浓度降低到大约 5~10 ppm,脱气有增加细菌负荷的可能性,应将其安装在有细菌控制措施的地方,例如将脱气器安在一级与二级反渗透之间。

反渗透在实际操作中有温度的限制。大多数反渗透系统对进水的操作都是在 5~28 ℃之间进行的。反渗透膜必须防止水垢的形成、膜的污染和膜的退化。水垢的控制通常是通过膜前水的软化过程来实现。反渗透膜污垢的减少可通过前期可靠的预处理来减少杂质及微生物污染。引起膜的退化的主要原因是某个膜单元的氧化和加热退化。膜一般来说不耐氯,通常要用活性炭和 $NaHSO_3$ 去除氯。所有的反渗透膜都能用化学剂消毒,这些化学剂因膜的选择不同而不同。特殊制造的膜可以采用 80 ℃左右的热水消毒。

(2) 电去离子装置

电去离子(electrodeionization,EDI)是一种将离子交换技术、离子交换膜技术和离子电迁移技术相结合的纯水制造技术。它巧妙的将电渗析和离子交换技术相结合,利用两端电极高压使水中带电离子移动,并配合离子交换树脂及选择性树脂膜以加速离子移动去除,从而达到水纯化的目的。

EDI 系统主要功能是为了进一步除盐。EDI 系统中设备主要包括反渗透产水箱、EDI 给水泵、EDI 装置及相关的阀门、连接管道、仪表及控制系统等。电去离子利用电的活性介质和电压来达到离子的运送,从水中去除电离的或可以离子化的物质。电去离子与电渗析或通过电的活性介质来进行氧化/还原的工艺是有区别的。

电的活性介质在电去离子装置当中用于交替收集和释放可以离子化的物质,便于利用离子或电子替代装置来连续输送离子。电去离子装置可能包括永久的或临时的填料,操作可能是分批式、间歇的或连续的。对装置进行操作可以引起电化学反应,这些反应是专门设计来达到或加强其性能,可能包括电活性膜,如半渗透的离子交换膜或两极膜。连续的电去离子(EDI)工艺区别于收集/排放工艺(如电化学离子交换或电容性去离子),这个工艺过程是连续的,而不是分批的或间歇的,相对于离子的能力而言,活性介质的离子输送特性是一个主要的选型参数。典型连续的电离子装置包括半渗透离子交换膜,永久通电的介质,电源来产生直流电。

EDI单元是由两个相邻的离子交换膜或由一个膜和一个相邻的电极组成。EDI单元一般有交替离子损耗和离子集中单元,这些单元可以用相同的进水源,也可以用不同的进水源。水在EDI装置中通过离子转移被纯化。被电离的或可电离的物质从经过离子损耗的单元的水中分离出来而流入到离子浓缩单元的浓缩水中。在EDI单元中被纯化的水只经过通电的离子交换介质,而不是通过离子交换膜。离子交换膜是能透过离子化的或可电离的物质,而不能透过水。纯化单元一般在一对离子交换膜中能永久的对离子交换介质进行通电。在阳离子和阴离子膜之间,通过有些单元混合(阳离子和阴离子)离子交换介质来组成纯化水单元;有些单元在离子交换膜之间通过阳离子和阴离子交换介质结合层形成了纯化单元;其他的装置通过在离子交换膜之间的单一离子交换介质产生单一的纯化单元(阳离子或阴离子)。

EDI单元可以是板框结构或螺旋卷式结构。通电时在EDI装置的阳极和阴极之间产生一个直流电场,原料水中的阳离子在通过纯化单元时被吸引到阴极,通过阳离子交换介质来输送,其输送或是通过阳离子渗透膜或是被阴离子渗透膜排斥;阴离子被吸引到阳极,并通过阴离子交换介质来输送,其输送或是通过阴离子,渗透膜或是被阳离子渗透膜排斥。离子交换膜包括在浓缩单元中在纯化单元中去除的阳离子和阴离子,因此离子污染就从EDI单元里去除了。有些EDI单元利用浓缩单元中的离子交换介质。

EDI技术是将电渗析和离子交换相结合的除盐工艺,该装置取电渗析和混床离子交换两者之长,弥补对方之短,即可利用离子交换做深度处理,且不用药剂进行再生,利用电离产生的 H^+ 和 OH^- ,达到再生树脂的目的。由于纯化水流中的离子浓度降低了水离子交换介质界面的高电压梯度,导致水分解为离子成分(H^+ 和 OH^-),在纯化单元的出口末端, H^+ 和 OH^- 离子连续产生,分别地重新生成阳离子和阴离子交换介质。离子交换介质的连续高水平的再生使EDI工艺中可以产生高纯水($1 \sim 18$ MΩ)。EDI的产品及工作原理如图7-4所示。

通常,EDI有如下特点:

① 可连续生产符合用户要求的合格超纯水,产水稳定。

② 结构紧凑,占地面积小,制水成本低。

③ 出厂前完成装置调试,现场安装调试简单。

好的EDI还具有如下独到之处:

① 独特先进的卷式结构,流道畅通,压降低。

② 全封闭设计,完全杜绝泄漏,日常维护、保养简便。

③ 特殊材料外壳,绝缘性能好,轻巧美观,更换便利。

④ 独有的元件和膜壳可分离结构,可方便地更换树脂与元件。

⑤ 更宽松的进水指标,适应性更广。

⑥ 模块化组合,便于系统水量的调整。

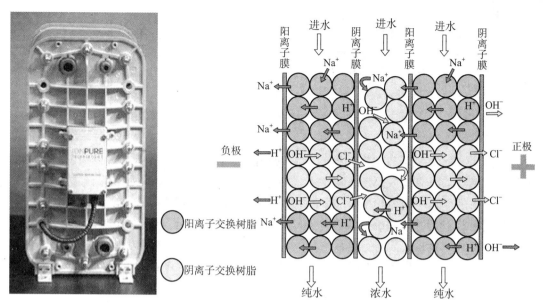

图7-4　电去离子装置及工作原理

⑦ 运行电压低能耗小。

EDI 在实际操作中是有温度限制的,大多数 EDI 单元是在 10～40 ℃进行操作。EDI 单元必须避免水垢的形成,还有污垢和受热或氧化退化。预处理及反渗透装置能明显地降低硬度、有机物、悬浮固体和氧化剂,从而达到可以接受的水平。EDI 单元主要用一些化学剂消毒,包括:无机酸、碳酸钠、氢氧化钠、过氧化氢等。特殊制造的 EDI 模块可以采用 80 ℃左右的热水消毒。

（3） 紫外灯

紫外灯使用方便,是一种非常普遍地用来抑制微生物生长的装置,通常配有强度指示器或时间记录器。水以控制的流速暴露在紫外灯下,紫外线可以消灭微生物(细菌、病毒、酵母、真菌或藻类),即穿透它们的外膜,诱变 DNA 并阻止其复制,使细菌减少。在预处理系统中,当使用氯/氯胺以及加热法无效或不可行时,可以使用紫外灯。进入紫外灯的给水必须去除悬浮固体,因为它们可以"遮避"细菌,阻止了与紫外的充分接触。紫外通常用于控制 RO 单元的给水,如果给水是不能用氯或不能进行加热消毒的,还用于控制在系统闲置时的非氯处理水的再循环。

紫外的特点如下:

① 紫外线不能完全"灭菌"。

② 对水的流速有严格的要求。

③ 带来的辐射的再污染值得关注。

④ 紫外灯管寿命有限。

（4） 换热器

换热器可以是板式的或列管式的,主要用于预处理部分、反渗透装置及 EDI 装置的消毒。换热器的结构在下一节的注射用水制备系统中详细介绍。

193

（5）公用系统要求

① 原水应满足或处理成饮用水标准,其供给能力大于纯水设备的生产能力。

② 如果系统中配置换热器进行消毒,一般需要 3.0 bar 以上的工业蒸汽。

③ 用于控制系统的压缩空气压力一般为 5.5～8.0 bar。

④ 用于预处理部分反洗的压缩空气压力一般为 2.0 bar。

⑤ 不同生产能力的设备对电源功率要求不一样。

（6）控制系统

控制系统通常采用 PLC 自动控制和手动控制。如果设备正常运行时采用 PLC 控制,如果遇到紧急情况或设备处于非正常工作时系统可采用手动控制。控制系统要监控操作参数如进水的 pH 值、进水电导率、进水温度和终端产品质量(如 pH、电导率和温度等),这些参数用可校验的并可追踪的仪表来测量,可以用手写的或电子记录,包括有纸的或无纸的记录系统来记录相关数据。通常情况下,控制要求如下:符合或接近 CE 要求,保证电器安全和仪表的可靠。自控系统的建立体系可参考 GAMP;要有过程参数的显示、检测、记录及报警。

通常的检测及报警项目如下。

① 温度:

原料水的温度	报警安全要求
换热器进水温度高(如果有)	高低报警提示,不停机
换热器出水温度高(如果有)	高低报警提示,不停机
纯化水产水温度	不做明确要求

② 压力:

压缩空气低	压力低报警停机,停机字幕留屏
一级 RO 泵前压力	压力低下限报警停机,停机字幕留屏
软化器进水压力	高低报警提示,不停机
一级 RO 进水压力	压力高超上限报警停机,停机字幕留屏
二级 RO 泵进水压力	压力低下限报警停机,停机字幕留屏
二级 RO 进水压力	压力高超上限报警停机,停机字幕留屏
EDI 进水压力	压力高超上限报警停机,停机字幕留屏

③ 液位:

NaOH 加药罐液位低	液位低报警不停机,停止加药泵运行
原水罐液位低	液位低报警不停机,停止原水泵或者反洗泵
原水罐液位高	液位高报警不停机,关闭原水罐进水阀

NaOH 加药罐液位低	液位低报警不停机,停止加药泵运行
中间水罐液位低	液位低报警停机,停机字幕留屏
中间水罐液高	液位高报警提示,不停机
再生盐箱液位低	液位低报警提示,再生阶段停机
纯水罐液位低	液位低报警提示,不停机
纯水罐液位高	液位高报警提示,不停机,进行低压循环

④ 其他:

原水泵变频报警(如果采用变频)	变频器故障报警停机,停机字幕留屏
反洗水泵软启动器报警	软启动故障报警停机,停机字幕留屏
一级 RO 泵变频报警(如果采用变频)	变频器故障报警停机,停机字幕留屏
增压泵变频报警(如果采用变频)	变频器故障报警停机,停机字幕留屏
二级泵变频报警(如果采用变频)	变频器故障报警停机,停机字幕留屏
EDI 模块报警	EDI 模块报警停机,停机字幕留屏
EDI 模块浓水流量开关	流量下限报警停机,停机字幕留屏
二级 RO 进水 pH	pH 高、低报警提示,不停机
一级 RO 产水电导率高	高于上限报警提示不停机,不合格回流,延时(HMI 可设时间)之后停机,停机字幕留屏
二级 RO 产水电导率高	高于上限报警提示不停机,不合格回流,延时(HMI 可设时间)之后停机,停机字幕留屏
EDI 产水电导率高	高于上限报警不停机,不合格回流,延时(HMI 可设时间)之后停机,停机字幕留屏

⑤ 记录:一级反渗透产水电导率的有纸记录;二级反渗透产水电导率的有纸记录;产品纯水电导率的有纸记录。

3. 典型的工艺流程

主要的工艺过程可描述为预处理 + 脱盐 + 后处理,其中一种典型的工艺流程如图 7-5。

三、注射用水制备系统

《中国药典(2010 版)》规定,注射用水是使用纯化水作为原料水,通过蒸馏的方法来获得。注射用水的制备通常通过以下三种蒸馏方式获得:单效蒸馏、多效蒸馏、热压式蒸馏。

蒸馏是通过气液相变法和分离法来对原料水进行化学和微生物纯化的工艺过程。在这个工艺当中水被蒸发了,产生的蒸汽从水中脱离出来,而流到后面去的未蒸发的水溶解了固体、不挥发物质和高分子杂质。在蒸馏过程当中,低分子杂质可能被夹带在水蒸发后的蒸汽中以水雾或水滴的形式被携带,所以需要通过一个分离装置来去除细小的水雾和夹带的杂质,这其中包括内毒素。纯化了的蒸汽经冷凝后成为注射用水。通过蒸馏的方法至

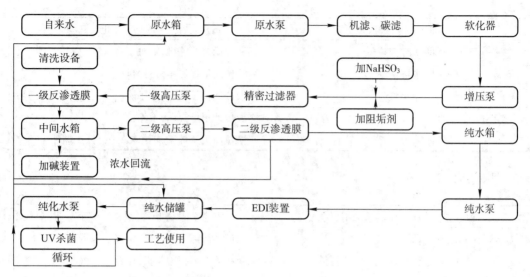

图 7 - 5 纯化水制备工艺流程图

少能减少 99.99% 内毒素含量。

《中国 GMP(2010 版)》对验证的要求有所提高,为了满足验证要求和降低系统的风险,推荐注射用水的制备设备要有自动控制功能,使在验证当中要求控制的参数有在线的监控和记录。自动化控制方法及体系的建立,可以参照 GAMP(良好自动化质量规范)。

1. 单效蒸馏水机

单效蒸馏水机主要用于实验室或科研机构的注射用水制备,通常情况下产量较低。由于单效蒸馏只蒸发一次,加热蒸汽消耗量较高,在我国属于明令淘汰的产品,目前国内药厂选用的是节能、高效的多效蒸馏设备用于注射用水的生产。

2. 多效蒸馏水机

(1) 概述

多效蒸馏设备(图 7 - 6)通常由两个或更多蒸发换热器、分离装置、预热器、两个冷凝器、阀门、仪表和控制部分等组成。一般的系统有 3 ~ 8 效,每效包括一个蒸发器,一个分离装置和一个预热器。在一个多效蒸馏设备中,经过每效蒸发器产生的纯化了的蒸汽(纯蒸汽)都是用于加热原料水,并在后面的各效中产生更多的纯蒸汽,纯蒸汽在加热蒸发原料水后经过相变冷凝成为注射用水。由于在这个分段蒸发和冷凝过程当中,只有第一效蒸发器需要外部热源加热,经最后一效产生的纯蒸汽和各效产生的注射用水的冷凝是用外部冷却介质来冷却的,所以在能源节约方面效果非常明显,效数越多节能效果越好。在注射用水产量一定的情况下,要使蒸汽和冷却水消耗量降低,就得增加效数,这样就会增加投资成本。出于这方面的考虑,要选择合适的效数,这需要药厂购买方与生产厂家共同进行确定。

(2) 工作原理(图 7 - 7)

(3) 公用系统要求

① 一般需要 0.3 ~ 0.8 MPa 的工业蒸汽。

图7-6 多效蒸馏水机

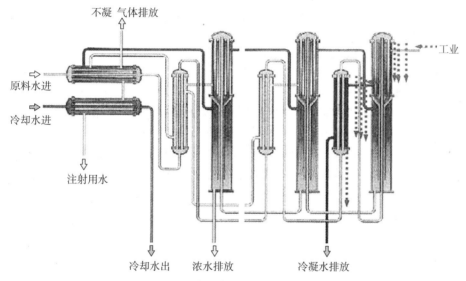

图7-7 多效蒸馏水机工作原理图

② 原料水为满足药典要求的纯化水,其供给能力应大于多效蒸馏设备的生产能力。

③ 冷却水的温度一般为4~16℃,为了防止冷凝器结垢堵塞,通常情况下至少要使用软水作为冷却水;冷却水经过换热后水温会升至65~70℃。

④ 工业蒸汽和冷却水的消耗量因注射用水的产量和效数的不同而有很大的变化。

⑤ 用于控制系统压缩空气的压力一般为0.55~0.8 MPa。

⑥ 注射水的产水温度通常在95~99℃,产水温度可以在控制程序里设置,通过冷却水来调节。

⑦ 不同生产能力的设备对电源功率要求不一样。

（4）蒸发器原理

多效蒸馏设备采用列管式热交换"闪蒸"使原料水生成蒸汽,同时将纯蒸汽冷凝成注射用水。其核心部分为分离结构,如图7-8所示。

工业蒸汽经过一效蒸发器蒸汽入口进入到壳程与进入蒸发器管程的原料水进行热交

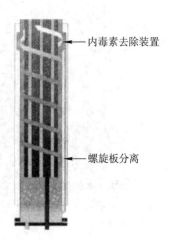

内毒素去除装置

螺旋板分离

图7-8　蒸发器分离原理图

换,所产生的凝结水通过压力驱动和重力沉降由凝结水出口排出蒸发器。原料水经过蒸发器上部的进水口进入并均匀喷淋沿着列管管壁形成降液膜与经过壳程的蒸汽进行热交换,产生的汽水混合物下沉进入分离器,在连续的压力作用下使混合物中的蒸汽上升,上升的蒸汽与夹带的小液滴进入分离器后,小液滴从蒸汽中分离出来聚集沉降到底部,产生的纯蒸汽由纯蒸汽出口进入下一效作为加热源。混合物中未蒸发的原料水与被分离下来的小液滴在两个蒸发器间的压差作用下进入下一效蒸发器继续蒸发。依此类推,后面的蒸发器原理与之相同,第一效以后的蒸发器用的是前一效蒸发器产生的纯蒸汽作为加热源。纯蒸汽在二效开始冷凝并被收集输送到冷凝器的壳程中。末效产生的纯蒸汽进入冷凝器壳程与进入的注射用水混合。

（5）预热器原理

蒸馏水机中预热器的加热源是蒸汽或蒸汽凝结水,来自蒸发器的蒸汽或蒸汽凝结水进入预热器的壳程与经过管程的原料水进行换热。预热器对原料水是逐级预热的,经过冷凝器的原料水温度在80℃以上,这个温度的原料水必须经过预热器逐级加热直到终端达到沸点后进入蒸发器蒸发。

（6）冷凝器原理

冷凝器内部是列管多导程结构,原料水经过管程后进入预热器,末效产生的纯蒸汽和前面产生的注射用水进入壳程与经过管程的原料水换热,产生的注射用水流过上冷凝器由底部注射用水出口进入到下冷凝器,再从注射用水总出口流入储罐进行储存。

通常在冷凝器的上部安装一个0.22μm的呼吸器,呼吸器是防止停机后设备内产生真空并且可以防止微生物及杂质进入冷凝器中污染设备,它也可以进行不凝气体和挥发性杂质的排放。

当检测到的注射用水温度高而需要辅助冷却时,冷却水会经过冷却进水管进入到下冷凝器的管程与壳程内的注射用水进行换热,并由冷却水出口排出。通常设备都是使用双冷凝器,上冷凝器走原料水,下冷凝器走冷却水。呼吸器安装在上冷凝器的上部。

一般来说,用于多效蒸馏设备的冷却水与原料水的水质是不同的,但根据目前的情况而言,需要采取防止水垢和防止腐蚀的措施,如降低硬度,去除游离氯和氯化物是非常有必要的,所以用软化水作为冷却水是一个较好的选择。

关于卫生建造,可以在任何有可能的情况下采用轨道钨极惰性气体保护焊或在焊接后能保证内部表面光滑的手动焊接。所有可以拆卸的连接都要采用卫生型结构,法兰和螺纹连接通常被认。是不卫生的结构,要尽量避免。

（7）典型的设计特点及要求

蒸馏水机承受压强0.8 MPa或更高,压力容器设计符合GB150或其他可被接受的压力容器法规标准,如ASME(美国工程机械协会)。

第一效蒸发器、全部的预热器和冷凝器都应采用双管板结构,双管板可以防止交叉污染(图7-9)。

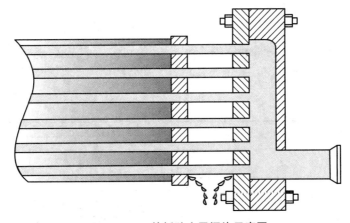

图7-9 双管板防交叉污染示意图

① 冷凝器的设计要有倾斜角,其残留量≤3 %;各蒸发器和冷凝器要有不凝气体排放装置。

② 冷凝器设计应有防真空装置。

③ 蒸馏水机应有在线消毒功能。

④ 蒸馏水机的一效、末效应有液位超高自动排放功能。

⑤ 各效有下排。

⑥ 末效浓缩水应有防污水倒流功能。

⑦ 冷却水应有连续调节功能(保证注射用水恒温)。

⑧ 所有输汽管应做保温,减少热辐射。

⑨ 控制柜采用送风保护,要达到防尘、防热、防潮作用;仪表柜与强电柜分开。

⑩ 可采用四笔有纸记录仪,即记录进、出水电导率,出水温度和回水温度。

⑪ 注射用水的电导率仪应有温度补偿功能。

⑫ 架体应有调整水平的装置。

（8）高压蒸馏的特点

① 微生物的分解更加彻底。

② 有害气体去除更加彻底。

③ 温差大蒸馏水产量增加了 50％以上。

④ 高温高压开机时间缩短。

⑤ 对压力容器的要求高,密封材料成本增加(缺点)。

⑥ 高压蒸馏蒸发温度较高,这样会使沸点高的难挥发物从水中分离出来并排掉。

⑦ 高压蒸馏会使汽水分离速度加快,从而有利于杂质从水中的分离。

（9） 配管要求

管子的弯曲尽量采用三维弯管,尽量减少弯头对接,这样更好地保证管子内表面质量。

焊点图要有焊缝编号,关键部位的焊缝要有焊丝材质,焊接工艺参数,一定比例的 X 线探伤和内窥镜检验报告,酸洗钝化报告等。

凡是与原料水、纯蒸汽及注射用水接触的管子内表面应做电抛光处理。

尽量遵从 3 D 原则来配管。

（10） 控制要求

符合或接近 CE 要求,保证电器安全和仪表的可靠。自控系统的建立体系可参考GAMP;要有过程参数的显示、检测、记录及报警。通常的检测及报警项目如下。

① 温度:

各个蒸发器的温度检测	
原料水的温度检测	
原料水预热终端的温度检测	
注射用水的温度检测	高低报警提示,不停机
一效蒸发器凝结水温度的检测	超设定值报警提示,停机字幕留屏

② 压力:

工业蒸汽的压力检测	压力低报警提示,不停机
却水压力的检测	冷压力低报警提示,不停机
压缩空气的压力检测	压力低报警停机,停机字幕留屏

③ 液位:

原料水进机液位的检测	液位低报警停机提示,停机字幕留屏
一效蒸发器的液位检测	液位升高报警提示,不停机,延时后如不回落立即下排
末效蒸发器的液位检测	液位升高报警提示,不停机,延时后不回落立即下排
注射用水储罐的液位检测	上限报警停机提示,停机字幕留屏

④ 其他：

进机原料水电导率检测	超设定值报警提示,停机字幕留屏
注射用水电导率检测	超设定值报警提示,停机字幕留屏
注射用水 PH 检测(投资允许)	超设定值报警提示,停机字幕留屏
注射用水 TOC 检测(投资允许)	超设定值报警提示,停机字幕留屏

⑤ 记录

ⅰ. 进机原料水电导率的有纸记录。

ⅱ. 产品注射用水电导率的有纸记录。

ⅲ. 产品注射用水温度的有纸记录。

ⅳ. 产品注射用水 TOC 的有纸记录(选项)。

(11) 建造材料要求。凡是与原料水、纯蒸汽、注射用水接触的材料应采用 316 L 或其他与之性能相符的材料;密封材质采有无毒无脱落的制药级别的材质,如硅胶或 EPDM(三元乙丙橡胶);如应用在耐高温的场合,可采用 PTFE(聚四氟乙烯)或 PTFE 与 EPDM 的合成材质。

(12) 表面要求

水系统设备是凡是与原料水、纯蒸汽、注射用水接触的表面表面粗超度 $R_a \leqslant 0.4 \ \mu m$,如果采用电抛光并进行酸洗钝化处理,其优点是：

① 光洁度可以做到小于 0.25 μm,表面形成氧化膜,提高抗腐蚀能力。

② 提高系统运行过程中的洁净能力。

③ 减少微生物引起的表面截留。

④ 避免移动金属杂质滞留。

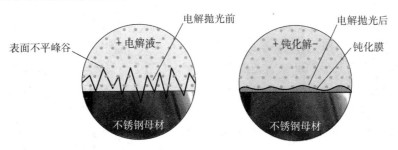

图 7-10　电抛光的原理示意图

3. 热压式蒸馏水机

(1) 概述

蒸汽压缩是一种蒸馏方法,水在蒸发器的管程里面蒸发,蒸发列管水平或垂直方向排列,水平设计一般是通过再循环泵和喷嘴进行强制的循环类型,而垂直设计是自然循环类型。系统的主要组成部分有蒸发器、压缩机、热交换器、脱气器、泵、电机、阀门、仪表和控制部分等。

图7-11　热压式蒸馏水机

（2）工作原理

蒸汽压缩工艺操作与机械致冷循环的原理相同。在热压式蒸馏水机中,进料水在列管的一侧被蒸发,产生的蒸汽通过分离空间后再通过分离装置进入压缩机,通过压缩机的运行使被压缩蒸汽的压力和温度升高,然后高能量的蒸汽被释放回蒸发器和冷凝器的容器,在这里蒸汽冷凝并释放出潜在的热量,这个过程是通过列管的管壁传递给水的。水被加热蒸发的越多,产生的蒸汽就越多,此工艺过程不断重复。流出的蒸馏物和排放水流用来预热原料水进水,这样节约能源。因为潜在的热量是重复利用的,所以没有必要配置一个单独的冷凝器。

如图7-12所示,纯化水经逆流的板式换热器E101（注射用水）及E102（浓水排放）加热至约80 ℃。此后预热的水再进入气体冷凝器E103外壳层,温度进一步升高。E103同时作为汽水分离器,壳内蒸汽冷凝成水,返回静压柱,不凝气体则排放。预热水通过机械水位调节器（蒸馏水机的液位控制器）进入蒸馏柱D100的蒸发段,由电加热或工业蒸汽加热。达到蒸发温度后产生纯蒸汽并上升,含细菌内毒素及杂质的水珠沉降,实现分离。D100中有一圆形罩,有助于汽水分离。纯蒸汽由容积式压缩机吸入,在主冷凝器的壳程内被压缩,使温度达到125～130 ℃。压缩蒸汽（冷凝器壳层）与沸水（冷凝器的管程）之间存在高的温差,使蒸汽完全冷凝并使沸水蒸发,蒸发热得到了充分利用。冷凝的蒸汽即注射用水和不凝气体的混合物进入S100静压柱,S100的作用如同一个注射用水的收集器。静压柱中的注射用水由泵P100增压,经E101输送至储罐或使用点。在经过E101后的注射用水管路上要配有切换阀门,如果检测到电导率不合格,阀门就会自动切换排掉不合格的水。随着纯蒸汽的不断产生,D100中未蒸发的浓水会越来越多而导致电导率上升,所以浓水要定期排放。热压式蒸馏水机的汽水分离靠重力作用,即含细菌内毒素及其他杂质的小水珠依靠重力自然沉降,而不是依靠离心来实现分离。

四、纯蒸汽制备系统

1. 概述

纯蒸汽通常是以纯化水为原料水,通过纯蒸汽发生器或多效蒸馏水机的第一效蒸发

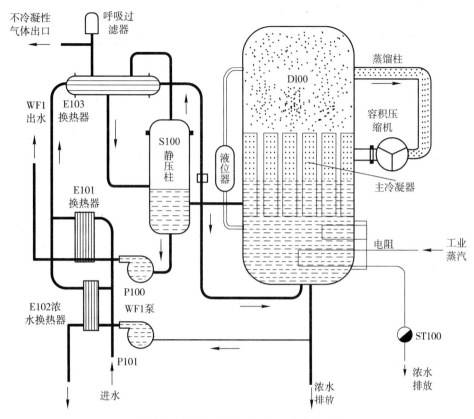

图7-12 热压式蒸馏水机工作原理图

器产生的蒸汽,纯蒸汽冷凝时要满足注射用水的要求。软化水、去离子水和纯化水都可作为纯蒸汽发生器的原料水,经蒸发、分离(去除微粒及细菌内毒素等污染物)后,在一定压力下输送到使用点。纯蒸汽发生器通常由一个蒸发器、分离装置、预热器、取样冷却器、阀门、仪表和控制部分等组成。分离空间和分离器可以与蒸发器安装在一个容器中,也可以安装在不同的容器中。纯蒸汽发生器设置取样器,用于在线检测纯蒸汽的质量,其检验标准是纯蒸汽冷凝水是否符合注射用水的标准,在线检测的项目主要是温度和电导率。纯蒸汽从多效蒸馏水机中获得时,第一效蒸发器需要安装两个阀门,一个是控制第一流出的原料水,使其与后面的各效分离;另一个是截断纯蒸汽使其不进入到下一效,而是输送到使用点。当蒸馏水机用于生产注射用水时,同时是否产生纯蒸汽,这需要药厂与生产商共同确定。

2. 工作原理

原料水通过泵进入蒸发器管程与进入壳程的工业蒸汽进行换热,原料水蒸发后通过分离器进行分离变成纯蒸汽,由纯蒸汽出口输送到使用点。纯蒸汽在使用之前要进行取样和在线检测,并在要求压力值范围内输送到使用点。纯蒸汽发生器的工作原理如图7-13所示。

3. 用途

纯蒸汽可用于湿热灭菌和其他工艺,如设备和管道的消毒。其冷凝物直接与设备或物品表面接触,或者接触到用以分析物品性质的物料。纯蒸汽还用于洁净厂房的空气加湿,在这些区域内相关物料直接暴露在相应净化等级的空气中。

4. 主要检测指标

微生物限度:同注射用水。

电导率:同注射用水。

TOC:同注射用水。

细菌内毒素:0.25 EU/mL(若用于注射制剂)。

此外,还有一些与灭菌效果相关的检测指标,在 HTM2010 和 EN285 中有不凝气体、过热和干燥度相关要求和检测方法,我们可以作为一个参考。

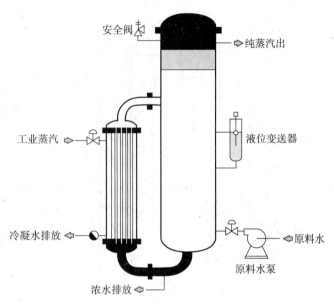

图 7 - 13　纯蒸汽发生器工作原理示意图

五、储存分配系统

1. 概述

纯化水与注射用水的储存与分配在制药工艺中是非常重要,因为它们将直接影响到药品生产质量合格与否。本节中关于制药用水(纯化水与注射用水)的储存和分配,绝大部分内容引用了 ISPE 的制药工程指南(下文简称 ISPE 指南)第 4 卷中水和蒸汽系统相关的内容,目的是为大家提供一个学习参考。如引用的内容不是出自于 ISPE 指南,会有文字进行注明,目的是使大家了解一些更多的相关知识。在 ISPE 指南中,全面地介绍了八种常见的分配方式,并为使用者提供参考来确定哪个系统是最合适的选择,比较了各种分配方式的优缺点,介绍了用于建造的不同材料和整个分配系统有关的辅助设备,还举了一些常见的例子。目前被国内所接受并采用的分配方式可能是其中的几种。

2. 系统设计

(1) 总则

储存系统用于调节高峰流量需求与使用量之间的关系,使二者合理地匹配。储存系统必须维持进水的质量以保证最终产品达到质量要求。储存最好是用较小、成本较低的处理系统来满足高峰时的需求,较小的处理系统的操作更接近于连续的及动态流动的理想状态。对于较大的生产厂房或用于满足不同厂房的系统,可以用储罐从循环系统中分离出其中的一部分和其他部分来使交叉污染降至最低。储罐的主要缺点是投资成本,还有与其相关的泵、呼吸器及仪表的成本。但是在高峰用量时,通常这些成本是低于处理设备重新选型时所增加的成本。储存的另一个缺点是它会引起一个低速水流动的区域,这可能会促进细菌的生长,所以合理地选择储存系统非常重要。

水储存和分配系统的合理设计对于制药用水系统是非常关键的。任何水储存和分配系统的最理想的设计必须满足以下三点要求：

① 在可接受的限度内维持水的质量。

② 按所需要的流速和温度把水输送至使用点。

③ 使资金投入和操作花费最低。

②和③相对容易理解，但①却经常被误解——没有必要来保护水使其避免于各种形式的退化，只要把水质维持在可接受的限度即可。如水在储存时如果存在空气吸收二氧化碳而增加了电导率，这种退化可以通过在储存容器里充氮来避免。近年来，随着技术的不断发展，很多的设计比如在高温下储存、连续的循环、卫生连接的使用、抛光的管道系统、轨迹自动焊、经常的消毒、使用隔膜阀已经很普遍。尽管这其中的每一项都提供了一个安全水平，但是如果认为每个系统都需要所有的这些技术是错误的。许多系统用这些技术时省略了一个或多个也的可以的。一个更加合理的方法是利用设计特点来提供在最合理的成本下最大限度地降低污染风险。系统的设计要周到，这样就不需要后来另外增加了，这样也不会影响成本和预定进度。基于投资回报来选择设计特点的想法，这个回报被定义为减少污染风险，这对系统成本控制和不同选择的评估是很有帮助的。最后，每个系统的设计是通过输送到使用点的水质来确定其有效性。一提到分配系统的设计，我们要考虑的是设计范围等问题。

储存能力：影响储存能力的因素包括用户的需求或使用量、持续时间、时间安排、变化，平衡预处理和最终处理水之间的供应及系统是不是再循环。仔细考虑这些标准将会影响成本和水的质量。储罐应该提供足够的储存空间来进行日常的维护和在紧急情况下系统有序的关闭，时间可能是很短到几个小时不等，这取决于系统的选型和配置，还有维护程序。

储罐位置：把储罐放在距离使用点尽可能近的位置不一定合适。如果把它们放在生产设备的附近，在方便维护方面可能更有益。为了实现这个目的，在有通道且这个区域保持清洁的情况下，可以考虑把储罐放在公用系统区域，这个也是可以接受的。

储罐的类型：立式储罐是比较普遍的，但如果厂房高度有限制也可以用卧式罐。对于循环系统来说，罐的设计应当包括内部的喷淋球以确保所有的内表面始终处于润湿的状态来对微生物进行控制。在热系统中通常采用夹套或换热器来长期保持水温，或调节高温水来防止过多的红锈生成和泵的气蚀。为了避免二氧化碳的吸收对电导率的影响，可以考虑在储罐的上部空间充入惰性气体。储罐必须安装一个疏水性通风过滤器（呼吸器）来减少微生物和微粒的吸入。体积较大的单个储存容器经常受厂房的空间限制。要达到所需要的储存能力可能需要采用多个罐组合。在这种情况下，必须仔细设计各储罐之间的连接管道来保证所有的供应和回流支路都要有足够的流量。

分配方式的决策：目前系统的分配方式大多数都选用的是具有典型代表性的八种分配方式中的一种，但是其他的设计可能也可以接受。在给定条件的情况下评估哪个方式是最优的，设计者需要考虑很多因素，包括质量保证部门的放行要求、期望得到的水的标准、水压限制、每次下降的温度要求、使用点的数量和能耗的成本。

每种方式可提供的微生物控制程度和要求的能量消耗都不同。好的微生物控制通常是通过最大限度地减少水暴露在有利于微生物生长环境中的时间来获得。水储存在消毒环境的配置中,如热系统、臭氧或湍流的速度下循环,与没有消毒环境的配置相比,能提供较好的微生物控制。热循环系统自然要比冷循环系统在微生物控制方面更可靠。然而,如果经常进行冲洗或消毒,较好的微生物控制也可以通过所提供的其他配置来获得。在任何情况下,系统的设计应防止停滞,因为停滞会造成微生物膜的形成。能量消耗通过限制水温变化的数量来降低。如果水的储存是热的,但是输送到使用点却是较低的温度,这种情况下在使用前必须进行冷却。通过只冷却从系统中出来到使用点的水,能量消耗就最小了。连续的冷却和再加热的配置比不需要连续的冷却和再加热的配置所消耗的能量更多。输送较低温度的水可用单个冷却换热器来说明。冷却介质通常是冷却塔的水,因为这种水生产起来价格不是很高。在世界的大多数地方,冷却塔的水不能冷到温度低于 25 ℃。如果要求使用的温度要低于 25 ℃,二次冷却换热器要使用冷冻水或乙二醇。如果用冷冻水或乙二醇把水从 80 ℃冷却到 25 ℃,通常这种情况是不允许的,因为换热的温差较大,冷却换热器的尺寸将变得很大,这将增加成本。

制药用水分配的两个基本概念是"批"和"动态的/连续的"分配概念。批的概念是至少有两个储罐,当一个正在装水的时候,另一个在给不同的工艺使用点提供制药用水。目前在国内药厂的大规模生产当中,不使用批的分配方式,只有小型的实验室可能用到。弥补瞬时高峰用水需求的"动态的/连续的"概念在整个水系统中可以通过利用单个储存容器来实现。通过在接收终端处理设备的产水储存在容器中,最后在保证水质的前提下为不同工艺使用点供水。要满足在所有工作情况下的连续供水,此容器容积的合理选择是至关重要的。对于"动态的/连续的"分配概念来说,其优点是较低的生命周期成本,还有在储罐附近复杂管道的布置较少,并且可以进行更有效的操作。

一旦选择了一个系统分配概念,接下来这些附加的储存和分配设计方面的考虑应当仔细地进行评估:系统配置包括是否需要串联的或平行的环路、使用点的分配环路、冷却要求(可使用蒸汽的、分支环路、多分支换热器组合)、再加热要求、二次环路罐相对于无罐系统的考虑等。热的(70 ℃以上),冷的(4~10 ℃)(中国药典附录中提及的是低于 4 ℃),或常温情况下各工艺使用点的要求。

(2) 分配系统类型设计

① 分批罐再循环系统(图 7-14):操作相对麻烦的系统,资金投入和操作成本高,通常限于较小系统。目前在国内药厂的大规模生产中一般不采用这种方式,所以只做简单的了解。

② 有限的使用点分支的/单向的方式(图 7-15):此种方式有时用于资金紧张,系统小,微生物质量关注程度低的情况下。在管道可能经常进行冲洗或消毒的情况下也是可以使用的。当水的使用是连续的时候,这是一个很好的应用。在水偶尔使用的情况下,优势就较小,因为在不使用水的时候,生产线上的水是停滞的,微生物控制就更难维持,因此必须建立起冲洗(例如每天)和消毒环路的计划来维持微生物污染,使其在可以接受的限度之内。这可能需要更频繁的消毒,这就增加操作成本。在非再循环系统中,用在线监控作为整个系统水质指示也是非常困难的。

③ 平行环路,单个罐:该方式是结合一个储罐,搭配多种环路的分配方案。如图

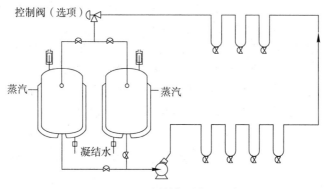

图 7-14 分批罐再循环系统

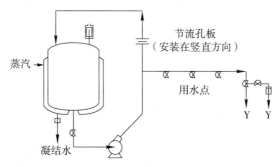

图 7-15 有限的使用点分支的/单向的方式

7-16所示,一个热储罐和两个独立的环路,一个热分配和一个冷却和再加热的环路。平行环路是非常普遍的,在有多个温度要求时是非常有优势的,或者当区域很大,用一个单一的环路会变的成本较高或压力方面满足不了要求。主要的问题是平衡不同的环路来维持合适的压力和流量。这可以通过用压力控制阀或为每个环路提供单独的泵来完成。

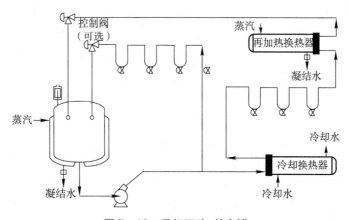

图 7-16 平行环路,单个罐

④ 热储存,热分配:如图 7-17 所示,当所有的使用点都需要热水(高于 70 ℃)时可以

选用本配置。储罐温度的维持是通过供应蒸汽到夹套里面,或者在循环环路上使用换热器。通常水返回要通过罐顶部的喷淋球来确保整个顶部表面是润湿的。这个系统提供了很好的微生物控制,操作也很简单。另外,罐和环路需要的消毒频率较低,或者如果当温度能维持在80℃时根本不需要消毒。这种类型的系统通常被管理机构所普遍接受。需要考虑的问题包括:防止人员烫伤,循环泵的气蚀,通风过滤器的水蒸汽冷凝以及红锈的形成。在较低的温度下(70℃)操作或通过适当的培训和个人保护装置能最大程度地减少烫伤。气蚀可以通过计算高蒸汽压的热水在正的吸入高度下来解决。冷凝可以通过把疏水性通风过滤器安装在易排水的地方并通过低压蒸汽夹套或电加热夹套来解决,避免过热把滤芯熔化了。红锈可以通过钝化和在低温下的操作来控制。

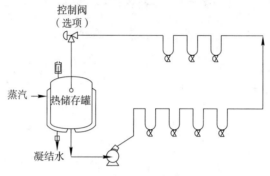

图 7 - 17 热储存与热分配

⑤ 常温储存,常温分配(图7-18):当水是在常温下生产的,只在常温下使用,并且有足够的消毒时间,使用这种方式是最合适的。由于水在常温下储存,并且没有消毒剂,微生物控制就没有热储存系统那么好。然而,在频繁进行消毒的基础上微生物也能得到很好的控制。频繁的消毒通常是通过允许储罐的液位经过使用后加热剩余的部分来获得,然后在环路上循环一段时间。减少液位就限制了消毒需要的能量和时间。消毒可以通过给储罐夹套通蒸汽,或还有一个方法是使用循环环路的换热器来对水进行加热。可能需要冷却来防止泵产生的热而导致水温升高和用于消毒后的冷却。如果允许储罐液位在消毒前通过使用而降低,或者适当地排出储罐内一定量的水,水的消耗量就低一些。这个系统的资金投入和操作成本是最小的。其他的优点是它能够提供高流速的常温制药用水,不需要复杂的使用点换热器。由于需要加热和冷却储罐内的水,它的主要缺点是消毒所需要的时间比前面所描述的方式要长。

⑥ 热储存,冷却和再加热(图7-19):当生产出的水是热的,需要严格的微生物控制,有很少的时间来进行消毒的情况下,采用这个方式最合适。它能提供非常好的微生物控制,也很容易消毒。如果有多个低温使用点,和使用点的换热器相比,它需要较少的资金投入。储罐里出来的热水通过第一个换热器时被冷却,循环到使用点,然后在返回储罐前通过第二个换热器进行再次加热。环路消毒可以通过周期性地关闭冷却介质来完成。由于不需要冲洗,水消耗量较小。这个方式的主要缺点是高能耗,不论环路中是否有使用点用水,均要冷却和再加热循环水。

⑦ 使用点换热:该方式与图7-17相同,区别是使用点需要的水的温度较低,需要安

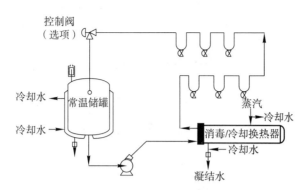

图 7 – 18　常温储存与常温分配

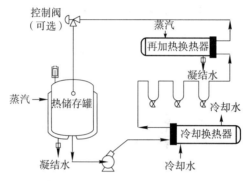

图 7 – 19　热储存、冷却与再加热

装使用点换热器。图 7 – 20、图 7 – 21、图 7 – 22 展示了三种换热器的不同设计。这三种设计允许冲洗水排放来保持较低微生物数量,并在打开使用点阀门前调节温度。这三种设计当不是马上需要用水时也允许对换热器及后面的管道进行消毒。这些方案在投资成本、消毒方法、用于冲洗的水量方面是不同的。在图 7 – 20 中,消毒是用低热源蒸汽方法来完成。图 7 – 21 中,是通过在主环路的回路上安装一个隔离阀来实现方便的操作。为了防止主环路的回流,在启动次回路之前要立即关闭阀门。从使用点最初流出的水将被排放掉。图 7 – 22 是通过主环路的热水冲洗一次就排放掉的方式来进行消毒。如前所述,可以用套管式或盘管式冷却器,还有双管板换热器来实现。

　　当在同一个环路中既有高温使用点,又有低温使用点,低温使用点的数量很少时,采用使用点换热器是最合适的。因为它们使水保持高温直到从环路中流出,它们提供非常好的微生物控制,即使它们在不使用的时候也经常地进行冲洗和消毒。当低温使用点增加时,由于投资成本和空间要求的限制,在这种情况下就应该考虑其他的方式。

　　⑧ 无储罐的常温分配(图 7 – 23):从单一主环路上分出来的次环路可能不使用中间储罐。当空间或资金都很紧张的时候,这个方式是最合适的。次环路通常是一个循环环路,当使用点阀门开启时,因为次环路的压力较低,从主环路中流出的水不能再返回到主环路,这使次环路与主环路或其他次环路之间有一定的独立性。主要的缺点是没有储存能力,通常情况下储存能力是由主环路上的储罐提供的。

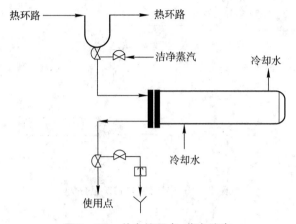

图 7 - 20　单个使用点，蒸汽消毒

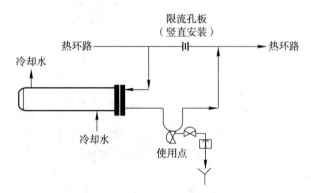

图 7 - 21　安装在次环路上的使用点

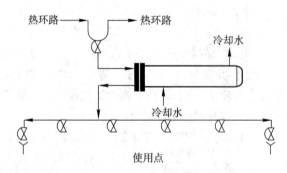

图 7 - 22　多个分支使用点的换热器

（3）建造材料

制药设备和管道系统广泛使用不锈钢。不锈钢的不反应性。耐腐蚀的特点能满足生产和热消毒的要求。然而，热塑性材料可能提供改进的质量或低的成本。便宜一点的塑料，如聚丙烯（PP）和聚氯乙烯（PVC）可以在非制药用水系统中使用。其他如聚偏氟乙烯（PVDF）提供更强的抗热能力，可能适合应用于制药用水。如果考虑不锈钢系统则包括钝化、内窥镜检测、X 射线检测在内等因素，PVDF 系统的成本可能比不锈钢系统的成本大约

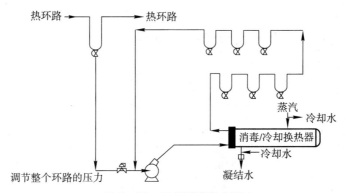

图7-23 无储罐常温分配

低10%~15%。连接PVDF管道的新方法比不锈钢焊接的更加平滑。然而,在高温下塑性材料的热膨胀成为主要问题。如果计划进行常规的钝化,材料的选择应在整个分配、储存和工艺系统中保持一致(都是316 L或者都是304 L等)。对于药典规定用水系统,首选的材料是316 L不锈钢。不锈钢管道的保温应当不能含有氯化物,支架要有隔离装置来防止电流腐蚀。304 L和316 L不锈钢已经成为行业中作为制药用水储罐材质的首选。为了避免焊接热影响区的铬损耗,与壳体接触的夹套材质应是相容的。非药典规定用水的储存可能不需要相同的抗腐蚀水平或使用低碳镍铬合金并做特殊的表面处理,这取决于用户对水的要求。

高纯水的分配系统,通过设计来规定材料和表面处理,应当结合使用可接受的焊接或其他的卫生型方法。分配和储存系统应该按照GMP要求进行安装,严格地按照明确的操作规程进行制作、生产、完成和安装。

由于对工艺中的关键焊接参数和光滑的焊缝特点更高的控制,轨道焊接成为连接高纯度金属水系统管道的首选方法。然而,在某些情况下可能仍需要使用手动焊接。由于304 L和316 L不锈钢的高铬镍含量和易于自动焊接,它们是应用于金属管道系统的首选级别。低碳和低硫级的不锈钢是药典规定用水系统的首选,为了限制系统腐蚀和裂纹,焊接工艺的控制和检验是必要的。0.04%最大硫含量是对焊接来说是最理想的,但在焊接熔合部位的硫含量的不匹配情况下,将容易导致焊接部位削弱。如果可能的话,对于同样公称尺寸(直径)的所有管件、阀门、管子、可焊接的配件,应该购买同种规格和同熔炼炉号的钢来进行制造,这是为了使每个管道的焊接质量统一。

(4) 加工工艺

装配应当由具备资质的焊工在防止设备和材料表面污染的这种控制下的环境内来完成。为了避免被碳钢污染,在装配中首选的是专门用于焊接不锈钢(或更高级别的合金)的设施。装配必须遵从批准的质量保证计划,要有足够的系统设计和建造文件包括最新的管道及仪表布置图、系统的轴侧图、焊接检验报告等。管子和管道的焊接,无论是轨道焊还是手动焊,必须要有一个光滑的内部直径轮廓线,没有过多的凹面和凸面、焊缝的偏离弯曲、未对准、气孔或变色。当应用到一个更大的程度时就要做百分之百照相或X线分析,即使这样做既不节约成本也不可靠。强烈推荐做适当的焊接样品。

（5）系统组件（表7-9）

表7-9　水系统部件一览

项目	行业实例	优点	缺点
阀门	隔膜阀	可排净、消毒、清洁,没有蒸汽密封,无阀体内的小回陷	较高的起始成本和维护,磨损较快,高压系统下不能绝对关严
	旋塞阀/球阀	低成本,关闭较严,低维护	需要杆的密封,有细菌可能停留的小坑,消毒困难
	蝶形阀	低成本,关闭较严,低维护	需要杆的密封,有阀体小坑
垫片	人造橡胶	抗高温,不贵	耐化学品
	硅橡胶	抗高温,不贵	耐化学品
	三元乙丙橡胶	抗高温,不贵	不推荐应用蒸汽消毒场合
	聚四氟乙烯	最耐高温,惰性	系统中有冷流,更贵
	聚四氟乙烯夹层	耐高温好,耐化学品好	贵,对挤压敏感
通风过滤器	0.2 μm 疏水滤芯夹套蒸汽或电加热	减少生物负荷和微粒	由于湿润可能导致堵塞
换热器	双管板(管壳式)	卫生型设计,防止向设备洁净侧泄露	比较贵
	单管板(管壳式)	比双管板便宜	需要在洁净侧维持高的压差,操作困难
	同心管	低泄露可能	换热系数低,需要换热面积大
	板框式	最便宜	泄露可能最大,需要双密封垫
泵	离心泵	很普遍应用	便宜一点,较低的维护
	定容式	很普遍应用,当需要更高的释放压时更加有效	更贵,更高维护
机械密封	双	连续冲洗,生产中的可靠性较高	在安装和操作上都较贵
	单	便宜一些	没有覆盖物的叶片类型,存在可清洗的问题
连接类型	卫生快开连接	最小的缝隙,容易检查,容易拆卸	压力限制,尺寸限制
	法兰连接	管道系统中较容易,应用在高压场合好,推荐管子的内径大于4英寸	高成本,垫片突出,出现缝隙机会较大
罐	夹套(半管式)	热效率好	需要很好的焊接
	夹套(全夹套式)	焊接少,焊接失败的可能性小	热效率低
	没有夹套	允许对罐进行完全外部检察	需要外部换热器
爆破片		安全卸放装置可以防止在通风过滤器堵塞时罐被破坏。设计的罐是常压罐,而不是压力容器	

① 换热器。可以使用管壳式、套管式和板式换热器。虽然板式换热器可能有成本优势,但是由于被发现可能会造成较大的污染危险,所以在药典规定的分配部分较少使用。然而,板式换热器却普遍应用于预处理终端纯化之前。在管壳式换热器中,被处理的水经过管束,冷却或加热介质的污染风险可以通过使用双管板来明显地降低。U型管的管束的完全排净可以通过位于换热器内的每一个导程内位于最低点的泪孔来实现。如果能确保正压差在"洁净"侧,就能进一步地减少污染的风险。同样,板式换热器应在洁净侧水的压力比加热或冷却介质侧压力高的情况下来进行操作。电导率仪可以用来监测泄漏。装置的设计应允许完全排净和准备好检查和清洁的通道。

② 通风过滤器。药典规定用水系统的储罐上使用通风过滤器,来减少在液位降低时的污染。组件是由疏水性的 PTFE 和 PVDF 组成,可以防湿,孔径通常是 0.2 μm。过滤器应该能承受消毒温度,在选型时应能满足在快速地注入水或在高温消毒的循环中体积收缩的情况下能有效地卸放负压。在热系统中的过滤器通常用夹套来减少冷凝液的形成,冷凝液的形成会使储罐上的疏水性过滤器堵塞。如果使用蒸汽消毒,储罐应设计成完全真空或有真空保护装置。通风过滤器的安装也应能排出由高温操作或消毒所产生的冷凝液,还要容易更换。滤芯要与过滤器壳体相匹配。安装在药典规定用水储罐上的通风过滤器应做完整性测试,但是可能不需要同无菌过滤器那样来进行验证。

③ 泵和机械密封。离心泵普遍用于分配系统当中。应当检查性能曲线和吸入压头要求来防止气蚀,气蚀会引起微粒污染。由于在冷系统中温度会有很大升高或在热系统中的蒸汽压会产生气蚀,也应当考虑泵在很长一段时间内在低流速或没有排净的情况下产生的热。当泵位于分配系统的最低端时可以通过泵壳的最低点排放使系统完全排净。尽管有双机械密封,与注射用水或其他相容的密封,水的冲洗可能会使污染的可能性最小;也可以使用向外冲洗的单机械密封。在特别关键的应用中,可能要求使用抛光的转动元件。可以安装双泵用来备用,但应确保整个系统内水的流动。

④ 管道系统部件

管道和管子:拉伸的无缝和或纵向焊接管道普遍应用于直径是两英寸和更小的管道的系统中。近年来,外表类似于无缝的焊接钢管的使用越来越多,并且价格相对于无缝管要低很多。PVDF 经证明也是可用的材料,但在实际中,不锈钢管的应用是最广泛的。

管件:单一管件可能生产少到一个多到五个。从焊接内容、文件和成本方面考虑,这可能极大地影响最终产品的适用性。

阀门:制药用水行业趋向于在高纯水系统中使用隔膜阀,特别是应用在隔离场合。蒸汽系统中可以接受使用卫生球阀,它需要较少的维护。下面是水系统部件的一个总结,列出了普遍的行业实例及各自优点和缺点。

目前所谓的"零死点阀门",也是隔膜阀的一种。优点是无死角,但价格较高,建议生产高风险品种(如生物制品等)和有条件的企业选择使用。

(6) 微生物控制设计考虑

在一个特定的水储存和分配系统中,总是要预想出一些促进微生物生成问题的特定的基本条件,以下几个基本办法可以抑制这些问题。典型能促进微生物生成的基本条件有:

• 停滞状态和低流速区域;

- 促进微生物生长的温度(15~55 ℃);
- 供水的水质差。
- 减轻这些问题的一些基本方法如下:
- 维持臭氧水平在 0.02~0.2 μL/L 之间;
- 连续的湍流;
- 升高的温度;
- 合适的坡度;
- 细菌滋生聚集最小的光滑和洁净的表面;
- 经常排放,冲洗或消毒;
- 排水管道的空气间隙;
- 确保系统无泄漏;
- 维持系统正压。

处理微生物控制这个关键问题,通常适合的方法之一是使用趋势分析法。使用这种方法,警戒和行动水平与系统标准有关。因此对警戒和行动水平的反应策略能也应该制定出来。即使是最谨慎的设计,也有可能在有些地方形成微生物膜。工程设计规范,如消除死角,保证通过整个系统有足够的流速,周期性的消毒能帮助控制微生物。因此这是在下列情况下储存和分配循环系统中常见的实例:

在大于 70 ℃ 或臭氧的自消毒的条件下。

在常温环境下,消毒是通过验证的方法控制微生物生长。

如果全部忽略所有下述条件,则大大增加了微生物负荷问题的可能性——包括表面处理、储罐方位、储罐隔离、储罐周转率、管道坡度、排放能力、死角(3D 规则)和流速等。

① 表面处理。常见的行业实例是从研磨管道到表面 Ra 0.38 先机械抛光后电抛光和管道。电抛光与电镀工艺相反,它可以改进机械抛光后的不锈钢管道和设备的表面处理。减少表面面积和由机械抛光引起的表面突变,因为这些会引起红锈或变色。系统进行机械抛光或电抛光后,应确定抛光物质完全从管道中去除,这样就不会加快腐蚀。系统在常温或不经常消毒的环境下操作可能需要较光滑的表面处理。在药典规定用水系统中,为了减少细菌附着力和加强清洁能力,不锈钢管道系统内部表面处理,主要是用研磨/电抛光。为了达到较好的(R_a 0.4~1.0)的光滑表面,需要相当大的费用。另一个可行的方法是拉伸的 PVDF 管道,尽管 PVDF 有其他的缺点,但它在不用抛光的情况下具有比大多数金属系统更光滑的表面,但目前在国内普遍不采用。

② 储罐方位。立式结构是最普遍的,因为有如下优点:制造成本低;较小死水容积;简单喷淋球设计;需要的占地面积小;当厂房高度受限时可采用卧式。

③ 储罐隔离。对于药典和非药典规定用水,在担心微生物污染的地方的普遍做法是使用 0.2 μm 疏水性通风过滤器。对于热储存容器,通风过滤器必须通过加热来减少湿气的冷凝。另一个可行的方法是向罐内充进 0.2 μm 过滤的空气或氮气。如果二氧化碳会引起最终产品的氧化问题,可以充进氮气来进行保护。

④ 储罐周转率。普遍的做法是罐的周转率 1~5 h/次。周转率对使用外部消毒或处理设备的系统很重要。当储罐处于消毒条件下包括热储存或臭氧,在这种情况下就限制了

微生物的生长,此时周转率是不怎么重要的,如冷储存(4~10 ℃)＜我国药典附录中提及的是低于 4 ℃＞,但是必须有文件证明。有些储罐的周转率是为了避免死区。

⑤ 系统排净能力。用蒸汽进行消毒或灭菌的系统必须要完全排净来确保冷凝液被完全去除。从来不用蒸汽消毒或灭菌的系统不需要完全排净,只要水不在系统中停滞就可以了。考虑设备和相关的管道的排放是一个好的工程上的做法。

⑥ 死角。好的工程规范是在有可能的情况下尽量减少或去除死角。常见的做法是限制死角小于 6 倍分支管径或更小,这是源于 1976 年 CFR212 规范中所提出的"6 D"规定。最近行业方面的专家建议指导采用 3 D 或更小,而 WHO 所建议的死角长度是 1.5 D 或更小。然而,这个新的指导引起了混乱,因为这个标准的建议者通常是从管道外壁来讨论死角的长度,但是最初的 6 D 法规指的是从管道中心到死角末端的距离。显而易见,如果一个 1.27 cm(1/2 英寸)的分支放在一个 7.62 cm(3 英寸)的主管道上,从主管道中心到管道的外壁已经是 3 D 了。因此,即使是零死角阀门可能都达不到 3 D 要求,为了避免将来造成混乱,本指南建议死角长度从管的外壁来考虑。

⑦ 正压。始终维持系统的正压是很重要的。我们普遍关注的一个问题是系统的设计如果没有足够的回流,在高用水量时使用点可能会形成真空。这可能引起预想不到的系统微生物挑战。

⑧ 循环流速。常见的做法是设计循环环路最小返回流速为 3 ft/s(0.9 m/s)或更高,在湍流区雷诺数大于 2100。返回流速低于 3 ft/s(0.9 m/s)在短时期内可以接受,或在不利于微生物生长的系统内也可以接受,如热、冷或臭氧的环路当中。在最小返回流速的情况下,要维持循环内在正压下充满水。

六、日常运行管理

1. 纯化水和注射用水系统的运行方式

纯化水和注射用水系统的运行徐考虑到管道分配系统的定期清洁和消毒,通常有两种运行方式。一种是将水像产品一样作成批号,即批量式运行方式。"批量式"运行方式主要是出于安全性的考虑,因为这种方法能在化验期内将一定量的水份隔开来,直到化验有了结论为止。另一种是连续制水的"直流式"运行方式,可以一边生产一边使用。

2. 纯化水、注射用水系统的日常管理

制水系统的日常管理包括运行、维修,它对验证及正常使用关系极大。所以应建立监控、预修计划,以确保水系统的运行始终出于受控状态。这些内容包括:

① 水系统的操作和维修规程。

② 关键的水质参数和运行参数的监测计划,包括关键仪表的校准。

③ 定期消毒/灭菌计划。

④ 水处理设备的预防性维修计划。

⑤ 键水处理设备(包括主要的零部件)、管路分配系统及运行条件便更的管理方法。

⑥ 定期进行水质变化趋势分析。

⑦ 制备、清洁和消毒、维修和维护、呼吸器滤芯的更换、紫外等的运行以及更换记录。

第四节

制药用水系统生命周期及验证

一、概述

为了更好地理解验证生命周期的概念,首先应该了解一下制药用水和蒸汽系统生命周期的阶段及各个生命周期内环节的关系。ISPE 良好实践指南《制药用水和蒸汽系统调试与确认》尝试把项目管理、调试和确认、日常操作相结合到验证生命周期这个概念内。表 7-10 详细描述了水和蒸汽系统的验证生命周期有关因素。

① 项目启动和概念设计。

② 设计:初步设计和详细设计。

③ 采购和施工。

④ 调试和确认。

⑤ 日常操作。

⑥ 系统生命周期中的维护验证状态。

二、设计阶段

对水和蒸汽系统项目信息了解后进入设计阶段并形成文件。V-模型描述了在确认过程中进行测试的 3 类文件:用户需求说明、功能设计说明、详细设计说明(Detailed design specification,DDS)。根据项目执行的策略和大小,这些文件可以合并在一起。然而,测试需求仍然需要分成三个阶段。在不同确认阶段的测试项目应重点考虑文件中描述的要求。

用户提出的其他技术要求同样需要进行测试。比如 EHS 或者其他不影响产品质量的项目,都需要测试并形成文件记录以满足特定的要求。这些可能会是交付的调试测试计划和报告的一部分。GMP 要求的测试项目必须包含在确认方案中。

表 7-10 水和蒸汽系统的验证生命周期

工程及验证项目任务		项目启动和概念设计	设计:初步设计和详细设计	采购和施工	调试和确认（项目完成）	日常操作
项目控制	组织项目团队 确定成员职责 费用控制和进度表 项目执行计划 项目验证计划	√				

续表

工程及验证项目任务		项目启动和概念设计	设计:初步设计和详细设计	采购和施工	调试和确认（项目完成）	日常操作
设计阶段	URS FDS DDS 系统安全设计审核 部件影响性评估 CQA CPP 评估 最终设计审核		√			
调试和确认	项目调试和确认计划		√			
采购和施工	系统制造和施工 供应商文件/交付包			√		
调试	FAT 开机启动 调试活动 SOP 和维护指南 取样				√	
确认	IQ/OQ/PQ 方案编写 IQ 执行、OQ 执行、PQ 执行 最终报告				√	
项目技术和文件移交	项目关闭和交付				√	
日常质量监控	化学项 微生物 内毒素 工厂特殊质量标准和参数					√
定期的质量回顾						√
维持系统的验证状态	根据项目变更水平或者定期质量回顾的结果采取相应的措施 位置变化可能重新制定 URS					√

三、用户需求说明

用户需求说明在概念设计阶段形成，并在整个项目生命周期内不断审核及更新。如果可能用户需求说明应该在详细设计之前定稿。用户需求说明应避免在确认活动开始之后进行变更，这样会浪费大量时间来修改确认方案及重复测试。在最终设计确认过程中应对用户需求说明进行详细审核以保证设计情况满足用户期望。用户需求说明的审核结果可以汇总到最终设计确认报告中。

用户需求说明应该说明制药用水和蒸汽系统在生产和分配系统的要求。一般来讲,用户需求说明应该说明整体要求,水和蒸汽系统的性能要求。这些说明会定义出关键质量属性的标准,包括水和蒸汽质量说明,比如说 TOC、电导率、微生物及内毒素等。系统设计要求有可能受供水质量,季节变化等因素的影响。供水的质量应该在功能设计说明、详细设计说明中注明。

用户需求说明应该说明直接影响的水和蒸汽系统的用途,这些项目应该在性能确认中进行测试和确认,测试要求应该注明。

用户需求说明一般是个简单的摘要式文件,每个性能确认部分应该在用户需求说明中有描述。任何一个用户需求说明性能要求标准的变更都需要在 QA 的变更管理下进行。

四、功能设计说明

功能设计说明可以是一个或多个文件,描述直接影响的水和蒸汽系统如何来执行功能要求。一般来说,进行采购和安装之后,功能设计说明的功能应该在调试和运行确认中测试和确认。

功能设计说明应该包括如下要求:

① 水或蒸汽系统规定的容量、流速。

② 制药用水制备系统的供水质量。

③ 报警和信息。

④ 用点要求,如流速、温度、压力。

⑤ 储存与分配系统的消毒方式。

⑥ HMI 的画面形式。

⑦ 工艺控制方法包括输入、输出、连锁的结构。

⑧ 电子数据储存及系统安全。

五、详细设计说明

详细设计说明可以是一个或多个文件,用来描述如何建造直接影响水和蒸汽系统。一般来说采购施工和安装完成后,详细设计说明在安装确认中测试及确认:

① 建造系统的材料,如何保证水和蒸汽的质量,如果没有采用这些材质,可能会造成污染、腐蚀和泄漏。

② 泵、换热器、储罐及其他设备功能说明包括关键仪表。

③ 正确的设备安装。错误的设备安装如反渗透单元、去离子设备会导致的系统性能问题。

④ 系统的文件要求。

⑤ 储罐呼吸器操作(如电加热还是蒸汽加热)。

⑥ 处理系统的描述(如工艺流程图),供水质量和季节变化对系统的影响。

⑦ 电路图:这些图纸可以用来对系统的构造检查和故障诊断。

⑧ 硬件说明:构造样式和自控系统的硬件说明(参见 GAMP 5)。

六、系统影响性评估

每一个系统都有它的功能作用,根据图纸在物理上的可分割性对系统进行界限的划分。

了解直接影响、间接影响、无影响系统之间的区别非常重要,所有划分的系统都应该进行影响性评估。

(1) 直接影响系统

① 以饮用水为原水的整套制备系统。

② 储存和分配管网系统。

③ 纯蒸汽发生器。

(2) 间接影响系统(为直接影响系统提供支持)

① 工业蒸汽和冷冻水系统。

② 饮用水系统(饮用水的水质需要有长期的日常监测记录文件做支持)。

(3) 无影响系统

① 卫生用水。

② 设备操作运行的支持系统(对水质无影响的系统):电力系统,仪表压空系统。

七、部件关键性评估

组成系统的部件一般是在 P&ID 上有唯一编号的,部件也可能是操作单元或者小型设备[多介质过滤器、反渗透(reverse osmosis,RO)单元、热交换器、泵、紫外线(ultraviolet light)等]。

关键部件的操作、接触、控制数据、报警或者失效对水和蒸汽质量是直接影响的部件。包括:

① 纯化水制备系统中 RO/EDI(电去离子,electrodeionization)最终工艺步骤。

② WFI 分配系统中温度传感器(用于微生物控制)。

③ 在线 TOC 仪。

非关键部件是指部件的操作、接触、控制数据、报警或者失效对水和蒸汽质量是间接或者无影响的部件。一般直接影响的水和蒸汽系统中的非关键部件包括:

① 多介质过滤器排放管路的压力表。

② 软化器供水的温度表。

③ 预处理系统的在线过滤器。

④ 多介质过滤器和软化器。

虽然这些部件不会影响最终水质但是其操作会影响下游设备的使用寿命。

非关键的仪器包含非关键的部件。从设计到采购和操作,这些仪器应该在 GEP 的管理范畴。对于非关键性仪器、追溯性、维护和校准要求要比关键仪器要求低。对于非关键性部件,一般需要进行的确认活动包括:

① 仪表适用性、技术参数、材质及内部结构的审核。

② 校验和维护管理计划。

③ 检查、追溯性和更换管理。

④ 失效分析(视情况而定)。

⑤ 仪表精度的重要性。

⑥ 仪表维护后精度的重要性。

在直接影响的水和蒸汽系统中,组成系统的各个部件应该评估对最终水质的影响。所有的有"部件编号"的工艺单元或者部件都应该评估。评估应该采用风险分析的方法。

一个工艺步骤单元(比如多介质、软化器)是非关键步骤,那么所有组成部件被认为是非关键部件。如果某个工艺单元在其系统中的重要性越来越高,那么这个工艺单元会包括更多的关键部件。

八、风险评估

风险评估用于确定出所有的潜在危险及其对患者安全、产品质量及数据完整性的影响,应对药品生产全过程中的制药用水和蒸汽系统可能存在的潜在风险进行评估。

根据风险评估的结果,决定验证活动的深度和广度,将影响产品质量的关键风险因素作为验证活动的重点,通过适当增加测试频率、延长测试周期或增加测试的挑战性等方式来证实系统的安全性、有效性、可靠性。

针对每一个系统部件或功能参数,使用 FMEA 的方法进行风险评估,并采取措施降低较高等级的风险。以注射用水制备系统为例(表 7 – 11)。

表 7 – 11　关键部件/功能风险评估矩阵示例

关键部件/功能	说明/任务	失效事件	最差情况	严重性	可能性	可检测性	风险优先性	建议控制措施
喷淋球	注射用水通过此喷淋球回到储罐中	材质不符合要求	腐蚀脱落杂质,对 WFI 造成污染	高	高	高	中	IQ 方案中检查材质证书
		长期使用堵塞,摩擦脱落铁屑	脱落杂质,WFI 造成污染	高	低	低	高	维护 SOP 中规定,对喷淋球的状态进行检查
		回水压力不够不能正常喷淋	罐内有清洗死角	高	高	高	中	在 OQ 中对回水压力进行确认

水系统数据的趋势分析可以作为风险评估的一部分。这些数据可以说明该直接影响的水系统处于验证的状态(这些记录文件可以证明水质持续合格)。不正常的或者不符合预期的水质趋势,实际数据的变化都说明该系统应该停止使用(SOP 审核、重新确认),以纠正水质关键属性的超标趋势。

九、设计确认

在施工之前,制药用水系统的设计文件(用户需求说明、功能设计说明、详细设计说明等)都要逐一进行检查已确保系统能够完全满足用户需求说明及 GMP 中的所有要求。设计确认应该持续整个设计阶段,从概念设计到开始采购施工,应该是一个动态的过程。设计确认的形式是多样和不固定的,会议记录、参数计算书、技术交流记录、邮件等都是设计确认的证明文件。但是目前的通用做法是在设计文件最终确定后总结一份设计确认报告,其中包括对用户需求说明的审核报告。

以下列出了制药用水系统的设计确认报告中应该包含的内容:

① 设计文件的审核。制备和分配系统的所有设计文件(用户需求说明、功能设计说明、P&ID、计算书、设备清单、仪表清单等)内容是否完整、可用且经过批准。

② 制备系统的处理能力。审核制备系统的设备选型、物料平衡计算书,是否能保证用一定质量标准的供水制备出合格的纯化水,注射用水或者纯蒸汽,产量是否满足需求。

③ 储存和分配系统的循环能力。审核分配系统泵的技术参数及管网计算书确认其能否满足用点的流速、压力、温度等需求,分配系统的运行状态是否能防止微生物的滋生。

④ 设备及部件。制备和分配系统中采用的设备及部件的结构、材质是否满足 GMP 要求。如反渗透膜是否可耐巴氏消毒,储罐呼吸器是否采用疏水性的过滤器,阀门的垫圈材质是否满足 GMP 或者 FDA 要求等。

⑤ 仪表确认。制备和分配采用的关键仪表是否为卫生型连接,材质、精度和误差是否满足用户需求说明和 GMP 要求。

⑥ 管路安装确认。制备和分配系统的管路材质、表面光滑度是否符合用户需求说明,连接形式是否为卫生型,系统坡度是否能保证排空,是否存在盲管、死角,焊接是否制定了检测计划,纯蒸汽分配管网的疏水装置是否合理等。

⑦ 消毒方法的确认。系统采用何种消毒方法,是否能够保证对整个系统包括储罐、部件、管路进行消毒,如何保证消毒的效果。

⑧ 控制系统确认。控制系统的设计是否符合用户需求说明中规定的使用要求。如权限管理是否合理,是否有关键参数的报警,关键参数数据的存储。

十、采购和施工

采购和施工是在任何一个项目中都存在的管理活动。各公司应该有专门的部门进行管理,以保证直接影响的水和蒸汽系统的项目采购和施工能够成功完成并有文件记录。

采购活动必须保证采购的材料符合设计文件说明。设备材料的接受应该对其质量及型号等进行检查,并记录。一份良好的材料接收检查记录有利于调试和安装确认的执行。

施工方应该在施工过程中形成施工文件。这些施工文件对于调试和确认都是很重要的。项目前的采购和施工文件计划会加速施工、调试和确认的进度。

十一、调试

调试应该是一个有良好计划、文件记录和工程管理的用于设备系统启动和移交给最终用户的方法。并且保证设备和系统的安全性能和功能性能均能满足设计要求和用户期望。确认活动提供由质量部门审核通过的文件记录,这些记录证明用户接收到的设备或者系统可以生产和分配符合一定质量标准的水和蒸汽系统。

水系统的操作者应该特别关注调试和确认计划,此计划可以提高调试和确认的效率,并减少费用(时间、人力、物理)。调试和确认计划应该确保所有的确认活动全面而且不重复。例如,一个好的计划可以利用工厂验收测试或者现场测试完成所有的调试和确认活动。对于一个水系统来说,可能将工厂验收测试、现场验收测试、调试和确认活动整合在一起也许是有利的。然而,在工厂验收测试中能够实现的调试和确认的活动多取决于支持设备的能力,厂房设施等条件是否具备。整个项目中关于工厂测试、现场验收测试、调试和安装确认/运行确认/性能确认的方法应该合理计划并参考工厂验收测试和现场验收测试中积累的信息。质量部门应该参与调试和确认计划的建立。

制药用水系统的设计源于最终用户对平均用水量和瞬间最大用水量及水质的要求。制备和分配系统的取样结果应该符合设计或者规范要求。调试和确认计划应制定取样计划,以判定是否满足用户需求、水质如何? 并为"了解工艺"提供支持。

确认活动不是调试活动的简单复制,更确切地说确认活动是保证所有的影响水和蒸汽质量的活动和项目都包括在工程计划范围内,并且按计划执行且有文件记录。一个有质量部门参与的良好调试计划,可以使确认过程对调试中执行并记录的活动进行复核而不是简单的重复,安装确认和运行确认方案可以简单的对调试过程中执行的所有影响水和蒸汽质量的活动(文件记录)进行复核。如果有项目在调试中没有进行检查,那么在确认方案中应该对其进行详细描述并执行。在良好的计划的基础上,确认活动可以在工厂验收测试和现场验收测试中执行。对于微小的系统改动,可以不进行调试,直接在确认方案中测试其是否满足要求。如果按照这样执行,在确认方案中应该说明系统为微小的改动并经过质量部门批准后进行确认。质量部门尽早介入调试和确认计划是很重要的,这有利于文件记录的审核和批准,也可以保证后期的确认活动更容易执行和满足要求。

十二、安装确认

在安装确认中,一般把制药用水的制备系统和储存分配系统分开进行。

1. 安装确认需要的文件

(1) 由质量部门批准的安装确认方案。

(2) 竣工文件包:工艺流程图、管道仪表图、部件清单及参数手册、电路图、材质证书、焊接资料、压力测试清洗钝化记录等。

(3) 关键仪表的技术参数及校准记录。

(4) 安装确认中用到的仪表的校准报告。

(5) 系统操作维护手册。

(6) 系统调试记录如工厂验收测试和现场验收测试记录。

2. 安装确认的测试项目

(1) 竣工版的工艺流程图、管道仪表图或者其他图纸的确认 应该检查这些图纸上的部件是否正确安装,标识,位置正确,安装方向,取样阀位置,在线仪表位置,排水空断位置等。这些图纸对于创建和维持水质以及日后的系统改造是很重要的。另外系统轴测图有助于判断系统是否保证排空性,如有必要也需进行检查。

(2) 部件的确认 安装确认中检查部件的型号、安装位置、安装方法是否按照设计图纸和安装说明进行安装的。如分配系统换热器的安装方法,反渗透膜的型号、安装方法,取样阀的安装位置是否正确,隔膜阀安装角度是否和说明书保持一致,储罐呼吸器完全性测试是否合格、纯蒸汽系统的疏水装置安装是否正确等。

(3) 仪器仪表校准　系统关键仪表和安装确认用的仪表是否经过校准并在有效期,非关键仪表的校准如果没有在调试记录中检查,那么需要在安装确认中进行检查。

(4) 部件和管路的材质和表面光洁度　检查系统的部件的材质和表面光洁度是否符合设计要求。例如制备系统可对反渗透单元、EDI 单元进行检查,机械过滤器、活性炭过滤器及软化管只需在调试中进行检查。部件的材质和表面光洁度证书需要追溯到供应商、产品批号、序列号、炉号等,管路的材质证书还需做到炉号和焊接日志对应。

(5) 焊接及其他管路连接方法的文件　这些文件包括标准操作规程、焊接资质证书、焊接检查方案和报告、焊点图、焊接记录等,其中焊接检查最好由系统使用者或者第三方进行,如果施工方进行检查应该有系统使用者的监督和签字确认。

(6) 管路压力测试、清洗钝化的确认　压力测试、清洗钝化是需要在调试过程中进行的,安装确认需对其是否按照操作规程成功完成并且文件记录。

(7) 系统坡度和死角的确认　系统管网的坡度应该保证能在最低点排空,死角应该满足 3D 或者更高的标准保证无清洗死角(纯蒸汽系统和洁净工艺气体系统的死角要求参考 GEP 的相关规定)。

(8) 公用工程的确认　检查公用系统,包括电力连接、压缩空气、氮气、工业蒸汽、冷却水系统、供水系统等已经正确连接并且其参数符合设计要求。

(9) 自控系统的确认　自控系统的安装确认一般包括硬件部件的检查、电路图的检查、输入输出的检查、HMI 操作画面的检查等。

十三、运行确认

1. 运行确认需要的文件
(1) 由质量部门批准的运行确认方案。
(2) 供应商提供的功能设计说明、系统操作维护手册。
(3) 系统操作维护标准规程。
(4) 系统安装确认记录及偏差报。

2. 运行确认的测试项目
(1) 系统标准操作规程的确认　系统标准操作规程(使用、维护、消毒)在运行确认应具备草稿,在运行确认过程中审核其准确性、适用性,可以在性能确认第一阶段结束后对其进行审批。

(2) 检测仪器的校准　在运行确认测试中需要对水质进行检测,需要对这些仪器是否在校验器内进行检查。

(3) 储罐呼吸器确认　纯化水和注射用水储罐的呼吸器在系统运行时,需检查其电加热功能(如果有)是否有效,冷凝水是否能够顺利排放等。

(4) 自控系统的确认
① 系统访问权限　检查不同等级用户密码的可靠性和相应的等级操作权限是否符合

设计要求。

②　紧急停机测试　检查系统在各种运行状态中紧急停机是否有效,系统停机后系统是否处于安全状态,存储的数据是否丢失。

③　报警测试　系统的关键报警是否能够正确触发,其产生的行动和结果和设计文件一致。尤其注意公用系统失效的报警和行动。

④　数据存储　数据的存储和备份是否和设计文件一致。

(5)　制备系统单元操作的确认　确认各功能单元的操作是否和设计流程一致。

①　纯化水的预处理和制备。原水装置的液位控制,机械过滤器、活性炭过滤器、反渗透单元、EDI单元的正常工作、冲洗的流程是否和设计一致,消毒是否能够顺利完成,产水和储罐液位的连锁运行是否可靠。

②　注射用水制备。蒸馏水机的预热、冲洗、正常运行、排水的流程是否和设计一致,停止、启动和储罐液位的连锁运行是否可靠。

(6)　制备系统的正常运行　将制备系统进入正常生产状态,检查整个系统是否存在异常,在线生产是否满足用户需求说明要求,是否存在泄漏等。

(7)　存分配系统的确认

①　循环泵和储罐液位、回路流量的连锁运行是否能够保证回路流速满足设计要求,如不低于 1.0 m/s。

②　循环能力的确认。分配系统处于正常循环状态,检查分配系统的是否存在异常,在线循环参数如流速、电导率、TOC 等是否满足用户需求说明要求,管网是否存在泄漏等。

③　峰值量确认。分配系统的用水量处于最大用量时,检查制备系统供水是否足够,泵的运转状态是否正常,回路压力是否保持正压,管路是否泄漏等。

④　消毒的确认。分配系统的消毒是否能够成功完成,是否存在消毒死角,温度是否能够达到要求等。

⑤　水质离线检测。建议在进入性能确认之前,对制备系统产水、储存和分配系统的总进、总回取样口进行离线检测,以确认水质。

十四、性能确认

纯化水或者注射用水的性能确认一般采用三段法,在性能确认过程中制备和储存分配系统不能出现故障和性能偏差(表 7 - 12,表 7 - 13)。

第一阶段连续取样 2~4 周,按照药典检测项目进行全检。目的是证明系统能够持续产生和分配符合要求的纯化水或者注射用水,同时为系统的操作、消毒、维护 SOP 的更新和批准提供支持。

第二阶段连续取样 2~4 周(国内企业很多采用 3 个月为周期的也可以),目的是证明系统在按照相应的 SOP 操作后能持续生产和分配符合要求的纯化水或者注射用水。对于熟知的系统设计,可是当减少取样次数和检测项目。

第三阶段根据已批准的 SOP 对纯化水或者注射用水系统进行日常监控。测试从第一阶段开始持续一年,从而证明系统长期的可靠性能,以评估季节变化对水质的影响。

表 7 – 12　纯化水性能确认取样点及检测计划(示例)

阶段	取样位置	取样频率	检测项目	检测标准
第一阶段	制备系统/原水罐	每月一次	国家饮用水标准[1]	国家饮用水标
	制备系统/机械过滤器	每周一次	淤泥指数(SDI)	<4[2]
	制备系统/软化器	每周一次	硬度	<1[2]
	制备系统/产水	每天	全检	药典或者内控标准
	储罐和分配系统总进总回取样口	每天	全检	药典或者内控标准
	分配系统各用点取样口	每天	全检	药典或者内控标准
第二阶段	制备系统/原水罐	每周一次	国家饮用水标准[1]	国家饮用水标准[1]
	制备系统/机械过滤器	每周一次	淤泥指数(SDI)	<4[2]
	制备系统/软化器	每周一次	硬度	<1[2]
	制备系统/产水	每天	全检	药典或者内控标准
	储罐和分配系统总进总回取样口	每天	全检	药典或者内控标准
	分配系统各用点取样口	每周最少2次	全检	药典或者内控标准

注:①使用国家检测检疫部门出示的检验报告。②具体的标准来自制备系统厂家的使用说明。

表 7 – 13　注射用水性能确认取样点及检测计划(示例)

阶段	取样位置	取样频率	检测项目	检测标准
第一阶段	制备系统供水[1][2]	每周一次	纯化水药典规定项目	纯化水药典规定标准
	制备系统出口	每天	全检	药典或者内控标准
	储罐分配系统总进总回取样口	每天	全检	药典或者内控标准
	分配系统各用点取样口	每天	微生物、内毒素——每天 化学项目,每周最少2次	药典或者内控标准
第二阶段	制备系统供水[2]	每周一次	纯化水药典规定项目	纯化水药典规定标准
	制备系统/产水	每天	全检	药典或者内控标准
	储罐分配系统总进总回取样口	每天	全检	药典或者内控标准
	分配系统各用点取样口	每天	微生物、内毒素——每天 化学项目,每周最少2次	药典或者内控标准

注:①如供水为饮用水则每月检测一次。②如供水为纯化水,需在纯化水 PQ 第一阶段结束后,方可开始注射用水 PQ 测试。

第五节

其他用水的管理

指在药典中没有规定的水的类型也称为非药典用水,比如去离子水,反渗透水和实验室用水,这些水的种类多种多样,根据各工厂或实验室的需求不同,这些水的质量标准可能会低于或高于药典用水的要求,如生产某特殊产品,需要使用的水对化学指标的要求与纯化水相同,但需控制内毒素,这等于是将高于药典纯化水要求的一种非药典用水用于生产,那这个非药典用水完全遵循前面所提到的验证要求,甚至要根据产品的特性与要求进行更为严格的验证。

其他一些工艺用水,比如去离子水,这些水的质量一把都低于药典水的要求,但由于也用于一些工艺的前期,所以也需要进行简单的验证,这些需要根据工艺要求,进行风险评估,进而确定验证的深度和范围。

实验室用水中在研发阶段的部分用水,可能是需要遵循 GMP 要求的,那就需要按照 GMP 管理的要求进行决策使用哪种药典用水并进行相应的验证。按照 GMP 管理要求不需要使用药典用水或是实验室检验所需的用水,这些都需要有恰当的非药典用水来替代。由于实验室检验的特殊性,比如内毒素检验用水,需要低内毒素的非药典用水。这些特殊的非药典用水需要有合理的纯化措施与监控其质量的手段,需要由使用者进行风险评估后决定验证的深度和范围。

非药典用水虽然没有明确的质量标准,但对于药厂来说,使用的非药典用水质量一般不低于饮用水质量。

本章参考文献

[1] 国家食品药品监督管理局. 药品生产质量管理规范. 2010.
[2] 国家药典委员会. 中华人民共和国药典. 北京:中国医药科技出版社,2010.
[3] ISPE. Water and Steam Systems. Volume 4. 2001.
[4] 何国强. 制药工艺验证实施手册. 北京:化学工业出版社,2012.
[5] 钱应璞. 制药用水系统设计与实践. 北京:化学工业出版社,2001.
[6] 李钧,李志宁. 制药用水质量管理技术. 北京:中国医药科技出版社,2011.
[7] 国家食品药品监督管理局. 药品生产验证指南. 北京:化学工业出版社,2003.
[8] 中华人民共和国卫生部. GB5759—2006 生活饮用水卫生标准. 2006.
[9] European Pharmacopoeia. 7th ed. 2010.
[10] United States Pharmacopoeia. 34th ed. 2011.

第八章

实用法规介绍

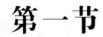

第一节

药品生产质量管理规范

一、药品生产质量管理规范概述及发展过程

《药品生产质量管理规范》(good manufacture practice, GMP)是药品生产和质量管理的基本准则,适用于药品制剂生产的全过程和原料药生产中影响成品质量的关键工序。大力推行药品 GMP,是为了最大限度地避免药品生产过程中的污染和交叉污染,降低各种差错的发生,是提高药品质量的重要措施。

世界卫生组织 1960 年代中开始组织制订药品 GMP,中国则从 1980 年代开始推行。1988 年颁布了中国的药品 GMP,并于 1992 年作了第一次修订。多年来,中国推行药品GMP 取得了一定的成绩,一批制药企业(车间)相继通过了药品 GMP 认证,促进了医药行业生产和质量水平的提高。

目前我国食品药品监督管理局颁布的《药品生产质量管理规范(2010 年修订版)》于2011 年 3 月 1 日起施行。

1. 国外 GMP 发展情况

GMP 作为制药企业药品生产和质量的法规,在国外已有约 30 年的历史。美国 FDA 于1963 年首先颁布了 GMP,这是世界上最早的一部 GMP,在实施过程中,经过数次修订,可以说是至今较为完善、内容较详细、标准最高的 GMP。凡是向美国出口药品的制药企业以及在美国境内生产药品的制药企业,都要符合美国 GMP 要求。

1969 年世界卫生组织(WHO)也颁发了自己的 GMP,并向各成员国家推荐,受到许多国家和组织的重视,经过三次修改,也是一部较全面的 GMP。

1971 年,英国制订了 GMP 第 1 版,1977 年又修订了第 2 版;1983 年公布了第 3 版,现已由欧盟 GMP 替代。

1972 年,欧共体公布了 GMP 总则,指导欧共体国家药品生产,1983 年进行了较大的修订,1989 年又公布了新的 GMP,并编制了一本"补充指南"。1992 年又公布了欧盟药品生产管理规范新版本。

1974 年,日本以 WHO 的 GMP 为蓝本,颁布了自己的 GMP,现已作为一个法规来执行。

1988 年,东南亚国家联盟也制订了自己的 GMP,作为东南亚联盟各国实施 GMP 的文本。

此外,德国、法国、瑞士、澳大利亚、韩国、新西兰、马来西亚及台湾等国家和地区,也先后制订了 GMP,到目前为止,世界上已有 100 多个国家和地区实施了 GMP 或准备实施GMP。

2. 我国 GMP 推行过程

我国提出在制药企业中推行 GMP 是在 1980 年代初,比最早提出 GMP 的美国迟了

20 年。

1982 年,中国医药工业公司参照一些先进国家的 GMP 制订了《药品生产管理规范》(试行稿),并开始在一些制药企业试行。

1984 年,中国医药工业公司又对 1982 年的《药品生产管理规范》(试行稿)进行修改,变成《药品生产管理规范》(修订稿),经原国家医药管理局审查后,正式颁布在全国推行。

1988 年,根据《药品管理法》,国家卫生部颁布了我国第一部《药品生产质量管理规范》(1988 年版),作为正式法规执行。

1991 年,根据《药品管理法实施办法》的规定,原国家医药管理局成立了推行 GMP、GSP 委员会,协助国家医药管理局,负责组织医药行业实施 GMP 和 GSP 工作。

1992 年,国家卫生部又对《药品生产质量管理规范》(1988 年版)进行修订,变成《药品生产质量管理规范》(1992 年修订版)。

1992 年,中国医药工业公司为了使药品生产企业更好地实施 GMP,出版了 GMP 实施指南,对 GMP 中一些中文,作了比较具体的技术指导,起到比较好的效果。

1993 年,原国家医药管理局制订了我国实施 GMP 的八年规划(1983 年至 2000 年)。提出“总体规划,分步实施”的原则,按剂型的先后,在规划的年限内,达到 GMP 的要求。

1995 年,经国家技术监督局批准,成立了中国药品认证委员会,并开始接受企业的 GMP 认证申请和开展认证工作。

1995 年至 1997 年原国家医药管理局分别制订了《粉针剂实施〈药品生产质量管理规范〉指南》、《大容量注射液实施〈药品生产质量管理规范〉指南》、《原料药实施〈药品生产质量管理规范〉指南》和《片剂、硬胶囊剂、颗粒剂实施〈药品生产质量管理规范〉指南和检查细则》等指导文件,并开展了粉针剂和大容量注射液剂型的 GMP 达标验收工作。

1998 年,国家药品监督管理局总结几年来实施 GMP 的情况,对 1992 年修订的 GMP 进行修订,于 1999 年 6 月 18 日颁布了《药品生产质量管理规范》(1998 年修订版),1999 年 8 月 1 日起施行,使我国的 GMP 更加完善,更加切合国情、更加严谨,便于药品生产企业执行。

历经 5 年修订、两次公开征求意见的《药品生产质量管理规范(2010 年修订版)》于 2011 年 3 月 1 日起施行。内容包括 14 章(313 条):

目录

第一章　总则

第二章　质量管理

第三章　机构与人员

第四章　厂房与设施

第五章　设备

第六章　物料与产品

第七章　确认与验证

第八章　文件管理

第九章　生产管理

第十章　质量控制与质量保证

二、质量管理

1. 原则

药品生产企业应明确符合药品质量管理要求的质量目标,将药品注册的有关安全、有效和质量可控的所有要求,系统地贯彻到药品生产、控制及产品放行、贮存、发运的全过程中,确保所生产的药品符合预定用途和注册要求。

高层管理人员确保实现既定的质量目标,不同层次的人员以及供应商、经销商应当共同参与并承担各自的责任。

企业应配备足够的、符合要求的人员、厂房、设施和设备,为实现质量目标提供必要的条件。

2. 质量保证

质量保证是质量管理体系的一部分。企业应建立质量保证系统,同时建立完整的文件体系,以保证系统有效运行。质量保证系统应当确保:

- 药品的设计与研发体现药品生产质量管理规范的要求。
- 生产管理和质量控制活动符合药品生产质量管理规范的要求。
- 管理职责明确。
- 采购和使用的原辅料和包装材料正确无误。
- 中间产品得到有效控制。
- 确认、验证的实施。
- 严格按照规程进行生产、检查、检验和复核。
- 每批产品经质量受权人批准后方可放行。
- 在贮存、发运和随后的各种操作过程中有保证药品质量的适当措施。
- 按照自检操作规程,定期检查评估质量保证系统的有效性和适用性。

药品生产质量管理是质量保证体系的一部分,是药品生产管理和质量控制的基本要求,旨在最大限度地降低药品生产过程中污染、交叉污染以及混淆、差错等风险,确保持续稳定地生产出符合预定用途和注册要求的药品。基本要求有:

- 制定生产工艺,系统地回顾并证明其可持续稳定地生产出符合要求的产品。
- 生产工艺及其重大变更均经过验证。
- 配备所需的资源,至少包括:具有适当的资质并经培训合格的人员;足够的厂房和空间;适用的设备和维修保障;正确的原辅料、包装材料和标签;经批准的工艺规程和操作规程;适当的贮运条件。
- 应当使用准确、易懂的语言制定操作规程。
- 操作人员经过培训,能够按照操作规程正确操作。
- 生产全过程应当有记录,偏差均经过调查并记录。

● 批记录和发运记录应当能够追溯批产品的完整历史,并妥善保存、便于查阅。

● 降低药品发运过程中的质量风险。

建立药品召回系统,确保能够召回任何一批已发运销售的产品。

调查导致药品投诉和质量缺陷的原因,并采取措施,防止类似质量缺陷再次生。

3. 质量控制

质量控制包括相应的组织机构、文件系统以及取样、检验等,确保物料或产品在放行前完成必要的检验,确认其质量符合要求。质量控制的基本要求:

● 配备适当的设施、设备、仪器和经过培训的人员,有效、可靠地完成所有质量控制的相关活动。

● 应当有批准的操作规程,用于原辅料、包装材料、中间产品、待包装产品和成品的取样、检查、检验以及产品的稳定性考察,必要时进行环境监测,以确保符合本规范的要求。

● 由经授权的人员按照规定的方法对原辅料、包装材料、中间产品、待包装产品和成品取样。

● 检验方法应当经过验证或确认。

● 取样、检查、检验应当有记录,偏差应当经过调查并记录。

● 物料、中间产品、待包装产品和成品必须按照质量标准进行检查和检验,并有记录。

● 物料和最终包装的成品应当有足够的留样,以备必要的检查或检验;除最终包装容器过大的成品外,成品的留样包装应当与最终包装相同。

4. 质量风险管理

质量保证部制定质量风险管理规程,在整个产品生命周期中采用前瞻或回顾的方式,对质量风险进行评估、控制、沟通、审核的系统过程。

根据科学知识及经验对质量风险进行评估,以保证产品质量。质量风险管理过程所采用的方法、措施、形式及形成的文件要与存在风险的级别相适应。

三、机构与人员管理

1. 原则

药品生产企业应建立与药品生产相适应的管理机构。明确公司组织机构及部门工作职责。设立独立的质量管理部门,并分别设立质量保证部和质量检验部,履行质量保证和质量控制的职责。质量管理部门参与所有与质量有关的活动,质量保证部负责审核所有与药品生产质量管理规范有关的文件。质量管理部门人员不将职责委托给其他部门的人员。

企业应配备足够数量并具有适当资质(含学历、培训和实践经验)的管理和操作人员,明确规定每个部门和每个岗位的职责。岗位职责不遗漏,交叉的职责有明确的规定。每个人所承担的职责不多。所有人员明确并理解自己的职责,熟悉与其职责相关的要求,并接受必要的培训,包括上岗前培训和继续培训。

2. 关键人员

关键人员为企业的全职人员,包括企业负责人、生产管理负责人、质量管理负责人和质量受权人。质量管理负责人和生产管理负责人不互相兼任。质量管理负责人和质量受权人可以兼任,制定质量受权人管理规程确保质量受权人独立履行职责,不受企业负责人和其他人员的干扰。生产管理负责人、质量管理负责人和质量受权人具有相应的专业知识(微生物学、生物学、免疫学、生物化学、生物制品学等),并能够在生产、质量管理中旅行职责。

（1）企业负责人　企业负责人是药品质量的主要责任人,全面负责企业日常管理。为确保企业实现质量目标并按照《药品生产质量管理规范》的要求生产药品,企业负责人负责提供必要的资源,合理计划、组织和协调,保证质量管理部门独立履行其职责。

（2）生产管理负责人　生产管理负责人至少具有药学或相关专业本科学历(或中级专业技术职称或执业药师资格),具有至少三年从事药品生产和质量管理的实践经验,其中至少有一年的药品生产管理经验,接受过与所生产产品相关的专业知识培训。主要职责：

① 确保药品按照批准的工艺规程生产、贮存,以保证药品质量。

② 确保严格执行与生产操作相关的各种操作规程。

③ 确保批生产记录和批包装记录经过指定人员审核并送交质量管理部门。

④ 确保厂房和设备的维护保养,以保持其良好的运行状态。

⑤ 确保完成各种必要的验证工作。

⑥ 确保生产相关人员经过必要的上岗前培训和继续培训,并根据实际需要调整培训内容。

（3）质量管理负责人　公司规定质量管理负责人至少具有药学或相关专业本科学历(或中级专业技术职称或执业药师资格),具有至少五年从事药品生产和质量管理的实践经验,其中至少一年的药品质量管理经验,接受过与所生产产品相关的专业知识培训。主要职责：

① 确保原辅料、包装材料、中间产品、待包装产品和成品符合经注册批准的要求和质量标准。

② 确保在产品放行前完成对批记录的审核。

③ 确保完成所有必要的检验。

④ 批准质量标准、取样方法、检验方法和其他质量管理的操作规程。

⑤ 审核和批准所有与质量有关的变更。

⑥ 确保所有重大偏差和检验结果超标已经过调查并得到及时处理。

⑦ 批准并监督委托检验。

⑧ 监督厂房和设备的维护,以保持其良好的运行状态。

⑨ 确保完成各种必要的确认或验证工作,审核和批准确认或验证方案和报告。

⑩ 确保完成自检。

⑪ 评估和批准物料供应商。

⑫ 确保所有与产品质量有关的投诉已经过调查,并得到及时、正确的处理。

⑬ 确保完成产品的持续稳定性考察计划,提供稳定性考察的数据。

⑭ 确保完成产品质量回顾分析。

⑮ 确保质量控制和质量保证人员都已经过必要的上岗前培训和继续培训,并根据实际需要调整培训内容。

生产管理负责人和质量管理负责人通常有下列共同的职责：

① 审核和批准产品的工艺规程、操作规程等文件。

②　监督厂区卫生状况。

③　确保关键设备经过确认。

④　确保完成生产工艺验证。

⑤　确保企业所有相关人员都已经过必要的上岗前培训和继续培训,并根据实际需要调整培训内容。

⑥　批准并监督委托生产。

⑦　确定和监控物料和产品的贮存条件。

⑧　保存记录。

⑨　监督药品生产质量管理规范执行状况。

⑩　监控影响产品质量的因素。

（4）质量受权人　至少具有药学或相关专业本科学历(或中级专业技术职称或执业药师资格),具有至少五年从事药品生产和质量管理的实践经验,从事过药品生产过程控制和质量检验工作。具有必要的专业理论知识,并经过与产品放行有关的培训,独立履行其职责。主要职责:

①　参与企业质量体系建立、内部自检、外部质量审计、验证以及药品不良反应报告、产品召回等质量管理活动。

②　承担产品放行的职责,确保每批已放行产品的生产、检验均符合相关法规、药品注册要求和质量标准。

③　在产品放行前,质量受权人必须按照上述第(2)项的要求出具产品放行审核记录,并纳入批记录。

3. 培训

制药企业应有专门的部门或人员负责全公司培训管理工作。建立培训管理规程,年度培训计划经过生产管理负责人或质量管理负责人审核或批准,培训记录按要求进行存档。

与药品生产、质量有关的所有人员都经过培训,培训的内容与岗位的要求相适应。除进行《药品生产质量管理规范》理论和实践的培训外,还有相关法规、相应岗位的职责、技能、专业知识和安全防护要求的培训,并定期评估培训的实际效果。

高风险操作区(如高活性、高毒性、传染性、高致敏性物料的生产区)的工作人员需接受专门的培训。

凡在洁净区工作的人员(包括清洁工和设备维修工)定期培训,使无菌药品的操作符合要求。培训的内容包括卫生和微生物方面的基础知识。

4. 人员卫生

制药企业应建立人员卫生操作规程,所有生产质量系统人员均接受卫生要求的培训,洁净区内的人数严加控制,除动态环境监测外其他检查和监督在无菌生产的洁净区外进行,最大限度地降低人员对药品生产造成污染的风险。

人员卫生操作规程包括与健康、卫生习惯及人员着装相关的内容。生产区和质量控制区的人员经过培训,保证其正确理解人员卫生操作规程。通过图示、监督检查、定期再培训等方式确保人员卫生操作规程的执行。

制药企业建立员工体检管理规程,对人员健康进行管理,并建立健康档案。直接接触药品的生产人员上岗前接受健康检查,以后每年至少进行一次健康检查。

建立身体不适上报管理规程,要求体表有伤口、患有传染病或其他可能污染药品疾病的人员不从事直接接触药品的生产;患有传染病、皮肤病以及皮肤有伤口者、对产品质量和安全性有潜在不利影响的人员,均不得进入生产区进行操作或质量检验;未经批准的人员不得进入生产操作区。

建立进入生产区更衣标准操作规程,任何进入生产区的人员均按要求更衣和洗手。工作服的选材、式样及穿戴方式与所从事的工作和空气洁净度级别要求相适应。进入洁净生产区的人员不化妆和佩带饰物,必须按更衣要求配戴手套,避免裸手直接接触药品、与药品直接接触的包装材料和设备表面。

外来人员进出生产车间应建立管理规程,参观人员和未经培训的人员不进入生产区和质量控制区,特殊情况确需进入的,事先对个人卫生、更衣等事项进行指导,并有指定人员现场指导。

从事动物组织加工处理的人员或者从事与当前生产无关的微生物培养的工作人员通常不得进入无菌药品生产区,不可避免时,严格执行相关的人员净化操作规程;从事生产操作的人员与动物饲养人员分开,不兼任。

洁净区所用工作服的清洗和处理方式应当能够保证其不携带有污染物,不会污染洁净区。应当按照相关操作规程进行工作服的清洗、灭菌,洗衣间最好单独设置。

生产区、仓储区禁止吸烟和饮食,禁止存放食品、饮料、香烟和个人用药品等非生产用物品。

四、厂房与设施管理

1. 原则

新建的厂房的选址、设计、布局、建造或原有厂房改造和维护必须符合药品生产要求,能够最大限度地避免污染、交叉污染、混淆和差错,便于清洁、操作和维护。新建厂房根据厂房及生产防护措施综合考虑选址,厂房所处的环境能够最大限度地降低物料或产品遭受污染的风险。

企业的生产环境整洁;厂区的地面、路面及运输等不能对药品的生产造成污染;生产、行政、生活和辅助区的总体布局合理,不得互相妨碍;厂区和厂房内的人、物流走向合理。定期对厂房进行维护,并确保维修活动不影响药品的质量。建立详细的书面操作规程并按其对厂房进行清洁或必要的消毒。

公司内的厂房有适当的照明、温度、湿度和通风,确保生产和贮存的产品质量以及相关设备性能不会直接或间接地受到影响。厂房、设施的设计和安装能够有效防止昆虫或其他动物进入。采取必要的措施,避免所使用的灭鼠药、杀虫剂、烟熏剂等对设备、物料、产品造成污染。生产、贮存和质量控制区不作为非本区工作人员的直接通道。

厂房、公用设施、固定管道建造或改造后的竣工图纸应有专门的人员或部门保存。

2. 生产区

为降低污染和交叉污染的风险,厂房、生产设施和设备根据所生产药品的特性、工艺流程及相应洁净度级别要求合理设计、布局和使用,并符合下列要求。

（1）综合考虑药品的特性、工艺和预定用途等因素，确定厂房、生产设施和设备多产品共用的可行性，并有相应评估报告。

（2）应当综合考虑药品的特性、工艺和预定用途等因素，确定厂房、生产设施和设备多产品共用的可行性，并有相应评估报告。

（3）生产特殊性质的药品，如高致敏性药品（如青霉素类）或生物制品（如卡介苗或其他用活性微生物制备而成的药品），必须采用专用和独立的厂房、生产设施和设备。青霉素类药品产尘量大的操作区域应当保持相对负压，排至室外的废气应当经过净化处理并符合要求，排风口应当远离其他空气净化系统的进风口。

（4）生产 β-内酰胺结构类药品、性激素类避孕药品必须使用专用设施（如独立的空气净化系统）和设备，并与其他药品生产区严格分开。

（5）生产某些激素类、细胞毒性类、高活性化学药品应当使用专用设施（如独立的空气净化系统）和设备；特殊情况下，如采取特别防护措施并经过必要的验证，上述药品制剂则可通过阶段性生产方式共用同一生产设施和设备。

（6）药品生产厂房不得用于生产对药品质量有不利影响的非药用产品。

生产区和贮存区有足够的空间，确保有序地存放设备、物料、中间产品、待包装产品和成品，避免不同产品或物料的混淆、交叉污染，避免生产或质量控制操作发生遗漏或差错。根据药品品种、生产操作要求及外部环境状况等配置空调净化系统，使生产区有效通风，并有温度、湿度控制和空气净化过滤，保证药品的生产环境符合要求。洁净区与非洁净区之间、不同级别洁净区之间的压差大于等于 10 Pa。必要时，相同洁净度级别的不同功能区域（操作间）之间也保持适当的压差梯度。

洁净区的内表面（墙壁、地面、天棚）平整光滑、无裂缝、接口严密、无颗粒物脱落，避免积尘，便于有效清洁，并定期进行消毒。各种管道、照明设施、风口和其他公用设施的设计和安装避免出现不易清洁的部位，尽可能在生产区外部对其进行维护。

排水设施大小适宜，并安装防止倒灌的装置。尽可能避免明沟排水；不可避免时，明沟宜浅，以方便清洁和消毒。

制剂的原辅料称量在专门设计的称量室内进行。产尘操作间（如干燥物料或产品的取样、称量、混合、包装等操作间）保持相对负压或采取专门的措施，防止粉尘扩散、避免交叉污染并便于清洁。

用于药品包装的厂房或区域合理设计和布局，以避免混淆或交叉污染。如同一区域内有数条包装线，有隔离措施。生产区有适度的照明，目视操作区域的照明满足操作要求。生产区内可设中间控制区域，但中间控制操作不得给药品带来质量风险。

3. 仓储区

仓储区有足够的空间，确保有序存放待验、合格、不合格、退货或召回的原辅料、包装材料、中间产品、待包装产品和成品等各类物料和产品。仓储区的设计和建造确保良好的仓储条件，并有通风和照明设施。仓储区能够满足物料或产品的贮存条件（如温湿度、避光）和安全贮存的要求，并进行检查和监控。高活性的物料或产品以及印刷包装材料贮存于安全的区域。

接收、发放和发运区域能够保护物料、产品免受外界天气（如雨、雪）的影响。接收区的布局和设施能够确保到货物料在进入仓储区前可对外包装进行必要的清洁。

待验区有醒目的标识，且只限于经批准的人员出入。不合格、退货或召回的物料或产品隔离存放。如果采用其他方法替代物理隔离，则该方法具有同等的安全性。

有单独的物料取样区。取样区的空气洁净度级别与生产要求一致。如在其他区域或采用其他方式取样，能够防止污染或交叉污染。

4. 质量控制区

质量控制实验室与生产区分开。生物检定、微生物和放射性同位素的实验室彼此分开。

实验室的设计确保其适用于预定的用途，并能够避免混淆和交叉污染，有足够的区域用于样品处置、留样和稳定性考察样品的存放以及记录的保存。根据需要设置专门的仪器室，使灵敏度高的仪器免受静电、震动、潮湿或其他外界因素的干扰。

处理生物样品或放射性样品等特殊物品的实验室应当符合国家的有关要求。

实验动物房应当与其他区域严格分开，其设计、建造应当符合国家有关规定，并设有独立的空气处理设施以及动物的专用通道。

5. 辅助区

休息室的设置不对生产区、仓储区和质量控制区造成不良影响。更衣室和盥洗室方便人员进出，并与使用人数相适应。盥洗室不得与生产区和仓储区直接相通。维修间尽可能远离生产区。存放在洁净区内的维修用备件和工具，放置在专门的房间或工具柜中。

6. 无菌药品

洁净厂房的设计，尽可能避免管理或监控人员不必要的进入。B级洁净区的设计能够使管理或监控人员从外部观察到内部的操作。为减少尘埃积聚并便于清洁，洁净区内货架、柜子、设备等不得有难清洁的部位。门的设计便于清洁。无菌生产的 A/B 级洁净区内禁止设置水池和地漏。在其他洁净区内，水池或地漏有适当的设计、布局和维护，并安装易于清洁且带有空气阻断功能的装置以防倒灌。同外部排水系统的连接方式能够防止微生物的侵入。

按照气锁方式设计更衣室，使更衣的不同阶段分开，尽可能避免工作服被微生物和微粒污染。更衣室有足够的换气次数。更衣室后段的静态级别与其相应洁净区的级别相同。必要时，可将进入和离开洁净区的更衣间分开设置。一般情况下，洗手设施只能安装在更衣的第一阶段。气锁间两侧的门不得同时打开。可采用连锁系统或光学或（和）声学的报警系统防止两侧的门同时打开。

在任何运行状态下，洁净区通过适当的送风能够确保对周围低级别区域的正压，维持良好的气流方向，保证有效的净化能力。特别保护已清洁的与产品直接接触的包装材料和器具及产品直接暴露的操作区域。

7. 生物制品

生物制品生产环境的空气洁净度级别与产品和生产操作相适应，厂房与设施不对原料、中间体和成品造成污染。生产过程中涉及高危因子的操作，其空气净化系统等设施还符合特殊要求。在生产过程中使用某些特定活生物体的阶段，根据产品特性和设备情况，采取相应的预防交叉污染措施，如使用专用厂房和设备、阶段性生产方式、使用密闭系统等。使用密闭系统进行生物发酵的可以在同一区域同时生产，如单克隆抗体和重组 DNA 制品。

无菌制剂生产加工区域符合洁净度级别要求,并保持相对正压;操作有致病作用的微生物在专门的区域内进行,并保持相对负压。有菌(毒)操作区有独立的空气净化系统。来自病原体操作区的空气不得循环使用;来自危险度为二类以上病原体操作区的空气通过除菌过滤器排放,滤器的性能定期检查。用于加工处理活生物体的生产操作区和设备便于清洁和去污染,清洁和去污染的有效性经过验证。用于活生物体培养的设备能够防止培养物受到外源污染。

五、设备管理

1. 原则

设备的设计、选型、安装、改造和维护符合企业预定的用途,尽可能降低产生污染、交叉污染、混淆和差错的风险,便于操作、清洁、维护,以及必要时进行的消毒或灭菌。

设备应有设备采购、安装、确认的文件和记录;设备使用、清洁、维护和维修的操作规程,并保存相应的操作记录。

2. 设计与安装

生产设备不得对药品质量产生任何不利影响。与药品直接接触的生产设备表面平整、光洁、易清洗或消毒、耐腐蚀,不得与药品发生化学反应、吸附药品或向药品中释放物质。

配备有适当量程和精度的衡器、量具、仪器和仪表。

选择适当的清洗、清洁设备,并防止这类设备成为污染源。设备所用的润滑剂、冷却剂等不得对药品或容器造成污染,尽可能使用食用级或级别相当的润滑剂。生产用模具的采购、验收、保管、维护、发放及报废制定相应操作规程,设专人专柜保管,并有相应记录。

3. 维修和维护

设备的维护和维修不得影响产品质量。企业制定设备的预防性维护计划和操作规程,设备的维护和维修有相应的记录。经改造或重大维修的设备进行再确认,符合要求后方可用于生产。

4. 使用和清洁

主要生产和检验设备都有明确的操作规程。生产设备在确认的参数范围内使用。按照详细规定的操作规程清洁生产设备。生产设备清洁的操作规程规定具体而完整的清洁方法、清洁用设备或工具、清洁剂的名称和配制方法、去除前一批次标识的方法、保护已清洁设备在使用前免受污染的方法、已清洁设备最长的保存时限、使用前检查设备清洁状况的方法,使操作者能以可重现的、有效的方式对各类设备进行清洁。如需拆装设备,规定设备拆装的顺序和方法;如需对设备消毒或灭菌,规定消毒或灭菌的具体方法、消毒剂的名称和配制方法。必要时,规定设备生产结束至清洁前所允许的最长间隔时限。已清洁的生产设备在清洁、干燥的条件下存放。

用于药品生产或检验的设备和仪器,有使用日志,记录内容包括使用、清洁、维护和维修情况以及日期、时间、所生产及检验的药品名称、规格和批号等。

生产设备有明显的状态标识,标明设备编号和内容物(如名称、规格、批号);没有内容物的标明清洁状态。不合格的设备如有可能,搬出生产和质量控制区,未搬出前,有醒目的状态标识。

主要固定管道标明内容物名称和流向。

5. 校准

企业按照操作规程和校准计划定期对生产和检验用衡器、量具、仪表、记录和控制设备以及仪器进行校准和检查，并保存相关记录。校准的量程范围涵盖实际生产和检验的使用范围，确保生产和检验使用的关键衡器、量具、仪表、记录和控制设备以及仪器经过校准，所得出的数据准确、可靠。使用计量标准器具进行校准，且所用计量标准器具符合国家有关规定。校准记录标明所用计量标准器具的名称、编号、校准有效期和计量合格证明编号，确保记录的可追溯性。衡器、量具、仪表、用于记录和控制的设备以及仪器有明显的标识，标明其校准有效期。

在生产、包装、仓储过程中使用自动或电子设备的，按照操作规程定期进行校准和检查，确保其操作功能正常。校准和检查有相应的记录。

6. 制药用水

制药用水适合其用途，并符合《中华人民共和国药典》的质量标准及相关要求。制药用水至少采用饮用水来制备。水处理设备及其输送系统的设计、安装、运行和维护确保制药用水达到设定的质量标准。水处理设备的运行不得超出其设计能力。纯化水、注射用水储罐和输送管道所用材料无毒、耐腐蚀；储罐的通气口安装不脱落纤维的疏水性除菌滤器；管道的设计和安装避免死角、盲管。纯化水、注射用水的制备、贮存和分配能够防止微生物的滋生。纯化水可采用循环，注射用水可采用 70 ℃ 以上保温循环。对制药用水及原水的水质进行定期监测，并有相应的记录。

按照操作规程对纯化水、注射用水管道进行清洗消毒，并有相关记录。发现制药用水微生物污染达到警戒限度、纠偏限度时按照操作规程处理。

六、物料与产品管理

1. 原则

药品生产所用的原辅料、与药品直接接触的包装材料要符合国家和/公司制定的相应的质量标准。进口原辅料还要符合国家相关的进口管理规定。

要建立关于物料的管理文件，明确物料的采购、验收、检验、放行、贮存、使用相关的操作规程；应建立产品生产工艺规程，要求不同的品种、不同规格、不同剂型的产品分别制定相应的生产工艺规程，并建立程序规定产品贮存的条件，确保物料和产品的正确接收、贮存、发放、使用和发运，防止污染、交叉污染、混淆和差错。物料和产品的处理应当按照操作规程或工艺规程执行，并要及时准确的做好记录。

物料供应商的确定及变更要进行质量评估，要建立关于供应商开发及评审的管理程序，以确定供应商资质是否符合公司要求，所提供的物料是否满足相应级别要求等，同时要建立合格供应商清单，要经质量管理部门批准后方可执行。要与主要物料供应商签订质量协议，在协议中应当明确双方所承担的质量责任。质量管理部门应当定期对物料供应商进行评估或现场质量审计，回顾分析物料质量检验结果、质量投诉和不合格处理记录。如物料出现质量问题或生产条件、工艺、质量标准和检验方法等可能影响质量的关键因素发生重大改变时，还应当尽快进行相关的现场质量审计。

要对每家物料供应商建立质量档案,档案内容应当包括供应商的资质证明文件、质量协议、质量标准、样品检验数据和报告、供应商的检验报告、现场质量审计报告、产品稳定性考察报告、定期的质量回顾分析报告等。

物料和产品的运输要符合其相应的保证质量的要求,冷链运输产品要确保冷链条件,对运输有特殊要求的,其运输条件应当予以确认。

原辅料、与药品直接接触的包装材料和印刷包装材料的接收应当有操作规程,所有到货物料均应当按物料制定的关于物料的验收管理程序进行检查,以确保与订单一致,尤为重要的是要确认供应商已经质量管理部门批准。

物料的外包装要粘贴标签,并注明规定的信息。验收的同时要对物料表面进行清洁,并做好记录,发现外包装损坏或其他可能影响物料质量的问题,应拒绝接收,并向质量保证部报告并进行调查和记录。

每次接收均应当有记录,内容包括:

① 交货单和包装容器上所注物料的名称。

② 企业内部所用物料名称和(或)代码。

③ 接收日期。

④ 供应商和生产商(如不同)的名称。

⑤ 供应商和生产商(如不同)标识的批号。

⑥ 接收总量和包装容器数量。

⑦ 接收后企业指定的批号或流水号。

⑧ 有关说明(如包装状况)。

物料接收和成品生产后要及时按照待验管理,直至放行。物料和产品要根据其性质有序分批、按入库序号(物料)和批号(产品)贮存和周转,发放及发运应当符合先进先出、先零后整、近效期先出的原则。

使用计算机化仓储管理的,要有相应的操作规程,防止因系统故障、停机等特殊情况而造成物料和产品的混淆和差错。使用完全计算机化仓储管理系统进行识别的,物料、产品等相关信息可不必以书面可读的方式标出。但所有记录的原则要符合记录要求,并在关于物料的质量管理文件中做明确的规定。

2. 原辅料

物料管理部门和质量管理部门要制定相应的操作规程,采取核对或检验等适当措施,确认每一包装内的原辅料正确无误。

一次接收数个批次的物料,应当按物料的入库序号取样、检验、放行。

仓储区内的原辅料应当有物料货位卡,必须标明下述内容:

① 指定的物料名称和公司内部的物料编码。

② 接收时设定的入库序号。

③ 明确物料质量状态(如待验、合格、不合格、已取样)。

④ 标明有效期或复验期。

只有经质量管理部门批准放行并在有效期或复验期内的原辅料方可使用。原辅料应当按照有效期或复验期贮存。贮存期内,如发现对质量有不良影响的特殊情况,应当进行复验。

生产操作人员要严格按照相应工艺规程进行配料,核对物料后,精确称量或计量,并作好标识和记录。配制的每一物料及其重量或体积要由他人独立进行复核,并有复核记录。用于同一批药品生产的所有配料要集中存放,并作好标识。

3. 中间产品和待包装产品

中间产品和待包装产品要按规定的条件下贮存。中间产品和待包装产品要有明确的标识,至少标明下述内容:

① 产品名称和产品代码。

② 产品批号。

③ 数量或重量(如毛重、净重等)。

④ 生产工序。

⑤ 产品质量状态(如待验、合格、不合格、已取样)。

4. 包装材料

与药品直接接触的包装材料和印刷包装材料的管理和控制要求与原辅料相同。包装材料要由专人按照物料发放相关的操作规程发放,复核人复核并及时记录,使用者使用前也要由复核人复核并及时记录,以确保用于药品生产的包装材料正确无误。

要建立印刷类包装材料相关管理程序,规定印刷包装材料设计、审核、批准的操作要求,确保印刷包装材料印制的内容与药品监督管理部门核准的一致,并建立专门的文档,保存经签名批准的印刷包装材料原版实样。印刷包装材料的版本变更时,要按相关的管理程序执行,确保产品所用印刷包装材料的版本正确无误。宜收回作废的旧版印刷模版,予以销毁并记录。

印刷包装材料在设置专门区域妥善存放,未经批准人员不得进入。印刷包装材料要由专人保管,并按照相关文件和使用部门的需求量发放。每批或每次发放的与药品直接接触的包装材料或印刷包装材料,均要做记录,标明所用产品的名称、规格和批号。

过期或废弃的印刷包装材料要按公司关于不合格处理的相关文件予以销毁,并及时记录。

5. 成品

成品放行前要以待验的形式贮存,并有明确的标识标明状态。成品的贮存条件应当符合药品注册批准,和企业制定的工艺规程的要求。

6. 无菌药品的最终处理

无菌药品压塞后应尽快完成轧盖,轧盖前离开无菌操作区或房间的,要采取适当措施防止产品受到污染。无菌药品包装容器的密封性要经过验证,避免产品遭受污染。包装容器的密封性要根据操作规程进行抽样检查。

在抽真空状态下密封的产品包装容器,要在预先确定的适当时间后,检查其真空度。

要逐一对无菌药品的外部污染或其他缺陷进行检查。如采用灯检法,要在符合要求的条件下进行检查,灯检人员连续灯检时间不宜过长。应定期检查灯检人员的视力。如果采用其他检查方法,该方法应经过验证,定期检查设备的性能并记录。

7. 特殊管理的物料

药品类易制毒化学品及易燃、易爆和其他危险品的验收、贮存、管理要按公司关于易制毒及毒剧试剂相关管理程序执行。列入兴奋剂目录的药品要符合《反兴奋剂条例》的管理要求。

8. 其他

不合格的物料、中间产品、待包装产品和成品的每个包装容器上均要有清晰醒目的标志,标明产品名称、批号、编码、入库序号、数量等,有不合格状态的标识,并在不合格区域内妥善保存。不合格的物料、中间产品、待包装产品和成品的处理须经质量管理部门指定人员批准后方可销毁,并有记录。

产品回收需经预先批准,并对相关的质量风险进行充分评估,根据评估结论决定是否回收。回收要按照预定的操作规程进行,并有相应记录。回收处理后的产品要按照回收处理中最早批次产品的生产日期确定有效期。制剂产品不得进行重新加工。不合格的制剂中间产品、待包装产品和成品一般不得进行返工。只有不影响产品质量、符合相应质量标准,且根据预定、经批准的操作规程以及对相关风险充分评估后,才允许返工处理。返工应当有相应记录。对返工或重新加工或回收合并后生产的成品,质量保证部要考虑需要进行额外相关项目的检验和稳定性考察。

公司要建立药品退货的操作规程,并有相应的记录,内容至少要包括:产品名称、批号、规格、数量、退货单位及地址、退货原因及日期、最终处理意见。同一产品同一批号不同渠道的退货要分别记录、存放和处理。只有经检查、检验和调查,有证据证明退货质量未受影响,且经质量保证部根据操作规程评价后,方可考虑将退货重新包装、重新发运销售。评价考虑的因素至少要包括药品的性质、所需的贮存条件、药品的现状、历史,以及发运与退货之间的间隔时间等因素。不符合贮存和运输要求的退货,要在质量保证部监督下予以销毁。对退货质量存有怀疑时,不得重新发运。对退货进行回收处理的,回收后的产品要符合预定的质量标准。

退货处理的过程和结果要有相应记录。

七、确认与验证管理

企业通过验证主计划确定需要进行的确认或验证工作,以证明有关操作的关键要素能够得到有效控制。确认或验证的范围和程度经过风险评估来确定。

厂房、设施、设备和检验仪器经过确认,采用经过验证的生产工艺、操作规程和检验方法进行生产、操作和检验,并保持持续的验证状态。

建立确认与验证的文件和记录,并能以文件和记录证明达到以下预定的目标:

① 设计确认(DQ)证明厂房、设施、设备的设计符合预定用途和《药品生产质量管理规范》要求。

② 安装确认(IQ)证明厂房、设施、设备的建造和安装符合设计标准。

③ 运行确认(OQ)证明厂房、设施、设备的运行符合设计标准。

④ 性能确认(PQ)证明厂房、设施、设备在正常操作方法和工艺条件下能够持续符合标准。

工艺验证证明一个生产工艺按照规定的工艺参数能够持续生产出符合预定用途和注册要求的产品。采用新的生产处方或生产工艺前,确认、验证生产条件,验证其常规生产的适用性,以保证生产工艺在使用规定的原辅料和设备条件下,能够始终生产出符合预定用途和注册要求的产品。

当影响产品质量的主要因素,如原辅料、与药品直接接触的包装材料、生产设备、生产环境(或厂房)、生产工艺、检验方法等发生变更时,进行确认或验证。

清洁方法经过验证,证实其清洁的效果,以有效防止污染和交叉污染。清洁验证综合考虑设备使用情况、所使用的清洁剂和消毒剂、取样方法和位置以及相应的取样回收率、残留物的性质和限度、残留物检验方法的灵敏度等因素。

确认和验证不是一次性的行为。首次确认或验证后,根据产品质量回顾分析情况进行再确认或再验证。关键的生产工艺和操作规程定期进行再验证,确保其能够达到预期结果。

制定验证总计划,以文件形式说明确认与验证工作的关键信息,根据验证的结果确认工艺规程和操作规程。验证总计划中作出规定,确保厂房、设施、设备、检验仪器、生产工艺、操作规程和检验方法等能够保持持续稳定。

根据确认或验证的对象制定确认或验证方案,并经审核、批准。确认或验证方案明确职责。确认或验证按照预先确定和批准的方案实施,并有记录。确认或验证工作完成后,写出报告,并经审核、批准。确认或验证的结果和结论(包括评价和建议)有记录并存档。

企业应当根据验证的结果确认工艺规程和操作规程。

八、文件管理

1. 原则

文件是质量保证系统的基本要素,因此要建立内容正确的书面质量标准、生产处方和工艺规程、操作规程以及记录等文件。质量管理部门要建立文件设计及文件控制管理规程,并规定文件系统的设计、制定、审核、批准和发放文件的详细操作过程。规定所有与药品生产质量管理规范有关的文件必须经质量保证部人员审核。

文件管理规程要规定文件的版面要求,每份文件规定标明题目、种类、目的以及文件编号和版本号的要求。同时要规定文件的起草、修订、审核、批准、替换或撤销、复制、保管和销毁等详细的管理规程,每种操作并填写相应的文件分发、撤销、复制、销毁记录。

文件的起草、修订、审核、批准要由适当的人员签名并注明日期。用语言描述文字要确切、清晰、易懂,不能模棱两可。文件的存档进行分类存放、条理分明,便于查阅。原版文件复制时,不得产生任何差错;复制的文件清晰可辨。文件要定期审核、修订;文件修订后,收回旧版文件,分发新版文件,防止旧版文件的误用。分发、使用的文件为批准的现行文本,已撤销的或旧版文件除留档备查外,不得在工作现场出现。

外来文件应有管理规程,以保证外来文件在受控状态下使用。

文件的保存要求:每批产品要有批记录,包括批生产记录、批包装记录、批检验记录和药品放行审核记录等与本批产品有关的记录。批记录由质量保证部负责管理,至少保存至药品有效期后一年。质量标准、工艺规程、操作规程、稳定性考察、确认、验证、变更等其他重要文件原件需长期保存。

文件的内容要与药品生产许可、药品注册等相关要求一致,并有助于追溯每批产品的历史情况。

记录反映文件执行情况的真实记载,用于证实、评价公司的管理和操作,追溯物料、产品及其生产相关信息。具体要求内容如下:

① 记录用以保证产品生产、质量控制和质量保证等活动可以追溯。记录的设计需留有足够的空格填写数据。

② 记录的填写要求:及时、准确、真实、完整,并按规定修改,记录填写及时,内容真实,字迹清晰、易读,不易擦除。

③ 记录要尽可能采用生产和检验设备自动打印的记录、图谱和曲线图等,并标明产品或样品的名称、批号和记录设备的信息,操作人签注姓名和日期。

④ 记录保持清洁,不得撕毁和任意涂改。记录填写的任何更改都要签注姓名和日期,并使原有信息仍清晰可辨,必要时,要说明更改的理由。记录如需重新誊写,则原有记录不得销毁,要作为重新誊写记录的附件保存。

如使用电子数据处理系统、照相技术或其他可靠方式记录数据资料,要有所用系统的操作规程;记录的准确性要经过核对。

使用电子数据处理系统的,只有经授权的人员方可输入或更改数据,更改和删除情况要有记录;要使用密码或其他方式来控制系统的登录;关键数据输入后,要由他人独立进行复核。用电子方法保存的批记录,要采用磁带、缩微胶卷、纸质副本或其他方法进行备份,以确保记录的安全,且数据资料在保存期内便于查阅。

2. 质量标准

根据生产工艺要求、对产品质量的影响程度、物料的特性以及对供应商的质量评估情况,确定合理的物料质量标准。中间产品或原料药生产中使用的某些材料,如工艺助剂、垫圈或其他材料,可能对质量有重要影响时,也要制定相应材料的质量标准。

质量管理部门要建立物料、中间产品或待包装产品和成品的质量标准并经批准后执行。物料的质量标准一般要包括:

(1) 物料的基本信息。

① 企业统一指定的物料名称和内部使用的物料代码。

② 质量标准的依据。

③ 经批准的供应商。

④ 印刷包装材料的实样或样稿。

(2) 取样、检验方法或相关操作规程编号。

(3) 定性和定量的限度要求。

(4) 贮存条件和注意事项。

(5) 有效期或复验期。

要建立外购的中间产品和待包装产品的质量标准;如果中间产品的检验结果用于成品的质量评价,则要制定与成品质量标准相对应的中间产品质量标准。公司若有外销的中间产品和待包装产品要分别建立质量标准。

成品的质量标准要包括:

(1) 产品名称以及产品代码。

(2) 对应的产品处方编号(如有)。

（3）产品规格和包装形式。

（4）取样、检验方法或相关操作规程编号。

（5）定性和定量的限度要求。

（6）贮存条件和注意事项。

（7）有效期。

3. 工艺规程

要按每种药品的每个生产批量分别建立工艺规程,并由生产负责人审核,质量负责人批准。不同药品规格的每种包装形式分别描述了各自的包装操作要求。工艺规程的制定是以注册批准的工艺为依据。工艺规程不得任意更改。如需更改,要按照相关操作规程修订、审核、批准。

原料药/原液的生产工艺规程要包括：

（1）所生产的中间产品或原料药/原液名称。

（2）标有名称和代码的原料和中间产品的完整清单。

（3）准确陈述每种原料或中间产品的投料量或投料比,包括计量单位。如果投料量不固定,要注明每种批量或产率的计算方法。如有正当理由,可制定投料量合理变动的范围。

（4）生产地点、主要设备（型号及材质等）。

（5）生产操作的详细说明。

① 操作顺序。

② 所用工艺参数的范围。

③ 取样方法说明,所用原料、中间产品及成品的质量标准。

④ 完成单个步骤或整个工艺过程的时限（如适用）。

⑤ 按生产阶段或时限计算的预期收率范围。

⑥ 必要时,需遵循的特殊预防措施、注意事项或有关参照内容。

⑦ 可保证中间产品或原料药适用性的贮存要求,包括标签、包装材料和特殊贮存条件以及期限。

制剂的工艺规程的内容至少要包括：

（1）生产处方。

① 产品名称和产品代码。

② 产品剂型、规格和批量。

③ 所用原辅料清单（包括生产过程中使用,但不在成品中出现的物料）,阐明每一物料的指定名称、代码和用量；如原辅料的用量需要折算时,还要说明计算方法。

（2）生产操作要求。

① 对生产场所和所用设备的说明（如操作间的位置和编号、洁净度级别、必要的温湿度要求、设备型号和编号等）。

② 关键设备的准备（如清洗、组装、校准、灭菌等）所采用的方法或相应操作规程编号。

③ 详细的生产步骤和工艺参数说明（如物料的核对、预处理、加入物料的顺序、混合时间、温度等）。

④ 所有中间控制方法及标准。

⑤ 预期的最终产量限度,必要时,还要说明中间产品的产量限度,以及物料平衡的计算方法和限度。

⑥ 待包装产品的贮存要求,包括容器、标签及特殊贮存条件。

⑦ 需要说明的注意事项。

(3) 包装操作要求。

① 以最终包装容器中产品的数量、重量或体积表示的包装形式。

② 所需全部包装材料的完整清单,包括包装材料的名称、数量、规格、类型以及与质量标准有关的每一包装材料的代码。

③ 印刷包装材料的实样或复制品,并标明产品批号、有效期打印位置。

④ 需要说明的注意事项,包括对生产区和设备进行的检查,在包装操作开始前,确认包装生产线的清场已经完成等。

⑤ 包装操作步骤的说明,包括重要的辅助性操作和所用设备的注意事项、包装材料使用前的核对。

⑥ 中间控制的详细操作,包括取样方法及标准。

⑦ 待包装产品、印刷包装材料的物料平衡计算方法和限度。

4. 设备/设施相关标准操作规程

建立设备/设施相关标准操作规程,是对设备/设施的使用、维护保养、清洁内容的描述。根据设备操作的简单、复杂程度,可分别建立设备使用、维护、清洁操作规程,也可合并为一个文件。

设备/设施使用标准操作规程要包括以下内容:

① 设备/设施名称及设备编号。

② 根据设备/设施使用手册及工艺要求编制的使用流程图和使用方法(包括控制参数)。

③ 使用过程中的安全注意事项。

④ 使用过程记录。

设备/设施维护保养标准操作规程要包括以下内容:

① 设备/设施名称及设备编号。

② 根据设备/设施使用手册/维护保养手册及工序要求制定的维护保养流程图和维护保养方法。

③ 设备/设施维护周期。

④ 易损件列表及更换周期。

⑤ 维护保养记录。

设备/设施清洁标准操作规程要包括以下内容:

① 设备/设施名称及设备编号。

② 根据设备/设施使用手册及工序要求制定的清洁方法。

③ 清洁剂及使用周期。

④ 清洁周期。

⑤ 清洁过程中需要注意的事项及人员保护。

⑥ 清洁记录。

设备、仪器、衡器校准标准操作规程至少要包括以下内容：

① 名称及编号（如果有）。

② 校准方法及合格标准。

③ 校准周期。

5. 批生产记录

要按品种和规格分别建立相应的批生产记录，可追溯该批产品的生产历史以及与质量有关的情况。批生产记录要依据现行批准的工艺规程的相关内容制定。记录的设计要避免填写差错。批生产记录的每一页要标注产品的名称、规格和批号。

原版空白的批生产记录要经生产管理负责人和质量管理负责人审核和批准。批生产记录的复制和发放均要按照操作规程进行控制并有记录，每批产品的生产只能发放一份原版空白批生产记录的复制件。在生产过程中，进行每项操作时要及时记录，操作结束后，要由生产操作人员确认并签注姓名和日期。

批生产记录的内容要包括：

① 产品名称、规格、批号。

② 生产以及中间工序开始、结束的日期和时间。

③ 每一生产工序的负责人签名。

④ 生产步骤操作人员的签名；必要时，还要有操作（如称量）复核人员的签名。

⑤ 每一原辅料的批号以及实际称量的数量（包括投入的回收或返工处理产品的批号及数量）。

⑥ 相关生产操作或活动、工艺参数及控制范围，以及所用主要生产设备的编号。

⑦ 中间控制结果的记录以及操作人员的签名。

⑧ 不同生产工序所得产量及必要时的物料平衡计算。

⑨ 对特殊问题或异常事件的记录，包括对偏离工艺规程的偏差情况的详细说明或调查报告，并经签字批准。

6. 批包装记录

每批产品或每批中部分产品的包装，要有批包装记录，以便追溯该批产品包装操作以及与质量有关的情况。批包装记录要依据工艺规程中与包装相关的内容制定。记录的设计要注意避免填写差错。批包装记录的每一页均要标注所包装产品的名称、规格、包装形式和批号。批包装记录要有待包装产品的批号、数量以及成品的批号和计划数量。原版空白的批包装记录的审核、批准、复制和发放的要求与原版空白的批生产记录相同。在包装过程中，进行每项操作时要及时记录，操作结束后，要由包装操作人员确认并签注姓名和日期。

批包装记录的内容包括：

① 产品名称、规格、包装形式、批号、生产日期和有效期。

② 包装操作日期和时间。

③ 包装操作负责人签名。

④ 包装工序的操作人员签名。

⑤ 每一包装材料的名称、批号和实际使用的数量。

⑥ 根据工艺规程所进行的检查记录,包括中间控制结果。

⑦ 包装操作的详细情况,包括所用设备及包装生产线的编号。

⑧ 所用印刷包装材料的实样,并印有批号、有效期及其他打印内容;不易随批包装记录归档的印刷包装材料可采用印有上述内容的复制品。

⑨ 对特殊问题或异常事件的记录,包括对偏离工艺规程的偏差情况的详细说明或调查报告,并经签字批准。

⑩ 所有印刷包装材料和待包装产品的名称、代码,以及发放、使用、销毁或退库的数量、实际产量以及物料平衡检查。

7. 操作规程和记录

操作规程的内容要包括:题目、编号、版本号、颁发部门、生效日期、分发部门以及制定人、审核人、批准人的签名并注明日期,标题、正文及变更历史。

厂房、设备、物料、文件和记录要有编号(或代码),并制定编制编号(或代码)的操作规程,确保编号(或代码)的唯一性。

下述活动也要有相应的操作规程,其过程和结果要有记录:

① 确认和验证。

② 设备的装配和校准。

③ 厂房和设备的维护、清洁和消毒。

④ 培训、更衣及卫生等与人员相关的事宜。

⑤ 环境监测。

⑥ 虫害控制。

⑦ 变更控制。

⑧ 偏差处理。

⑨ 投诉。

⑩ 药品召回。

⑪ 退货。

九、生产管理

1. 原则

所有药品的工艺规程和操作规程与药品生产许可和注册批准的要求相符。生产和包装均按照批准的工艺规程和操作规程进行操作并进行相关记录,划分产品生产批次的操作规程能够确保同一批次产品质量和特性的均一性,并符合现行版药典法规及法规规定。

药品批号和确定生产日期的操作规程能够确保每批药品编制唯一的批号。除另有法定要求外,生产日期不得迟于产品成型或灌装(封)前经最后混合的操作开始日期,不得以产品包装日期作为生产日期。

每批产品应当检查产量和物料平衡,确保物料平衡符合设定的限度。如有差异,必须查明原因,确认无潜在质量风险后,方可按照正常产品处理。

不得在同一生产操作间同时进行不同品种和规格药品的生产操作,除非没有发生混淆或交叉污染的可能。在生产的每一阶段,须保护产品和物料免受微生物和其他污染。在干燥物料或产品,尤其是高活性、高毒性或高致敏性物料或产品的生产过程中,采取特殊措施,防止粉尘的产生和扩散。生产期间使用的所有物料、中间产品或待包装产品的容器及主要设备、必要的操作室须贴签标识或以其他方式标明生产中的产品或物料名称、规格和批号,如有必要,还要标明生产工序。容器、设备或设施所用标识清晰明了,标识的格式经相关部门批准。除在标识上使用文字说明外,可采用不同的颜色区分被标识物的状态(如待验、合格、不合格或已清洁等)。

应有明确的标准程序和标准,确保产品从一个区域输送至另一个区域的管道和其他设备连接正确无误。每次生产结束后应当进行清场,确保设备和工作场所没有遗留与本次生产有关的物料、产品和文件。下次生产开始前,对前次清场情况进行确认。尽可能避免出现任何偏离工艺规程或操作规程的偏差。一旦出现偏差,按照偏差处理操作规程执行。

生产厂房仅限于经批准的人员出入。

无菌药品生产的人员、设备和物料应通过气锁间进入洁净区,如采用机械连续传输物料时,应采用正压气流保护并监测压差。物料准备、产品配制和灌装或分装等操作必须在洁净区内分区(室)进行。

生物制品生产和检定用细胞需建立完善的细胞库系统(原始细胞库、主代细胞库和工作细胞库)。细胞库系统应包括:细胞原始来源(核型分析、致瘤性)、群体倍增数、传代谱系、细胞是否为单一纯化细胞系、制备方法、最适合保存条件等。细胞库的建立、维护和检定应符合《中华人民共和国药典》的要求。生产和检定用菌毒种应建立完善的种子批系统(原始种子批、主种子批和工作种子批)。种子批系统应有菌毒种原始来源、菌毒种特征鉴定、传代谱系、菌毒种是否为单一纯微生物、生产和培育特征、最适保存条件等完整资料。菌毒种种子批系统的建立、维护、保存和检定应符合《中华人民共和国药典》的要求。

2. 防止生产过程中的污染和交叉污染

① 在分隔的区域内生产不同品种的药品。

② 采用阶段性生产方式。

③ 设置必要的气锁间和排风;空气洁净度级别不同的区域应当有压差控制。

④ 应当降低未经处理或未经充分处理的空气再次进入生产区导致污染的风险。

⑤ 在易产生交叉污染的生产区内,操作人员应当穿戴该区域专用的防护服。

⑥ 采用经过验证或已知有效的清洁和去污染操作规程进行设备清洁;必要时,对与物料直接接触的设备表面的残留物进行检测。

⑦ 采用密闭系统生产。

⑧ 干燥设备的进风应当有空气过滤器,排风应当有防止空气倒流装置。

⑨ 生产和清洁过程中应当避免使用易碎、易脱屑、易发霉器具;使用筛网时,应当有防止因筛网断裂而造成污染的措施。

⑩ 液体制剂的配制、过滤、灌封、灭菌等工序应当在规定时间内完成。

⑪ 软膏剂、乳膏剂、凝胶剂等半固体制剂以及栓剂的中间产品应当规定贮存期和贮存条件。

⑫ 采用隔离操作技术能最大限度降低操作人员的影响,并大大降低无菌生产中环境对产品微生物污染的风险。高污染风险的操作宜在隔离器中完成。隔离操作器及其所处环境的设计,应能保证相应区域空气的质量达到设定标准。传输装置可设计成单门或双门、甚至可以是同灭菌设备相连的全密封系统。

⑬ 应有文件规定定期检查防止污染和交叉污染的措施并评估其适用性和有效性。

3. 生产操作

生产开始前进行检查,确保设备和工作场所没有上批遗留的产品、文件或与本批产品生产无关的物料,设备处于已清洁及待用状态。检查结果进行记录。生产操作前,还须核对物料或中间产品的名称、代码、批号和标识,确保生产所用物料或中间产品正确且符合要求。对生产的过程进行中间控制和必要的环境监测,并予以记录。

每批药品的每一生产阶段完成后必须由生产操作人员清场,并填写清场记录。清场记录内容包括:操作间编号、产品名称、批号、生产工序、清场日期、检查项目及结果、清场负责人及复核人签名。清场记录应当纳入批生产记录。

4. 包装操作

包装操作规程应当规定降低污染和交叉污染、混淆或差错风险的措施。包装开始前应当进行检查,确保工作场所、包装生产线、印刷机及其他设备已处于清洁或待用状态,无上批遗留的产品、文件或与本批产品包装无关的物料。检查结果应当有记录。包装操作前,还应当检查所领用的包装材料正确无误,核对待包装产品和所用包装材料的名称、规格、数量、质量状态,且与工艺规程相符。

每一包装操作场所或包装生产线,应当有标识标明包装中的产品名称、规格、批号和批量的生产状态。有数条包装线同时进行包装时,应当采取隔离或其他有效防止污染、交叉污染或混淆的措施。产品分装、封口后应当及时贴签。未能及时贴签时,应当按照相关的操作规程操作,避免发生混淆或贴错标签等差错。

单独打印或包装过程中在线打印的信息(如产品批号或有效期)均应当进行检查,确保其正确无误,并予以记录。如手工打印,应当增加检查频次。使用切割式标签或在包装线以外单独打印标签,采取专门措施,防止混淆。对电子读码机、标签计数器或其他类似装置的功能进行检查,确保其准确运行。检查须进行有记录。

包装材料上印刷或模压的内容清晰,不易褪色和擦除。

包装期间,产品的中间控制检查至少包括下述内容:

① 包装外观。

② 包装是否完整。

③ 产品和包装材料是否正确。

④ 打印信息是否正确。

⑤ 在线监控装置的功能是否正常。

样品从包装生产线取走后不应当再返还,以防止产品混淆或污染。

因包装过程产生异常情况而需要重新包装产品的,必须经专门检查、调查并由指定人员批准。重新包装应当有详细记录。在物料平衡检查中,发现待包装产品、印刷包装材料以及成品数量有显著差异时,必须进行调查,未得出结论前,成品不得放行。包装结束时,已打印批号的剩余包装材料由专人负责全部计数销毁,并有记录。如将未打印批号的印刷包装材料退库,应当按照操作规程执行。

十、质量控制和质量保证

1. 质量控制实验室管理

质量检验部实验室的人员、设施、设备与产品性质和生产规模相适应。通常不得进行委托检验,确需委托检验的,按照委托检验要求实施,委托外部实验室进行检验,应当在检验报告中予以说明。

质量检验部负责人具有足够的管理实验室的资质和经验,可以管理本公司的一个或多个实验室。实验室的检验人员具有相关专业中专或高中以上学历,并经过与所从事的检验操作相关的实践培训且通过考核。

实验室配备药典、标准图谱等必要的工具书,以及标准品或对照品等相关的标准物质。

(1)质量检验部实验室文件管理 质量检验部实验室要有下列详细文件:

① 质量标准。

② 取样操作规程和记录。

③ 检验操作规程和记录(包括检验记录或实验室工作记事簿)。

④ 检验报告或证书。

⑤ 环境监测操作规程、记录和报告。

⑥ 检验方法验证报告和记录。

⑦ 仪器校准和设备使用、清洁、维护的操作规程及记录。

每批药品的检验记录包括中间产品、待包装产品和成品的质量检验记录,可追溯该批药品所有相关的质量检验情况;采用便于趋势分析的方法保存数据(检验数据、环境检测数据、制药用水的微生物监测数据)除与批记录相关的资料信息外,还需保存其他原始资料和记录,以便查阅。

(2)质量检验部取样管理 取样应至少符合以下要求:

① 质量管理部门的人员有权进入生产区和仓储区进行取样及调查。

② 取样操作规程应包括如下内容。

ⅰ. 经授权的取样人。

ⅱ. 取样方法。

ⅲ. 所用器具。

ⅳ. 样品量。

ⅴ. 分样的方法。

ⅵ. 存放样品容器的类型和状态。

ⅶ. 取样后剩余部分及样品的处置和标识。

ⅷ. 取样注意事项,包括为降低取样过程产生的各种风险所采取的预防措施,尤其是无菌或有害物料的取样以及防止取样过程中污染和交叉污染的注意事项。

③ 贮存条件。

④ 取样器具的清洁方法和贮存要求。

⑤ 取样方法科学、合理,能够保证样品的代表性。

⑥ 留样的取样能够代表被取样批次的产品或物料,也可抽取其他样品来监控生产过程中最重要的环节(如生产的开始或结束)。

⑦ 无菌检查的取样计划应当根据风险评估结果制定,样品应当包括微生物污染风险最大的产品。无菌检查样品的取样至少应当符合以下要求:

ⅰ. 无菌灌装产品的样品必须包括最初、最终灌装的产品以及灌装过程中发生较大偏差后的产品。

ⅱ. 最终灭菌产品应当从可能的灭菌冷点处取样。

ⅲ. 同一批产品经多个灭菌设备或同一灭菌设备分次灭菌的,样品应当从各个/次灭菌设备中抽取。

⑧ 样品的容器贴有标签,注明样品名称、批号、取样日期、取自哪一包装容器、取样人等信息。

⑨ 样品按照规定的贮存要求保存。

(3) 物料和不同生产阶段产品的检验要求

① 按照注册批准的方法进行全项检验。

② 符合下列情形之一的,应当对检验方法进行验证:

ⅰ. 采用新的检验方法。

ⅱ. 检验方法需变更的。

ⅲ. 采用《中华人民共和国药典》及其他法定标准未收载的检验方法。

ⅳ. 法规规定的其他需要验证的检验方法。

③ 对不需要进行验证的检验方法,要对检验方法进行确认,以确保检验数据准确、可靠。

④ 检验要有书面操作规程,规定所用方法、仪器和设备,检验操作规程的内容与经确认或验证的检验方法一致。

⑤ 检验有可追溯的记录并进行复核,确保结果与记录一致。所有计算均进行严格核对。

⑥ 检验记录应包括如下内容:

ⅰ. 产品或物料的名称、剂型、规格、批号或供货批号,必要时注明供应商和生产商(如不同)的名称或来源。

ⅱ. 依据的质量标准和检验操作规程。

ⅲ. 检验所用的仪器或设备的型号和编号。

ⅳ. 检验所用的试液和培养基的配制批号、对照品或标准品的来源和批号。

ⅴ. 检验所用动物的相关信息。

ⅵ. 检验过程,包括对照品溶液的配制、各项具体的检验操作、必要的环境温湿度。

ⅶ. 检验结果,包括观察情况、计算和图谱或曲线图,以及依据的检验报告编号。

ⅷ. 检验日期。

ⅸ. 检验人员的签名和日期。

ⅹ．检验、计算复核人员的签名和日期。

⑦ 所有中间控制（包括生产人员所进行的中间控制），均按照经批准的方法进行检验，检验要有记录。中间产品的检验在适当的生产阶段完成，当检验周期较长时，可先进行后续工艺生产，待检验合格后方可放行成品。

⑧ 对实验室容量分析用玻璃仪器、试剂、试液、对照品以及培养基进行质量检查。

质量检验部要建立检验结果超标调查的操作规程。任何检验结果超标都必须按照操作规程进行完整的调查，并有相应的记录。

（4） 质量检验部留样管理

① 按规定保存的、用于药品质量追溯或调查的物料、产品样品为留样。用于产品稳定性考察的样品不属于留样。

② 按照留样操作规程对留样进行管理。

③ 留样能够代表被取样批次的物料或产品。

④ 成品的留样。

ⅰ．每批药品要有留样；如果一批药品分成数次进行包装，则每次包装至少保留一件最小市售包装的成品。

ⅱ．样的包装形式与药品市售包装形式相同，原料药的留样如无法采用市售包装形式的，可采用模拟包装。

ⅲ．每批药品的留样数量能够确保按照注册批准的质量标准完成两次全检（无菌检查和热原检查等除外）。

ⅳ．如果不影响留样的包装完整性，保存期间内每年要对留样进行一次目检观察，如有异常，要进行彻底调查并采取相应的处理措施。

ⅴ．留样观察要有记录。

ⅵ．留样要按照注册批准的贮存条件进行贮存，保存至药品有效期后一年；肽类激素产品的留样保存至有效期后二年。

ⅶ．如终止药品生产或关闭的，将留样转交受权单位保存，并告知当地药品监督管理部门，以便在必要时可随时取得留样。

⑤ 物料的留样。

ⅰ．制剂生产用每批原辅料和与药品直接接触的包装材料均要有留样。与药品直接接触的包装材料（如输液瓶），如成品已有留样，可不必单独留样。

ⅱ．物料的留样量要至少满足鉴别的需要。

ⅲ．除稳定性较差的原辅料外，用于制剂生产的原辅料（不包括生产过程中使用的溶剂、气体或制药用水）和与药品直接接触的包装材料的留样要至少保存至产品放行后二年。如果物料的有效期较短，则留样时间可相应缩短。

ⅳ．物料的留样按照规定的条件贮存，必要时包装密封。

⑥ 必要时，中间产品要留样，以满足复试或对中间控制确认的需要，留样数量充足，并在适宜条件下贮存。

（5） 试剂、试液、培养基和检定菌的管理

① 试剂和培养基要从可靠的供应商处采购，必要时对供应商进行评估。

② 要有接收试剂、试液、培养基的记录，必要时，要在试剂、试液、培养基的容器上标注接收日期。

③ 要按照操作或使用说明配制、贮存和使用试剂、试液和培养基。特殊情况下，在接收或使用前，还要对试剂进行鉴别或其他检验。

④ 试液和已配制的培养基标注配制批号、配制日期和配制人员姓名，并有配制（包括灭菌）记录。不稳定的试剂、试液和培养基要标注有效期及特殊贮存条件。标准液、滴定液要标注最后一次标化的日期和校正因子，并有标化记录。

⑤ 配制的培养基要进行适用性检查，并有相关记录。要有培养基使用记录。

⑥ 要有检验所需的各种检定菌，并建立检定菌保存、传代、使用、销毁的操作规程和相应记录。

⑦ 检定菌要有标识，内容要包括菌种名称、编号、代次、传代日期、传代操作人。

⑧ 检定菌要按照规定的条件贮存，贮存的方式和时间不应对检定菌的生长特性有不利影响。

（6）标准品或对照品的管理

① 标准品或对照品要按照规定贮存和使用。

② 标准品或对照品要有标识，内容包括名称、批号、制备日期（如有）、有效期（如有）、首次开启日期、含量或效价、贮存条件。

③ 自制工作标准品或对照品，要建立工作标准品或对照品的质量标准以及制备、鉴别、检验、批准和贮存的操作规程，每批工作标准品或对照品要用法定标准品或对照品进行标化，并确定有效期，还应通过定期标化证明工作标准品或对照品的效价或含量在有效期内保持稳定。标化的过程和结果要有相应的记录。

2. 物料和产品放行

质量保证部分别建立物料放行管理规程和产品放行管理规程，明确批准放行的标准、职责，并有相应的放行审核记录。

（1）物料的放行条件（至少符合以下要求）

① 物料的质量评价内容应当至少包括生产商的检验报告、物料包装完整性和密封性的检查情况和检验结果。

② 物料的质量评价要有明确的结论，如批准放行、不合格或其他决定。

③ 物料要由指定人员签名批准放行。

（2）产品的放行条件（至少符合以下要求）

在批准放行前，对每批药品进行质量评价，保证药品及其生产符合注册和药品生产质量管理规范要求，并确认以下各项内容：

① 要生产工艺和检验方法经过验证。

② 需的检查、检验，并综合考虑实际生产条件和生产记录。

③ 有必需的生产和质量控制均已完成并经相关主管人员签名。

④ 变更处理规程处理完毕，需要经药品监督管理部门批准的变更已得到批准。

⑤ 变更或偏差已完成所有必要的取样、检查、检验和审核。

⑥ 品有关的偏差均已有明确的解释或说明，或者已经过彻底调查和适当处理；如偏差

还涉及其他批次产品，应当一并处理。

⑦ 品的质量评价有明确的结论，如批准放行、不合格或其他决定。

⑧ 批药品均由质量受权人签名批准放行。

⑨ 据国家法规规定需要批签发的产品放行前还应取得批签发合格证明。

3. 持续稳定性考察

持续稳定性考察是在有效期内监控已上市药品的质量，以发现药品与生产相关的稳定性问题（如杂质含量或溶出度特性的变化），并确定药品能够在标示的贮存条件下，符合质量标准的各项要求。持续稳定性考察主要针对市售包装药品，对在完成包装前还需长期贮存的待包装产品，在相应的环境条件下，还需评估其对包装后产品稳定性情况。此外，要对贮存时间较长的中间产品进行考察。

持续稳定性考察有考察方案，结果有报告。用于持续稳定性考察的设备（尤其是稳定性试验设备或设施）按照相应的操作规程进行确认和维护。持续稳定性考察的时间涵盖药品有效期。持续稳定性考察方案包括以下内容。

① 每种规格、每个生产批量药品的考察批次数。

② 相关的物理、化学、微生物和生物学检验方法，可考虑采用稳定性考察专属的检验方法。

③ 检验方法依据。

④ 合格标准。

⑤ 容器密封系统的描述。

⑥ 试验间隔时间（测试时间点）。

⑦ 贮存条件（应当采用与药品标示贮存条件相对应的《中华人民共和国药典》规定的长期稳定性试验标准条件）。

⑧ 检验项目，如检验项目少于成品质量标准所包含的项目，要说明理由。

⑨ 考察批次数和检验频次能够获得足够的数据，以供趋势分析。通常情况下，每种规格、每种内包装形式的药品，至少每年应考察一个批次，除非当年没有生产。某些情况下，持续稳定性考察中应额外增加批次数，如重大变更或生产和包装有重大偏差的药品列入稳定性考察，此外，重新加工、返工或回收的批次，也应列入稳定性考察，除非已经过验证和稳定性考察。

⑩ 关键人员，尤其是质量受权人，要了解稳定性考察的结果。当稳定性考察不在待包装产品和成品的生产企业进行时，则相关各方之间要有书面协议，且均应当保存持续稳定性考察的结果以供药品监督管理部门审查。对不符合质量标准的结果或重要的异常趋势要进行调查。对任何已确认的不符合质量标准的结果或重大不良趋势，都要考虑是否可能对已上市药品造成影响，必要时实施召回，调查结果以及采取的措施要报告当地药品监督管理部门。

根据所获得的全部数据资料，包括考察的阶段性结论，撰写总结报告并保存。要定期审核总结报告。

4. 变更控制

质量保证部门建立变更控制管理规程，对所有影响产品质量的变更进行评估和管理。

需要经药品监督管理部门批准的变更在得到批准后实施。规定原辅料、包装材料、质量标准、检验方法、操作规程、厂房、设施、设备、仪器、生产工艺和计算机软件变更的申请、评估、审核、批准和实施。质量保证部指定专人负责变更控制。变更评估其对产品质量的潜在影响。可以根据变更的性质、范围、对产品质量潜在影响的程度将变更分类。判断变更所需的验证、额外的检验以及稳定性考察要有科学依据。

与产品质量有关的变更由申请部门提出后，经评估、制定实施计划并明确实施职责，最终由质量管理部门批准，变更实施有相应的完整记录。改变原辅料、与药品直接接触的包装材料、生产工艺、主要生产设备以及其他影响药品质量的主要因素时，还要对变更实施后最初至少三个批次的药品质量进行评估。如果变更可能影响药品的有效期，则质量评估还要包括对变更实施后生产的药品进行稳定性考察。

变更实施时，确保与变更相关的文件均已修订。保存所有变更的文件和记录。

5. 偏差处理

质量保证部建立偏差处理规程，规定偏差的报告、记录、调查、处理以及所采取的纠正措施，并有相应的记录。各部门负责人要确保所有人员正确执行生产工艺、质量标准、检验方法和操作规程，防止偏差的产生。任何偏差都要评估其对产品质量的潜在影响。可以根据偏差的性质、范围、对产品质量潜在影响的程度将偏差分类，对重大偏差的评估还要考虑是否需要对产品进行额外的检验以及对产品有效期的影响，必要时，要对涉及重大偏差的产品进行稳定性考察。任何偏离生产工艺、物料平衡限度、质量标准、检验方法、操作规程等的情况均有记录，并立即报告主管人员、相关部门及质量保证部，有清楚的说明，重大偏差由质量保证部会同其他部门进行彻底调查，并有调查报告。偏差调查报告由质量保证部的指定人员审核并签字。

采取预防措施有效防止类似偏差的再次发生。

质量保证部门负责偏差的分类，保存偏差调查、处理的文件和记录。

6. 纠正措施和预防措施

质量保证部建立实施纠正和预防措施的操作规程，建立纠正措施和预防措施系统，对投诉、召回、偏差、自检或外部检查结果、工艺性能和质量监测趋势等进行调查并采取纠正和预防措施。调查的深度和形式要与风险的级别相适应。纠正措施和预防措施系统能够增进对产品和工艺的理解，改进产品和工艺。

纠正和预防措施的操作规程，内容至少包括：

① 对投诉、召回、偏差、自检或外部检查结果、工艺性能和质量监测趋势以及其他来源的质量数据进行分析，确定已有和潜在的质量问题。必要时，要采用适当的统计学方法。

② 调查与产品、工艺和质量保证系统有关的原因。

③ 确定所需采取的纠正和预防措施，防止问题的再次发生。

④ 评估纠正和预防措施的合理性、有效性和充分性。

⑤ 对实施纠正和预防措施过程中所有发生的变更要予以记录。

⑥ 确保相关信息已传递到质量受权人和预防问题再次发生的直接负责人。

⑦ 确保相关信息及其纠正和预防措施已通过高层管理人员的评审。

⑧ 实施纠正和预防措施要有文件记录，并由质量保证部门保存。

7. 供应商的评估和批准

建立物料供应商评审规程,规定供应商的评估和批准要求,明确供应商的资质、选择的原则、质量评估方式、评估标准、物料供应商批准的程序。如质量评估需采用现场质量审计方式的,还要明确审计内容、周期、审计人员的组成及资质。需采用样品小批量试生产的,还要明确生产批量、生产工艺、产品质量标准、稳定性考察方案。

质量管理部门对所有生产用物料的供应商进行质量评估,会同有关部门对主要物料供应商(尤其是生产商)的质量体系进行现场质量审计,主要物料的确定要综合考虑所生产的药品质量风险、物料用量以及物料对药品质量的影响程度等因素。并对质量评估不符合要求的供应商行使否决权。企业法定代表人、企业负责人及其他部门的人员不得干扰或妨碍质量管理部门对物料供应商独立作出质量评估。质量管理部门指定专人负责物料供应商质量评估和现场质量审计,分发经批准的合格供应商名单。被指定的人员具有相关的法规和专业知识,具有足够的质量评估和现场质量审计的实践经验。

现场质量审计要核实供应商资质证明文件和检验报告的真实性,核实是否具备检验条件。对其人员机构、厂房设施和设备、物料管理、生产工艺流程和生产管理、质量控制实验室的设备、仪器、文件管理等进行检查,以全面评估其质量保证系统。现场质量审计有报告。必要时,要对主要物料供应商提供的样品进行小批量试生产,并对试生产的药品进行稳定性考察。

质量管理部门对物料供应商的评估至少包括:供应商的资质证明文件、质量标准、检验报告、企业对物料样品的检验数据和报告。如进行现场质量审计和样品小批量试生产的,还要包括现场质量审计报告,以及小试产品的质量检验报告和稳定性考察报告。改变物料供应商,要对新的供应商进行质量评估;改变主要物料供应商的,还需要对产品进行相关的验证及稳定性考察。

质量管理部门向物料管理部门分发经批准的合格供应商名单,该名单内容至少包括物料名称、规格、质量标准、生产商名称和地址、经销商(如有)名称等,并及时更新。

质量管理部门与主要物料供应商签订质量协议,在协议中明确双方所承担的质量责任。质量管理部门定期对物料供应商进行评估或现场质量审计,回顾分析物料质量检验结果、质量投诉和不合格处理记录。如物料出现质量问题或生产条件、工艺、质量标准和检验方法等可能影响质量的关键因素发生重大改变时,还要尽快进行相关的现场质量审计。

对每家物料供应商建立质量档案,档案内容包括供应商的资质证明文件、质量协议、质量标准、样品检验数据和报告、供应商的检验报告、现场质量审计报告、产品稳定性考察报告、定期的质量回顾分析报告等。

8. 产品质量回顾分析

建立产品质量回顾规程,每年对所有生产的药品按品种进行产品质量回顾分析,以确认工艺稳定可靠,以及原辅料、成品现行质量标准的适用性,及时发现不良趋势,确定产品及工艺改进的方向。要考虑以往回顾分析的历史数据,还要对产品质量回顾分析的有效性进行自检。当有合理的科学依据时,可按照产品的剂型分类进行质量回顾,如固体制剂、液体制剂和无菌制剂等。回顾分析要有报告。

产品质量回顾至少要对下列情形进行回顾分析:

① 产品所用原辅料的所有变更,尤其是来自新供应商的原辅料。

② 关键中间控制点及成品的检验结果。

③ 所有不符合质量标准的批次及其调查。

④ 所有重大偏差及相关的调查、所采取的整改措施和预防措施的有效性。

⑤ 生产工艺或检验方法等的所有变更。

⑥ 已批准或备案的药品注册所有变更。

⑦ 稳定性考察的结果及任何不良趋势。

⑧ 所有因质量原因造成的退货、投诉、召回及调查。

⑨ 与产品工艺或设备相关的纠正措施的执行情况和效果。

⑩ 新获批准和有变更的药品,按照注册要求上市后应当完成的工作情况。

⑪ 相关设备和设施,如空调净化系统、水系统、压缩空气等的确认状态。

⑫ 委托生产或检验的技术合同履行情况。

对回顾分析的结果进行评估,提出是否需要采取纠正和预防措施或进行再确认或再验证的评估意见及理由,并及时、有效地完成整改。药品委托生产时,委托方和受托方之间要有书面的技术协议,规定产品质量回顾分析中各方的责任,确保产品质量回顾分析按时进行并符合要求。

9. 投诉与不良反应报告

建立药品不良反应报告和监测管理制度,并设立专门机构、配备专职人员负责管理。主动收集药品不良反应,对不良反应要详细记录、评价、调查和处理,及时采取措施控制可能存在的风险,并按照要求向药品监督管理部门报告。

建立投诉处理操作规程,规定投诉登记、评价、调查和处理的程序,并规定因可能的产品缺陷发生投诉时所采取的措施,包括考虑是否有必要从市场召回药品。

有专人及足够的辅助人员负责进行质量投诉的调查和处理,所有投诉、调查的信息向质量受权人通报。所有投诉都登记与审核,与产品质量缺陷有关的投诉,详细记录投诉的各个细节,并进行调查。发现或怀疑某批药品存在缺陷,要考虑检查其他批次的药品,查明其是否受到影响。投诉调查和处理有记录,并注明所查相关批次产品的信息。定期回顾分析投诉记录,以便发现需要警觉、重复出现以及可能需要从市场召回药品的问题,并采取相应措施。

出现生产失误、药品变质或其他重大质量问题,要及时采取相应措施,必要时还要向当地药品监督管理部门报告。

十一、委托生产与委托检验管理

1. 委托生产与委托检验的原则要求

为确保委托生产产品的质量的准确性和可靠性,公司和受托方必须签订书面合同,明确规定各方责任、委托生产的内容及相关的技术事项。委托生产的所有活动,包括在技术或其他方面拟采取的任何变更,均符合药品生产许可和注册的有关要求。

2. 委托方

委托方对受托方进行评估,对受托方的条件、技术水平、质量管理情况进行现场考核,确认其具有完成受托工作的能力,并能保证符合药品生产质量管理规范的要求。向受托方提供所有必要的资料,以使受托方能够按照药品注册和其他法定要求正确实施所委托的操作。委托方应当使受托方充分了解与产品或操作相关的各种问题,包括产品或操作对受托方的环境、厂房、设备、人员及其他物料或产品可能造成的危害。

委托方对受托生产与检验的全过程进行监督并确保物料和产品符合相应的质量标准。

3. 受托方

受托方必须具备足够的厂房、设备、知识和经验以及人员,满足所委托的生产或检验工作的要求。受托方确保所收到委托方提供的物料、中间产品和待包装产品适用于预定用途。

受托方不得从事对委托生产与检验的产品质量有不利影响的活动。

4. 合同的要求

委托方与受托方之间签订的合同详细规定各自的产品生产和控制职责,其中的技术性条款由具有制药技术、检验专业知识和熟悉本规范的主管人员拟订。委托生产与检验的各项工作必须符合药品生产许可和药品注册的有关要求并经双方同意。合同详细规定质量受权人批准放行每批药品的程序,确保每批产品都已按照药品注册的要求完成生产与检验。如合同规定由受托方保存的生产和发运记录及样品,委托方应能够随时调阅或检查;出现投诉、怀疑产品有质量缺陷或召回时,委托方能够方便地查阅所有与评价产品质量合同相关的记录。

合同应当规定何方负责物料的采购、检验、放行、生产和质量控制(包括中间控制),还应当规定何方负责取样和检验。在委托检验的情况下,如需受托方在委托方的厂房内取样的应在合同内注明。合同明确规定委托方可以对受托方进行检查或现场质量审计。委托检验合同明确受托方有义务接受药品监督管理部门检查。

十二、产品发运与召回管理

1. 原则

企业要建立产品召回管理规程,保证必要时可迅速、有效地从市场召回任何一批存在安全隐患的产品。因质量原因退货和召回的产品,均按照相关规定的要求进行监督销毁,有证据证明退货产品质量未受影响的除外。

2. 产品发运

每批产品均要有销售记录,根据销售记录,能够追查每批产品的销售情况,必要时能够及时全部追回,销售记录内容要包括:产品名称、规格、批号、数量、收货单位和地址、联系方式、发货日期、运输方式等。药品的拆箱、合箱要建立管理程序,确保药品发运的零头包装只限两个批号为一个合箱,要求做到合箱外标明全部批号,并建立合箱记录。

销售记录至少保存至药品有效期后一年,有特殊要求的除外。

企业要制定关于产品召回的相关管理制度,确保召回工作的有效性。在产品召回的相关管理制度中要规定指定专人负责组织协调召回工作,并配备足够数量的人员以满足召回工作顺利有效的完成。产品召回负责人要独立于销售和市场部门;如产品召回负责人不是质量受权人,产品召回负责人要向质量受权人通报召回处理情况。

在产品召回的相关管理制度中要明确规定召回流程,及召回时各部门的职责,以保证市场上存在安全隐患的药品能够及时召回。如果产品存在安全隐患决定从市场召回的,要由质量保证部相关负责人立即向当地药品监督管理部门报告。产品召回负责人要能够迅速查阅到药品销售记录。

已召回的产品要建立明确的标识,单独、妥善贮存,存放于指定区域,按成品要求进行管理,需要检验的要按产品注册贮存条件要求贮存,等待最终结果对药品进行处理。召回的进展过程要有记录,并形成最终的产品召回报告。产品销售数量,已召回数量以及数量平衡情况应当在报告中予以说明。

如有可能应进行产品模拟召回,另外要对国外销售的产品也进行模拟召回,以评价召回系统能够有效进行。对出口产品的召回要符合销售地的法规要求。

十三、自检管理

(1)原则 质量管理部门定期组织对公司进行全面自检,监控 GMP 的实施情况,评估公司是否符合 GMP 要求,对于自检问题进行必要的纠正和预防措施。

(2)自检

(3)制定自检计划 对机构与人员、厂房与设施、设备、物料与产品、确认与验证、文件管理、生产管理、质量控制与质量保证、委托生产与委托检验、产品发运与召回等项目定期(建议每年至少一次)进行自检。质量管理部门确定自检人员的范围,由自检小组成员进行独立、系统、全面的自检,自检小组成员可以是公司内部员工,也可以是外部人员。

(4)自检记录 包括自检岗位、存在问题。自检完成后要形成自检报告,报告要经质量保证部经理签字,内容至少包括自检过程中观察到的所有情况、评价的结论及提出纠正和预防措施的建议。自检情况最终汇报给高层管理人员。

(5)自检分级 对不同级别的检查频率、检查内容等进行规定。

十四、术语

1. 包装

待包装产品变成成品所需的所有操作步骤,包括分装、贴签等。但无菌生产工艺中产品的无菌灌装,以及最终灭菌产品的灌装等不视为包装。

2. 包装材料

药品包装所用的材料,包括与药品直接接触的包装材料和容器、印刷包装材料,但不包括发运用的外包装材料。

3. 操作规程

经批准用来指导设备操作、维护与清洁、验证、环境控制、取样和检验等药品生产活动的通用性文件,也称标准操作规程。

4. 产品

包括药品的中间产品、待包装产品和成品。

5. 产品生命周期

产品从最初的研发、上市直至退市的所有阶段。

6. 成品

已完成所有生产操作步骤和最终包装的产品。

7. 重新加工

将某一生产工序生产的不符合质量标准的一批中间产品或待包装产品的一部分或全部,采用不同的生产工艺进行再加工,以符合预定的质量标准。

8. 待包装产品

尚未进行包装但已完成所有其他加工工序的产品。

9. 待验

指原辅料、包装材料、中间产品、待包装产品或成品,采用物理手段或其他有效方式将其隔离或区分,在允许用于投料生产或上市销售之前贮存、等待作出放行决定的状态。

10. 发放

指生产过程中物料、中间产品、待包装产品、文件、生产用模具等在企业内部流转的一系列操作。

11. 复验期

原辅料、包装材料贮存一定时间后,为确保其仍适用于预定用途,由企业确定的需重新检验的日期。

12. 发运

指企业将产品发送到经销商或用户的一系列操作,包括配货、运输等。

13. 返工

将某一生产工序生产的不符合质量标准的一批中间产品或待包装产品、成品的一部分或全部返回到之前的工序,采用相同的生产工艺进行再加工,以符合预定的质量标准。

14. 放行

对一批物料或产品进行质量评价,作出批准使用或投放市场或其他决定的操作。

15. 高层管理人员

在企业内部最高层指挥和控制企业、具有调动资源的权力和职责的人员。

16. 工艺规程

为生产特定数量的成品而制定的一个或一套文件,包括生产处方、生产操作要求和包装操作要求,规定原辅料和包装材料的数量、工艺参数和条件、加工说明(包括中间控制)、注意事项等内容。

17. 供应商

指物料、设备、仪器、试剂、服务等的提供方,如生产商、经销商等。

18. 回收

在某一特定的生产阶段,将以前生产的一批或数批符合相应质量要求的产品的一部分或全部,加入到另一批次中的操作。

19. 计算机化系统

用于报告或自动控制的集成系统,包括数据输入、电子处理和信息输出。

20. 交叉污染

不同原料、辅料及产品之间发生的相互污染。

21. 校准

在规定条件下,确定测量、记录、控制仪器或系统的示值(尤指称量)或实物量具所代表的量值,与对应的参照标准量值之间关系的一系列活动。

22. 阶段性生产方式

指在共用生产区内,在一段时间内集中生产某一产品,再对相应的共用生产区、设施、设备、工器具等进行彻底清洁,更换生产另一种产品的方式。

23. 洁净区

需要对环境中尘粒及微生物数量进行控制的房间(区域),其建筑结构、装备及其使用应当能够减少该区域内污染物的引入、产生和滞留。

24. 警戒限度

系统的关键参数超出正常范围,但未达到纠偏限度,需要引起警觉,可能需要采取纠正措施的限度标准。

25. 纠偏限度

系统的关键参数超出可接受标准,需要进行调查并采取纠正措施的限度标准。

26. 检验结果超标

检验结果超出法定标准及企业制定标准的所有情形。

27. 批

经一个或若干加工过程生产的、具有预期均一质量和特性的一定数量的原辅料、包装材料或成品。为完成某些生产操作步骤,可能有必要将一批产品分成若干亚批,最终合并成为一个均一的批。在连续生产情况下,批必须与生产中具有预期均一特性的确定数量的产品相对应,批量可以是固定数量或固定时间段内生产的产品量。

例如,口服或外用的固体、半固体制剂在成型或分装前使用同一台混合设备一次混合所生产的均质产品为一批;口服或外用的液体制剂以灌装(封)前经最后混合的药液所生产的均质产品为一批。

28. 批号

用于识别一个特定批的具有唯一性的数字和(或)字母的组合。

29. 批记录

用于记述每批药品生产、质量检验和放行审核的所有文件和记录,可追溯所有与成品质量有关的历史信息。

30. 气锁间

设置于两个或数个房间之间(如不同洁净度级别的房间之间)的具有两扇或多扇门的隔离空间。设置气锁间的目的是在人员或物料出入时,对气流进行控制。气锁间有人员气锁间和物料气锁间。

31. 企业

在本规范中如无特别说明,企业特指药品生产企业。

32. 确认

证明厂房、设施、设备能正确运行并可达到预期结果的一系列活动。

33. 退货

将药品退还给企业的活动。

34. 文件

本规范所指的文件包括质量标准、工艺规程、操作规程、记录、报告等。

35. 物料

指原料、辅料和包装材料等。例如：化学药品制剂的原料是指原料药；生物制品的原料是指原材料；中药制剂的原料是指中药材、中药饮片和外购中药提取物；原料药的原料是指用于原料药生产的除包装材料以外的其他物料。

36. 物料平衡

产品或物料实际产量或实际用量及收集到的损耗之和与理论产量或理论用量之间的比较，并考虑可允许的偏差范围。

37. 污染

在生产、取样、包装或重新包装、贮存或运输等操作过程中，原辅料、中间产品、待包装产品、成品受到具有化学或微生物特性的杂质或异物的不利影响。

38. 验证

证明任何操作规程（或方法）、生产工艺或系统能够达到预期结果的一系列活动。

39. 印刷包装材料

指具有特定式样和印刷内容的包装材料，如印字铝箔、标签、说明书、纸盒等。

40. 原辅料

除包装材料之外，药品生产中使用的任何物料。

41. 中间产品

指完成部分加工步骤的产品，尚需进一步加工方可成为待包装产品。

42. 中间控制

也称过程控制，指为确保产品符合有关标准，生产中对工艺过程加以监控，以便在必要时进行调节而做的各项检查。可将对环境或设备控制视作中间控制的一部分。

第二节

药品注册管理办法

新药研发的最终目的是为社会提供更多疗效确切、安全可靠、使用更方便、质量更好的药品。药物研究、应用过程中毒副反应的历史教训，促使许多国家建立了与之相关的法律体系，新药研发的成果必须按有关法律、法规的要求经过注册，方能成为一种使用到消费者身上的药品。因此，药品注册直接影响到公众健康、经济发展。为了促进药品注册的国际交流，充分利用药品研究成果，一些国家还成立了相应的协调组织，互认审批有效性。如国际人药协调组织(ICH)。以达到在保证药品质量的前提下，加快新药在组织成员内国家的审批进度，尽快使新药上市，降低新药研发成本，使公众受益的目的。下面分几个部分对我国药品注册最新的有关法规、程序、技术要求作介绍。

一、基本概念

药品注册　是指国家食品药品监督管理局根据药品注册申请人的申请，依照法定程序，对拟上市销售药品的安全性、有效性、质量可控性等进行审查，并决定是否同意其申请的审批过程。

药品注册申请包括新药申请、仿制药申请、进口药品申请及其补充申请和再注册申请。

药品注册申请人　是指提出药品注册申请并承担相应法律责任的机构。

境内申请人应当是在中国境内合法登记并能独立承担民事责任的机构，境外申请人应当是境外合法制药厂商。境外申请人办理进口药品注册，应当由其驻中国境内的办事机构或者由其委托的中国境内代理机构办理。

新药申请　是指未曾在中国境内上市销售的药品的注册申请。

对已上市药品改变剂型、改变给药途径、增加新适应症的药品注册按照新药申请的程序申报。

仿制药申请　是指生产国家食品药品监督管理局已批准上市的已有国家标准的药品的注册申请；但是生物制品按照新药申请的程序申报。

进口药品申请　是指境外生产的药品在中国境内上市销售的注册申请。

补充申请　是指新药申请、仿制药申请或者进口药品申请经批准后，改变、增加或者取消原批准事项或者内容的注册申请。

再注册申请　是指药品批准证明文件有效期满后申请人拟继续生产或者进口该药品的注册申请。

二、我国药品注册管理及历史沿革

我国药品注册管理经历了曲折发展的道路，从分散管理到集中管理，从粗放式的行政管理逐步过渡到科学化、法制化管理。新中国成立后，国家开始建设药政法规体系，药品审评制度作为药品管理的重要内容受到重视,药品注册管理制度的建立,可大体划分为5个阶段。

1963年,由卫生部等部委联合颁发《关于药品管理的若干规定》,要求对药品实行审批制度。1965年,卫生部、化工部发布《药品新产品管理办法》(试行),成为我国第一个单行的新药管理规章。1978年,国务院颁布《药政管理条例》(试行),对药品审评作了明确的规定,规定新药由省级卫生厅(局)和医药管理局组织鉴定后审批;同年卫生部和国家医药管理总局联合发布了《新药管理办法》(试行),对新药的定义、分类、研究、临床、鉴定、审批、生产和管理做了全面规定。这一时期,新药基本上由各省卫生厅(局)审批,仅有麻醉、放射性、避孕、中药人工合成品等由卫生部审批。

1985年,《中华人民共和国药品管理法》正式实施,使我国的药品注册管理制度第一次以法律的形式固定下来。同年7月1日,卫生部颁布并实施了《新药审批办法》《新生物制品审批办法》《进口药品管理办法》,规定进口药品、新药由国务院卫生行政部门审批,生产地方药品标准、已有国家药品标准的药品由省级卫生行政部门审批。

1998年3月,国家药品监督管理局(SDA)成立,药品监督管理工作划归SDA主管。1999年,SDA陆续修订发布《新药审批办法》等一系列药品注册及管理的法律法规,如《新生物制品审批办法》《新药保护和技术转让的规定》《进口药品管理办法》《仿制药品审批办法》《药品研究和申报注册违规处理办法》《药物非临床研究质量管理规范》《药物临床实验质量管理规范》《药品不良反应监测管理办法》(试行)《药品研究机构登记备案管理办法(试行)》《药品研究实验记录暂行规定》。明确药品的注册审批集中由SDA统一管理,首次明确了新药临床研究和生产审批的流程,确立了临床研究GCP管理规定,明确了临床研究的分期。另外,还对注册分类进行了初步的划分,将化学药品按照五类进行管理;同时,对注册申报资料还提出了相对明确的要求,并且提出了针对国产新药的新药保护期管理办法。我国药品注册管理的法规体系日益健全且与国际接轨,修订后的《新药审批办法》于1999年5月1日开始实施。

2001年3月,新修订的《药品管理法》正式实施;2001年12月,我国正式加入世界贸易组织。根据世贸组织协议的宗旨、准则和有关具体规定,2002年10月,SDA发布了《药品注册管理办法》(试行)及其附件,于12月1日起实施。《药品注册管理办法》(试行)较之前的《新药审批办法》在内容上有较大的变化。首先,对新药概念的解释发生了变化,把原来"首次在我国生产的药品"变成了"未曾在中国境内上市销售的药品",根据WTO的原则,国外产品一旦合法进入本国市场,就应视为本国产品对待;另外,对于药品注册分类进行了重新定义;还明确了新药监测期的管理,废止了保护期,对于新旧法规交替中的注册新药提出了过渡办法。该法规另外一大亮点,就是首次明确了注册审批审评的时限。

2005年2月,国家食品药品监督管理局(SFDA)颁布《药品注册管理办法》(以下简称《办法》),于2005年5月1日起实施。2005年版是变化最小的一次。此次修改的重要前提是《中华人民共和国行政许可法》的颁布与实施。药品审批作为行政许可的一部分,因此,此次修改中,对与行政许可法相抵触的一些内容进行了一些细微调整。2007年7月10日,SFDA修订颁布了新的《药品注册管理办法》,虽然就法规体系本身来说并没有特别明显的变化,但实际上提高了药物研发的门槛,已经非常接近国际先进水平。2007年版的药品注册管理办法不仅为创新药的审批设置了特殊通道(不仅在于审评时间,主要是介入方式、时间、管理通道不同），将原来的"快速审批"改为"特殊审批"，而且还缩小了新药证书发放范围；提高了简单剂型（合理性和临床试验要求方面）和仿制药（与已上市产品对比研究方面）申请的技术要求提出了动态生产现场检查的概念；取消了批临床阶段的质量标准复核及样品复核检验，强化了企业责任；增加了 SFDA 对药品上市价值进行评估的权利。办法中有关新药品技术转让的规定，将促进国内制药工业生产布局发生良性改变，有利于生产的专业化分工和组合。

三、现行《药品注册管理办法》章节设置及修订内容介绍

1. 章节设置

现行《药品注册管理办法》是以国家食品药品监督管理局局令第 28 号的形式颁布的（以下简称"28 号令"），并于 2007 年 10 月 1 日起施行。共 15 章 177 条，相关的章节设置情况见表 8 - 1。

表 8 - 1　《药品注册管理办法》章节设置

章节	名称	条目数
第一章	总则	9 条
第二章	基本要求	20 条
第三章	药物的临床试验	15 条
第四章	新药申请的申报与审批	5 条*
第一节	新药临床试验	6 条
第二节	新药生产	10 条
第三节	新药监测期	7 条
第五章	仿制药的申报与审批	11 条
第六章	进口药品的申报与审批	
第一节	进口药品的注册	12 条
第二节	进口药品分包装的注册	9 条
第七章	非处方药的申报	5 条
第八章	补充申请的申报与审批	10 条
第九章	药品再注册	8 条
第十章	药品注册检验	8 条
第十一章	药品注册标准和说明书	
第一节	药品注册标准	3 条
第二节	药品标准物质	3 条
第二节	药品名称、说明书和标签	4 条
第十二章	时限	8 条
第十三章	复审	5 条
第十四章	法律责任	11 条
第十五章	附则	8 条

注：加 * 条目数为该章内容中未分类在各节中的条目。

2. 修订内容

28 号令对原《办法》的章节框架作了部分调整,对临床前研究、临床试验等在其他规章中已有规定的内容,本次修订予以简化;对药品标准、新药技术转让等将制定其他具体办法进行规定的,28 号令不再重复规定。修订后的《办法》由原来的 16 章 211 条改为现在的 15 章 177 条,内容主要有以下几方面的变化。

(1) 严格药品的安全性要求,强化全程管理

本次修订着重加强了真实性核查,从制度上保证申报资料和样品的真实性、科学性和规范性,严厉打击药品研制和申报注册中的造假行为,从源头上确保药品的安全性。主要体现在以下 3 点:

第一,强化对资料真实性核查及生产现场检查的要求,防止资料造假。28 号令规定,药品注册过程中,药品监管部门应当对非临床研究、临床试验进行现场核查、有因核查以及批准上市前的生产现场检查,以确认申报资料的真实性、准确性和完整性。同时,28 号令还对省局和国家局的真实性核查职责进行了细化,着重解决申报资料的真实性问题。

第二,抽取的样品从“静态”变为“动态”,确保样品的真实性和代表性。28 号令规定,药品监管部门组织对样品批量生产过程等进行现场检查,确认核定的生产工艺的可行性,同时抽取样品送检。

在生产过程中进行抽样,并将抽样工作与 GMP 生产现场检查结合起来,改变了原《办法》中只抽取样品不看生产过程、不验证生产工艺的做法,保证了药品注册抽样和检验工作的科学性和有效性。

第三,调整了新药生产申请中技术审评和复核检验的程序设置,确保上市药品与所审评药品的一致性。原《办法》规定,新药生产申请受理后是先抽样后审评,28 号令将其改为先审评后抽样,将生产现场核查和样品检验后移至技术审评后、批准生产前,使得造假的机会大大降低。由于生产工艺验证及样品的规模生产,在一定程度上提高了技术要求门槛,增强了审评和检验的时效性,从而可以促进申报质量的提高,实现药品审批服务于药品上市的目的。

(2) 整合监管资源,明确职责,强化权力制约机制

第一,合理配置监管资源,将部分国家局职能明确委托给省局行使。28 号令规定,SFDA 可以将部分药品注册事项的技术审评或审批工作委托给省、自治区、直辖市(食品)药品监管部门。对药品再注册申请明确规定,除进口药品由国家局受理审批外,均由省局受理、审批,省局认为不符合规定的再报国家局最后决定。

此外,28 号令还进一步明确了补充申请的事权划分,在保留了国家局对一部分重大事项的审批权外,将大部分补充申请委托省局进行审批,并且针对一些简单事项的变更(例如变更标签式样等)明确了报省局备案的程序。通过以上措施,既合理配置了监管资源,有利于充分发挥省局的监管作用,又使国家局能够集中精力做好高风险品种的审评、审批等工作,还可以提高审评审批工作的效率,使申请人更多获益。

第二,明确职责分工,强化权力制约。28 号令首次表述了 SFDA 各直属单位的名称,明确国家局、省局及药品审评中心、药品认证管理中心、药检所等部门在药品注册各环节的职责,明确分工,各司其职,形成了多部门参与、各部门之间的相互协调、相互制约的工作格局。

第三,明确信息公开、责任追究等制度,健全药品注册责任体系。28 号令明确规定,药

品注册应当遵循公开、公平、公正的原则。SFDA 对药品注册实行主审集体责任制、相关人员公示制和回避制、责任过错追究制,受理、检验、审评、审批、送达等环节接受社会监督,并在具体的条款中予以细化。

通过上述措施,将药品注册工作置于社会监督之下,杜绝暗箱操作,确保阳光透明。此外还规定,药品监督管理部门应当公开药品注册有关信息,并承担相关保密义务。

(3) 提高审评审批标准,鼓励创新、限制低水平重复

为鼓励新药创制,保护技术创新,抑制低水平重复,28 号令提高了审评审批的标准,主要运用技术手段提高申报的门槛。

第一,改"快速审批"为"特殊审批",为创新药物设置不同的通道,提高审批效率。28 号令规定,SFDA 部分药品申请实行特殊审批,对创新品种设置了不同的通道,不仅从时间上予以加快,将新药审评时间缩短 20 日,更重要的是审评方式的改变,包括建立专用通道、审评人员早期介入、允许修改补充资料、优先审评等机制,有利于提高审批效率,鼓励创新。鉴于特殊审批的程序比较复杂,28 号令没有作详细规定,但是为具体办法的另行制定留下了"接口"。

第二,进一步厘清新药证书的发放范围。为了引导企业研制创新药,28 号令将原《办法》中"按新药管理"的药品改为"按新药程序申报",并进一步明确"除靶向制剂、缓释控释制剂等特殊剂型外的其他改变剂型但不改变给药途径,以及增加新适应症的注册申请,批准后该药品不发给新药证书"。这就使只有真正的创新药才能取得新药证书,提升了新药证书的含金量。

第三,提高简单改剂型申请的技术要求。28 号令规定,对已上市药品改变剂型但不改变给药途径的注册申请,应当采用新技术以提高药品的质量和安全性,且与原剂型比较有明显的临床应用优势。通过提高技术上的要求来引导企业有序申报。

第四,提高仿制药申请的技术要求。28 号令规定,仿制药应当与被仿制药具有同样的活性成分,给药途径、剂型、规格和相同的治疗作用,已有多家企业生产的品种应当参照有关技术指导原则选择被仿制药进行对照研究通过提高技术上的要求促进企业提高仿制药的研发水平,改变过去那种只是"仿标准"而不是"仿品种"的状况,有效遏制低水平重复。

(4) 强化申请人和监管者的责任和义务,共同维护药品申报秩序

28 号令第 13、24 条规定,强调申请人对申报资料真实性负责。第 29 条规定要求申请人应当按照批准的生产工艺生产。第 35 条规定要求申请人应对临床试验用药的质量负责。第 165、166、167、168 条规定了申请人应承担的法律责任。

第 7 条规定了药品注册管理部门在做出涉及公共利益和申请人重大利益的许可决定时的听证或告知义务。第 8 条规定要求药品监管部门应当向社会公众公开有关注册信息及向申请人提供可查询的药品注册信息。第 9 条要求参与药品注册的部门和相关人员应承担保密义务。第 162 条则是相应的处罚条款。第 160、161、162、163、164 条均是药品注册管理部门和检验机构所应承担的法律责任。

(5) 明确药品审评审批标准,健全药品注册的退出机制

28 号令进一步明确了药品不予批准、不予再注册和注销药品批准文号的具体情形,使判定标准更加清晰,并为已批准上市药品的撤市提供了有效途径。

四、药品注册申请一般程序

1. 新药申请的申报与审批

（1）新药临床试验的申请

申请人完成临床前研究后，填写《药品注册申请表》，向所在地省级药品监督管理部门报送申请临床的申报资料。

省药监局对申报资料进行形式审查，符合要求的，出具药品注册申请受理通知书。并自受理申请之日起 5 日内组织对药物研制情况及原始资料进行现场核查，对申报资料进行初步审查，提出审查意见。省药监局应当在规定的时限内将审查意见、核查报告以及申报资料送交国家食品药品监督管理局药品审评中心（CDE），并通知申请人。

CDE 在收到申报资料后，应在规定的时间内对申报资料进行技术审评，必要时可以要求申请人补充资料，并说明理由。完成技术审评后，提出技术审评意见，连同有关资料报送 SFDA。

SFDA 依据技术审评意见作出审批决定。符合规定的，发给《药物临床试验批件》；不符合规定的，发给《审批意见通知件》，并说明理由。

新药申请临床的流程图见图 8-1。

（2）新药生产的申请

申请人完成药物临床试验后，应当填写《药品注册申请表》，向所在地省级药品监督管理部门报送申请生产的申报资料，并同时向中国药品生物制品检定所报送制备标准品的原材料及有关标准物质的研究资料。

省药监局对申报资料进行形式审查，符合要求的，出具药品注册申请受理通知书。并自受理申请之日起 5 日内对临床试验情况及有关原始资料进行现场核查，对申报资料进行初步审查，提出审查意见。省药监局应当在规定的时限内将审查意见、核查报告以及申报资料送交 CDE，并通知申请人。同时还需抽取 3 批样品，向药品检验所发出标准复核的通知。

药品检验所应对申报的药品标准进行复核，并在规定的时间内将复核意见送交国家食品药品监督管理局药品审评中心，同时抄送通知其复核的省、自治区、直辖市药品监督管理部门和申请人。

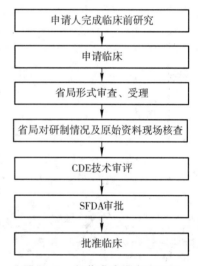

图 8-1　新药申请临床流程图

CDE 在收到申报资料后，应在规定的时间内对申报资料进行审评，必要时可以要求申请人补充资料，并说明理由。经审评符合规定的，CDE 通知申请人申请生产现场检查，并告知国家食品药品监督管理局药品认证管理中心（CCD）；经审评不符合规定的，CDE 将审评意见和有关资料报送 SFDA，SFDA 依据技术审评意见，作出不予批准的决定，发给《审批意见通知件》，并说明理由。

申请人应当自收到生产现场检查通知之日起 6 个月内向 CCD 提出现场检查的申请。CCD 在收到生产现场检查的申请后，应当在 30 日内组织对样品批量生产过程等进行现场检查，确认核定的生产工艺的可行性，同时抽取 1 批样品，送进行该药品标准复核的药品检验所检验，并在完成现场检查后 10 日内将生产现场检查报告送交 CDE。

药品检验所应当依据核定的药品标准对抽取的样品进行检验，并在规定的时间内将药品注册检验报告送交 CDE，同时抄送相关省药监局和申请人。

CDE 依据技术审评意见、样品生产现场检查报告和样品检验结果，形成综合意见，连同有关资料报送 SFDA。SFDA 依据综合意见，作出审批决定。符合规定的，发给新药证书，申请人已持有《药品生产许可证》并具备生产条件的，同时发给药品批准文号；不符合规定的，发给《审批意见通知件》，并说明理由。新药申请临床的流程图见图 8－2。

2. 仿制药申请的申报与审批

申请人完成药品仿制相关研究后，填写《药品注册申请表》，向所在地省级药品监督管理部门报送有关资料和生产现场检查申请。

省药监局对申报资料进行形式审查，符合要求的，出具药品注册申请受理通知书。自受理申请之日起 5 日内组织对研制情况和原始资料进行现场核查，并应当根据申请人提供的生产工艺和质量标准组织进行生产现场检查，现场抽取连续生产的 3 批样品，送药品检验所检验。

省药监局应当在规定的时限内对申报资料进行审查，提出审查意见。符合规定的，将审查意见、核查报告、生产现场检查报告及申报资料送交 CDE，同时通知申请人。

药品检验所应当对抽取的样品进行检验，并在规定的时间内将药品注册检验报告送交 CDE，同时抄送通知其检验的省药监局和申请人。

CDE 应当在规定的时间内组织药学、医学及其他技术人员对审查意见和申报资料进行审核，必要时可以要求申请人补充资料，并说明理由。并依据技术审评意见、样品生产现场检查报告和样品检验结果，形成综合意见，连同相关资料报送 SFDA，SFDA 依据综合意见，做出审批决定。符合规定的，发给药品批准文号或者《药物临床试验批件》。

申请人完成临床试验后，应当向 CDE 报送临床试验资料。SFDA 依据技术意见，发给药品批准文号或者《审批意见通知件》。仿制药申请生产的流程图见图 8－3。

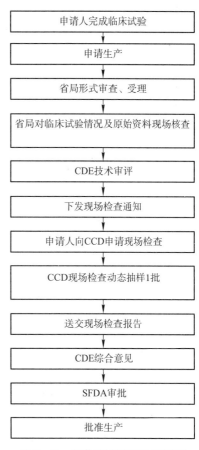

图 8－2　新药申请临床的流程图

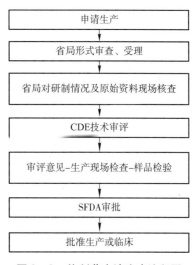

图 8－3　仿制药申请生产流程图

五、现行《药品注册管理办法》部分条款

1. 关于临床试验的规定

第二条　在中华人民共和国境内申请药物临床试验、药品生产和药品进口，以及进行药品审批、注册检验和监督管理，适用本办法。

第五条　国家食品药品监督管理局主管全国药品注册工作，负责对药物临床试验、药品生产和进口进行审批。

第十六条　药品注册过程中，药品监督管理部门应当对非临床研究、临床试验进行现场核查、有因核查，以及批准上市前的生产现场检查，以确认申报资料的真实性、准确性和完整性。

第二十条　按照《药品管理法实施条例》第三十五条的规定，对获得生产或者销售含有新型化学成份药品许可的生产者或者销售者提交的自行取得且未披露的试验数据和其他数据，国家食品药品监督管理局自批准该许可之日起 6 年内，对未经已获得许可的申请人同意，使用其未披露数据的申请不予批准；但是申请人提交自行取得数据的除外。

第二十六条　药品注册申报资料中有境外药物研究机构提供的药物试验研究资料的，必须附有境外药物研究机构出具的其所提供资料的项目、页码的情况说明和证明该机构已在境外合法登记的经公证的证明文件。国家食品药品监督管理局根据审查需要组织进行现场核查。

第二十七条　药品监督管理部门可以要求申请人或者承担试验的药物研究机构按照其申报资料的项目、方法和数据进行重复试验，也可以委托药品检验所或者其他药物研究机构进行重复试验或方法学验证。

2. 关于特殊审批的规定

第四条　国家鼓励研究创制新药，对创制的新药、治疗疑难危重疾病的新药实行特殊审批。

第四十五条　国家食品药品监督管理局对下列申请可以实行特殊审批：

（一）未在国内上市销售的从植物、动物、矿物等物质中提取的有效成份及其制剂，新发现的药材及其制剂。

（二）未在国内外获准上市的化学原料药及其制剂、生物制品。

（三）治疗艾滋病、恶性肿瘤、罕见病等疾病且具有明显临床治疗优势的新药。

（四）治疗尚无有效治疗手段的疾病的新药。

符合前款规定的药品，申请人在药品注册过程中可以提出特殊审批的申请，由国家食品药品监督管理局药品审评中心组织专家会议讨论确定是否实行特殊审批。

特殊审批的具体办法另行制定。

第四十九条　药品注册申报资料应当一次性提交，药品注册申请受理后不得自行补充新的技术资料；进入特殊审批程序的注册申请或者涉及药品安全性的新发现，以及按要求补充资料的除外。申请人认为必须补充新的技术资料的，应当撤回其药品注册申请。申请人重新申报的，应当符合本办法有关规定且尚无同品种进入新药监测期。

第一百三十一条　获准进入特殊审批程序的药品，药品检验所应当优先安排样品检验

和药品标准复核。

3. 关于药品批准文号的规定

第一百七十一条　药品批准文号的格式为:国药准字 H(Z、S、J) +4 位年号 +4 位顺序号,其中 H 代表化学药品,Z 代表中药,S 代表生物制品,J 代表进口药品分包装。

《进口药品注册证》证号的格式为:H(Z、S) +4 位年号 +4 位顺序号;《医药产品注册证》证号的格式为:H(Z、S)C +4 位年号 +4 位顺序号,其中 H 代表化学药品,Z 代表中药,S 代表生物制品。对于境内分包装用大包装规格的注册证,其证号在原注册证号前加字母 B。

新药证书号的格式为:国药证字 H(Z、S) +4 位年号 +4 位顺序号,其中 H 代表化学药品,Z 代表中药,S 代表生物制品。

第一百二十条　国家食品药品监督管理局核发的药品批准文号、《进口药品注册证》或者《医药产品注册证》的有效期为 5 年。有效期届满,需要继续生产或者进口的,申请人应当在有效期届满前 6 个月申请再注册。

第一百二十一条　在药品批准文号、《进口药品注册证》或者《医药产品注册证》有效期内,申请人应当对药品的安全性、有效性和质量控制情况,如监测期内的相关研究结果、不良反应的监测、生产控制和产品质量的均一性等进行系统评价。

4. 关于不予再注册的规定

第一百二十六条　有下列情形之一的药品不予再注册:

(一) 有效期届满前未提出再注册申请的。

(二) 未达到国家食品药品监督管理局批准上市时提出的有关要求的。

(三) 未按照要求完成 IV 期临床试验的。

(四) 未按照规定进行药品不良反应监测的。

(五) 经国家食品药品监督管理局再评价属于疗效不确、不良反应大或者其他原因危害人体健康的。

(六) 按照《药品管理法》的规定应当撤销药品批准证明文件的。

(七) 不具备《药品管理法》规定的生产条件的。

(八) 未按规定履行监测期责任的。

(九) 其他不符合有关规定的情形。

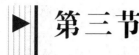

第三节

ICH 及药品国际注册

为了严格管理药品,必须对药品的研制、开发、生产、销售、进品等进行审批,形成了药品的注册制度。但是不同国家对药品注册要求各不相同,这不仅不利于病人在药品的安全性、有效性和质量方面得到科学的保证及国际技术和贸易交流,同时也造成制药工业和科研、生产部门人力、物力的浪费,不利于人类医药事业的发展。因此,由美国、日本和欧盟三方的政府药品注册部门和制药行业在 1990 年发起的 ICH(人用药物注册技术要求国际协调会议)就这样应运而生。

随着全球化浪潮和制药企业自身实力的不断增强,越来越多的国内制药企业开始走国际化的道路。国内制药企业近半产能闲置,产能严重供过于求也逼迫企业去寻求更大的发展空间。一面是国际主流市场的利润诱惑,一面是国内市场的产能过剩与恶性竞争,在夹缝中生存的国内制药企业迫切地需要把自己生产的药品出口到国际主流市场中去,求得企业的长远发展。制定国际化战略也好,在国外寻求合作伙伴也好,无论是哪种国际化的方式都无法绕过药品国际注册这国际化的关键一步。因为再好的国际化模式都是为了实现药品的国际营销,如果药品不能获得国际注册的成功,那么任何战略都将无法顺利实施,都失去了战略本身的意义,只是空谈。

一、基本概念

ICH international conference on harmonisation of technical requirements for registration of pharmaceuticals for human use,人用药物注册技术国际协调会议。

DMF drug master file,美国药物主文件档案。是指提交给 FDA 的用于提供关于人用药品的生产设备、工艺或生产、工艺处理、包装和储存中使用的物料的详细的和保密的信息。

CEP certificate of suitability to monograph of european pharmacopoeia,欧洲药典适应性证书。是欧洲药典所收载的原料药的一种认证程序,用以确定原料药的质量可以用欧洲药典的方法加以控制。这一程序适用于生产的和提取的有机或无机物质以及发酵生产的非直接基因产品。

EDMF european drug master file,欧洲药物主文件档案。是指欧洲制剂申请中有关原料药信息的文件,又称原料药主文件档案(ASMF)。EDMF 只有在制剂申请的支持下才能提交。

二、人用药品注册技术规定国际协调会议

1. 成立背景

不同国家,对新药上市前要进行审批的实现时间是不同的。美国在 1930 年代发生了

磺胺醑剂事件,FDA 开始对上市药品进行审批;日本政府在 1950 年代才开始对上市药品进行注册;欧盟在 1960 年代发生反应停(Thalidomide)惨案后,才认识到新的一代合成药既有疗效作用,已存在潜在的风险性。于是,许多国家在 1960 – 1970 年代分别制定了产品注册的法规、条例和指导原则。随着制药工业趋向国际化并寻找新的全球市场,各国药品注册的技术要求不同,以至使制药行业要在国际市场销售一个药品,需要长时间和昂贵的多次重复试验和重复申报,导致新药研究和开发的费用逐年提高,医疗费用也逐年上升。因此,为了降低药价并使新药能早日用于治疗病人,各国政府纷纷将"新药申报技术要求的合理化和一致化的问题"提到议事日程上来了。

美、日、欧盟开始了多边对话,研讨协调的可能性,直至 1989 年在巴黎召开的国家药品管理当局会议(ICDRA)后,才开始制定具体实施计划。此后三方政府注册部门与国际制药工业协会联合会(IFPMA)联系,讨论由注册部门和工业部门共同发起国际协调会议可能性。1990 年 4 月欧洲制药工业联合会(EFPIA)在布鲁塞尔召开由三方注册部门和工业部门参加的国际会议,讨论了 ICH 异议和任务,成立了 ICH 指导委员会。会议决定每两年召开一次 ICH 会议,由三方轮流主办。第一次指导委员会协调了选题,一致认为应以安全性、质量和有效性三个方面制定的技术要求作为药品能否批准上市的基础,并决定起草文件。同时,每个文件成立了专家工作组(EWG),讨论科学技术问题。后来,随着工作的深入开展,认为电子通讯和术语的统一,应作为互读文件的基础。因此,增加了"综合学科"并成立了子课题。

2. 成立目的

寻求解决三方成员国之间人用药品注册技术存在的不统一的规定和认识,通过协调会议逐步取得一致,为药品研究开发、审批上市制定一个统一的国际性指导标准,以便更好地利用人力、动物和材料资源,减少浪费、避免重复,加快新药在世界范围内开发使用,为控制疾病提供更多更好的新药;同时采用规范的统一标准来保证新药的质量、安全性和有效性,体现保护公共健康的管理责任。

3. 概况

ICH 是由欧盟、美国和日本三方的药品注册部门和生产部门组成,六个参加单位分别为:

(1) 欧盟 european union,EU。

(2) 欧洲制药工业协会联合会,european federation of pharmaceutical industries associations,EFPIA。

(3) 日本厚生省,ministry of health and welfare,MHW。

(4) 日本制药工业协会,Japan pharmaceutical manufacturers association,JPMA。

(5) 美国食品与药品管理局,US food and drug administration,FDA。

(6) 美国药物研究和生产联合会,pharmaceutical research and manufacturers of america,PRMA。

此外,世界卫生组织(world health organization,WHO)、欧洲自由贸易区(european free trade area,EFTA)和加拿大卫生保健局(canadian health protection branch,CHPB)作为观察员,国际制药工业协会联合会(international federation of pharmaceutical manufacturers associa-

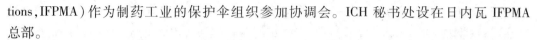

tions,IFPMA）作为制药工业的保护伞组织参加协调会。ICH 秘书处设在日内瓦 IFPMA 总部。

4. 组织机构

ICH 由指导委员会、专家工作组和秘书处组成。

（1）指导委员会（streering committee,SC） 指导委员会共有 14 名成员,由六个参加单位和 IFPMA 各派两名代表组成。指导委员会主要领导 ICH 会议并协调工作进展。每年召开 2～3 次会议,分别由主办国管理部门的代表主持会议,三个观察员组织可分别排 1 名代表列席指导委员会会议。指导委员会对 2 和 4 两个关键阶段进行讨论,做出决定。

（2）专家工作组（expert working groups,EWG） 专家工作组是指导委员会的技术顾问,六个主办单位对每个起草文件的专题派若干专家参加,其中一名任专题组长,负责该专题的工作。协调的专题共分四个类别:

① 安全性（safety,包括药理、毒理、药代等试验）,以"S"表示,现已制定 14 个文件。

② 质量（quality,包括稳定性、验证、杂志、规格等）,以"Q"表示,现已制定 26 个文件。

③ 有效性（efficacy,包括临床试验中的设计、研究报告、GCP 等）,以"E"表示,现已制定 20 个文件。

④ 综合学科（multidisciplinary,包括术语、管理通讯等）,以"M"表示,现已制定 9 个文件。

（3）秘书处 秘书处设在日内瓦 IFPMA 总部。主要负责指导委员会及专家工作组会议的准备工作和有关文件的起草,并负责与各组的协调员联系,以保证将讨论的文件按时发送到有关人员。

5. 职责

（1）对在欧盟、美国和日本注册产品的技术要求中存在的不同点,创造注册部门与制药部门对话的场所,以便更及时将新药推向市场,使病人得到及时治疗。

（2）监测和更新已协调一致的文件,使在最大程度上相互接受 ICH 成员国的研究开发数据。

（3）随着新技术进展和新治疗方法应用,选择一些课题及时协调,以避免今后技术文件产生分歧。

（4）推动新技术新方法替代现有文件的技术和方法,在不影响安全性的情况下,节省受试病人、动物和其他资源。

（5）鼓励已协调技术文件的分发、交流和应用,以达到共同标准的贯彻。

6. 工作程序

ICH 把需讨论专题的进展分为 5 个阶段。

（1）阶段 1:EWG 技术讨论

专家工作组对新选题目进行初步讨论,并起草出初稿,初稿可以是建议（recommendation）、政策说明（policy statement）、指导原则（guide-line）或讨论要点（points to consider）等形式。由专家工作组对初稿进行讨论、审查和修改,直到达成共识,提交指导委员会。

（2）阶段 2:达成共识

由指导委员会的六个主办单位负责人对初稿进行审查讨论后签字,提交欧、美、日三方药品管理部门正式讨论,在六个月内将意见汇总。

(3) 阶段 3:正式协商

管理部门对收集到的意见交换看法,提出"补充草案"。"补充草案"中有重要修改,则需将材料再一次分发到有关单位征求意见,在三个月内把意见归纳到"补充草案"中,然后提交给 ICH 专家工作组,由专家代表签字。

(4) 阶段 4:最后文件

指导委员会对文件进行认证讨论,交三方管理部门签字,并建议三方管理部门采用。

(5) 阶段 5:付诸实施

三方管理部门根据各国的惯例,将通过的技术文件列入本国药品管理法规中。

7. ICH 指导原则简介

ICH 文件分为四个类别,即质量(包括稳定性、验证、杂质、规格等,以 Q 表示)、安全性(包括药理、毒理、药代等,以 S 表示)、有效性(包括临床试验中的设计、研究报告、GCP 等,以 E 表示)及综合类(包括术语、电子代码、共同技术文件、药品词典等,以 M 表示)。

(1) 质量方面

质量方面的技术要求文件共 26 个,分别是:

Q1 A　新原料药及其制剂的稳定性试验

Q1 B　新原料药及其制剂的光稳定性试验

Q1 C　新剂型的稳定性试验分析方法验证

Q1 D　新原料药和制剂稳定性试验的括号设计法和矩阵设计法

Q1 E　稳定性数据的评价

Q1 F　气候带Ⅲ和Ⅳ注册用稳定性数据

Q2　　分析验证

Q3 A　新原料药杂质要求

Q3 B　新制剂的杂质要求

Q3 C　溶剂残留量的要求

Q3 D　金属杂质的要求

Q4　　药典

Q4 A　药典规格的协调

Q4 B　管理部门认可的分析方法与认可标准

Q5 A　病毒安全性评价

Q5 B　遗传稳定性

Q5 C　生物制品的稳定性试验

Q5 D　细胞基质的质量要求

Q5 E　生物技术/生物制品在生产工艺变更前后的可比性

Q6 A　化学产品标准规格

Q6 B　生物药品标准规格

Q7　　药物活性成分的 GMP 指南

Q8　　药品研发

Q9   质量风险管理

Q10   药品质量体系

Q11   原料药开发与制造

（2）安全性方面

安全性的方面的技术要求文件共 14 个，分别是：

S1 A   药物致癌性试验条件

S1 B   致癌试验

S1 C   剂量选择

S2   遗传毒性试验的要求

S3 A   毒物代谢动力学

S3 B   药物代谢动力学

S4   啮齿类动物多剂量毒性试验；非啮齿类动物多剂量毒性试验

S5 A   药品生殖毒性试验及雄性生育力的毒性

S6   生物技术产品的安全性的试验

S7 A   人类药品的安全性药理研究

S7 B   人用药延迟心室复极化（QT 间期延长）潜在作用的非临床评价指导原则

S8   人类药品的免疫毒性研究

S9   抗癌药物的非临床评价

S10   药物光安全性评价

（3）有效性方面

有效性的技术要求文件共 20 个，分别是：

E1   评价临床安全性的给药方案

E2 A   加速报告的定义和标准

E2 B   个体病例安全性报告传递的数据要素

E2 C   上市药品定期安全性更新报告

E2 D   批准后安全性数据管理：快速报告的定义和标准

E2 E   药物警戒计划

E2 F   传送不良反应报告的资料要求

E3   临床研究报告的结构和内容

E4   新药注册所需量效关系的资料

E5   对国外临床研究资料的种族因素的可接受性

E6   药品监督研究规范统一的指导原则

E7   老年人群的临床研究

E8   临床研究总结

E9   统计原则

E10   对照组的选择

E11   儿童人群的临床研究

E12   按治疗分类的各类药物临床评价

E14　非抗心律失常药物致 QT/QTc 间期延长及潜在致心律失常作用的临床评价

E15　药物基因组学和药物遗传学中术语标准

E16　与药物反应相关的基因组生物标记:生物标记验证资料的背景资料、结构和格式

（4）综合类方面

综合类的技术要求文件共 9 项,分别是:

M1　医学术语 MedDRA

M2　注册资料传递所需的电子代码

M3　与临床研究有关的临床前研究的时间安排

M4　通用技术文件(CTD)

M5　药品词汇的数据要素和标准

M6　基因治疗

M7　基因毒性杂志

M8　电子通用技术文件(ECTD)

三、药品国际注册基础知识

1. 定义及分类

（1）药品国际注册的定义

药品国际注册是指药品出口到国外时必须获得进口国的许可,即获得许可证,按照进口国对进口药品注册等级管理办法编制相关文件,提出申请,递交资料,获得许可证的过程。

（2）药品国际注册的分类

① 按区域分。美国注册(简称 FDA 注册);欧洲药典委员会注册(即 COS);出口到欧洲的某个国家(即 EDMF);世界上其他国家的注册(如在印度,日本,南非,俄罗斯等国的注册)。

② 按种类分。FDA 注册;申请 COS;申请 EDMF 号。

③ 按注册药品的使用对象分。人用药注册,即 DMF 注册;兽用药注册,即 VMF 注册。

2. FDA 新药许可申请及审核介绍

（1）药物的定义

依据美国《联邦食品药物及化妆品法》第二章第 201 节,药物的定义如下:

① 美国药典,同种治疗法药典,或者国家处方集(national formulary)中所列的物质。

② 任何物质用于人或动物以利诊断、治愈、治疗、预防疾病。

③ 任何物质用于改变人体或动物构造或功能。

④ 任何物质属于上述①、②或③的一部分。

药物定义范围广泛,本书着重于人用新药,不包括生物制剂在内。

（2）新药申请手续

新药申请可分为两个阶段,即新药临床试验申请(investigational new drug application, IND)及新药上市许可申请(new drug application,NDA)。

① 新药临床试验申请(IND)。新药试验申请的目的是请求 FDA 核准进行第一次人体临床试验,不管是否已在美国之外其他各国进行人体试验,只要是在美国申请,需填 Form FDA1571 表及 Form FDA1572 表。

新药试验申请所提出的内容应包括新药的物理化学性质、临床前(preclinical)或非临床(nonclinical),以及健康志愿者(healthy volunteer)或病人使用的经验[若是已在美国以外之国家取得人体试验结果,最重要的资料是第一次在美国进行人体试验的计划书(clinical protocol)]。

② 新药试验进行阶段(IND phase)。

ⅰ. 第一阶段(phase 1):试验对象一般是健康的志愿者,有时是住院的病人,人数可由数名(5 名~10 名)到 50 名左右。主要目的是试验人体能忍受的剂量及发现可能的副作用,初期的药物动力学(pharmacokinetics)药物在人体之吸收、分布、代谢、排出等试验也一并进行。

ⅱ. 第二阶段(phase 2):以少数患者(至少 100 名)为对象,主要目的是为了解该药可能之疗效,亦即临床药理研究以确定药的用途、短期毒性,无反应者(nonresponder),及可能的药物相互作用(drug interaction)。

ⅲ. 第三阶段(Phase 3):对象是多数的病患,人数在数百人或上千人,此阶段的试验(ulticenter trials)进行。这一阶段的试验,可找出适当的疗效剂量(optimal dose range),可与安慰剂(placebo)比较或与有效对照剂(active rdference drug)比较,大都需以双盲试验(double-blind test)进行,且较长期服药的副作用、不良作用及与其他药物相互作用等,都可在此阶段中发现。此第三阶段是整个新药试验主要的试验,因此试验的设计应与 FDA 协商,通常是在第二阶段完成以后,征求 FDA 的咨询(end of phase3 meeting)。

③ NDA 申请时应具备下列条件。

ⅰ. 申请信函(cover letter)一份,必须说明申请理由、药物的用途、所附资料内容,并指出临床或非临床方面值得注意的结果。

ⅱ. 申请内容目录(index)一份,必须清楚易懂,以利审核。

ⅲ. 摘要(summary)一份,说明该药物所有的安全性及有效性(safety and effectiveness)。

ⅳ. 化学部分(制造及品质),所提供之有关资料应包括下列各项。

a. 阐明以下信息:

- 药的本质(drug substance)

- 药的产品(drug product)

- 安慰剂(placebo)

- 药品标示(labeling)

- 环境影响评估(environmental analysis)

b. 详述以下项目:

- 药的认定(drug identity)

- 药的效力(drug potency)

- 药的品质(drug quality)

- 药的纯度(drug purity)
- 化学制造及质量管理方法之确定(methods validation package)
- 药品提示(labeling)

V. 非临床药理及毒理学资料,此一部分中的药理学资料因为不受优良实验室作业规范之管辖并与药的毒性无关,故较易撰写;毒理学方面的试验则需依照优良实验作业规范执行且项声明是否依该规范进行。毒理实验结果解释很可能因人而易,如有较特殊的发现,应请专家协助撰写特别评估报告。有关非临床毒性试验包括下列项目。

a. 急性毒性试验(acute toxicity studies)。

b. 亚急性毒性试验(subchronic toxicity studies)。

c. 长期毒性试验。

d. 致癌性试验(carcinogenicity studies)。

e. 致突发性试验(mutagenicity studies)。

f. 毒性研究试验(eproductive toxicity studies)。

g. 抗原性试验(antigenicity studies)。

h. 药物依赖性试验(dependence studies)。

i. 溶血性试验(hemdytic effect studies)。

j. 血液共容性试验(blood compatibility studies)。

k. 毒理动力学试验(toxicokinetic studies)。

(3) 新药之审评

① 新药试验申请(IND)之审评。这阶段的审核是针对第一次用于人体,或是第一次在美国作人体试验。IND 审评申请新药主要的依据来自动物药理及毒理实验结果,以及依据第一次人体试验的结果来判定是否有足够的药理实验及毒性试验资料,另外在化学方面则注重该新药是否具有稳定性(stability),是否渗有其他有害的杂物(impurities),或具不合规定的非有效成分(inactive ingredients)等。

毒性试验须注意在高剂量时可能产生的毒性,因此毒性试验结果发现有毒性是寻常的事,FDA 将依据该药物用药方式(剂量、投与时间、哪一类病患等)以评估该药物是否利多于弊,亦即了解其优点及其危险性。这种利与害之分析(benefit and risk analysis)是新药试验申请的关键。

如某些动物毒性实验在美国本土以外地区进行,而该试验并未遵循优良实验室作业规范(GLP)的手续,一般都会有麻烦并会受到反对。另申请时附有自美国本土以外完成的人体试验资料,一般可使此种新药试验申请较容易通过。

如果申请新药所提供之材料不足,或药物毒性太大,FDA 不同意该项申请案,一般的答复是要求暂缓执行人体试验(Clinical Hold),以便公司再补充相关实验或再提供必要的资料。

如果提供的材料过多,FDA 无法在 30 日内评估完成,一般也作暂缓执行的判定。此阶段之审评主要是由 FDA 的药理专家(pharmacologist)及化学专家(chemist)执行,而医学专家(medical office)花费时间较少。新药(IND/NDA)审评之结构虽然为数不多,但是也有新药试验申请被 FDA 否定的例子,究其原因是该新药毒性太大,具不回复性毒性(irreversible toxicity），或者化学方面的严重问题，譬如药物稳定性不够或不合格的成分。

② 新药上市许可申请（NDA）之审评。此阶段之审评一般由药理、化学、医学、统计、药物动力、细菌学等不同专业人员成立一审核小组审评，此项工作由消费者安全官（consumer safety officer）简称 CSO。

第一步是由消费者安全官检查所送资料是否完备，如果不全，很可能被拒绝送审。

第二步是由各专业人员审核撰写冗长的报告（supervisors）同意或修改，然后上达该药物审核科的科长（division director），转呈再上一级审核室主管（office director）。

第三步 FDA 召集咨询委员会（advisory committee），公开详细讨论实验结果及正反意见。依法令规定，整个 NDA 审核过程应于 180 天内完成，但事实上，因大部分新药上市许可申请之资料过多，且大部分都有问题，故往往无法在规定时间内审核完成。

在动物毒性试验方面，一般较注重药物对生殖系统不良的作用，以及致癌性的结果；美国 FDA 并无明文规定非进行致突变性（mumgenicity）的实验不可，然而，日本及欧洲均须进行该项实验。因此该局总有机会评估该药致突变性的可能，而且该部分可与致癌性试验一起评估。

最近对于致癌性试验结果之评判产生很多问题，包含食品与药物管理局本身审核人员所使用标准不一，因此 FDA 成立一新的咨询会称之为药物致癌性评估委员会（carcinogenicity assessment committee，CAC），该委员会由局内专业小主管、审核室特别助理（assistant director in pharmacology to the office director）以及联邦政府内可找到的专家共同评估。该委员会会议不对外公开，因此申请公司最好聘请专家提供完善之有关资料

临床试验方面的审核颇为费时，牵涉到统计学、试验计划以及人体药物动力学（human pharmacokinetics）的问题，这些问题应该经常与 FDA 保持连络，逐步准备，一一解决。

咨询委员会（Advisory Committee）的结论不具法律效力，但一般而言该局会接受该委员会之建议，很少有不同意的情形。因此咨询委员会的会议不能等闲视之。申请公司需请专家针对问题预做准备，当 NDA 审核结束，FDA 将发给申请公司一封核准信函（approvable letter）并说明所需补充之资料或手续，候该补充手续或资料，经 FDA 同意后，始可寄发新药上市许可核准书，而该公司得据以将该新药上市及销售。

（4）DMF 简介

药物档案，即 drug master file（DMF），是呈交 FDA 的存档待审资料，免费备案。

① 内容：包括有关在制造、加工、包装、储存、批发人用药品活动中所使用的生产设施、工艺流程、质量控制及其所用原料、包装材料等详细信息。

② 用途：用于一种或多种临床研究申请（IND）、创新药申请（NDA）、简化新药申请（ANDA）、出口申请、以及上述各种申请的修正和补充。DMF 还可以作为其他 DMF 的参阅性文件。

③ 提交 DMF 的目的：支持用户向 FDA 提交的各种药品申请，而同时又不愿将其化学和生产流程的保密资料抄报用户。

3. 欧洲药物管理 EDMF、COS、CTD 基本介绍

（1）EDMF 文件简介

欧洲药物管理档案（european drug master file，EDMF）是药品制剂的制造商为取得上市

许可而必须向注册当局提交的关于在制剂产品中所使用的原料药的基本情况的支持性技术文件。它的申请必须与使用该原料药的制剂的上市许可申请同时进行。当原料药物的生产厂家(the active substance manufacturer,ASM)不是药品制剂上市许可证的申请人时,也就是说当制剂生产厂家使用其他厂家生产的原料药物生产制剂时,为了保护原料药物的生产及质量管理等方面有价值的技术机密而由原料药物的生产厂家提交给欧洲官方机构的文件。分为公开部分和保密部分。与美国 FDA 的 DMF 涵概药品生产的全过程 CMC (chemistry,manufacturing and control)不同,欧洲 DMF 则主要强调第一个 C,即 chemistry。具体的说,EDMF 的主要内容是药物及其相关杂质的化学,包括化学结构及结构解析、化学性质、杂质及其限度、杂质检查等等。

(2) EDMF 的适用范围

EDMF 适用于以下三类原料药的申请:

① 仍由专利保护的新的原料药,并且这种原料药没有包括在欧洲药典或任何一个成员国的药典之中。

② 已过专利保护期的原料药,并且这种原料药没有包括在欧洲药典或任何一个成员国的药典之中。

③ 包括在欧洲药典或任何一个成员国的药典之中的原料药,当这种原料药使用一个可能留下药典专论没有提到的杂质并且药典专论不能足够控制其质量的方法生产时。EDMF 的变动和更新。

如果 EDMF 持有人需要对 EDMF 的公开部分和保密部分做出变动,则任何变动均要向主管当局或 EMEA 上报,并通知所有申请人。若仅是修改 EDMF 的保密部分,并且生产采用的质量标准和杂质范围均没有发生改变,修改信息只需提供给主管当局;如果需要修改 EDMF 的公开部分,此信息必须提供给其他申请人和使用此 EDMF 的药品上市许可证的持有人,所有涉及到的申请人将通过适当的变更程序修改他们的上市许可证申请文档。

EDMF 持有人应对 EDMF 文件在现行的生产工艺,质量控制,技术发展法规和科研要求方面保持内容更新。如果没有任何改变,在欧盟内使用此 EDMF 的第一个五年后,EDMF 持有人应正式声明 EDMF 文件的内容仍然是不变和适用的,并提交一份更新的申请人或制剂生产厂家的名单。

(3) EDMF 的递交程序

根据欧洲药物管理档案程序的要求,EDMF 只能在递交制剂药品上市许可证申请时递交,并且只有欧洲的制剂生产厂家及其授权的代表(如进口商)才能递交 EDMF。

递交的 EDMF 应包括两个部分:

① EDMF 的申请人部分(即公开部分)。

② 原料药生产厂家(ASM)的限制部分(即保密部分)。

两个部分要分开递交,因为药品上市许可证的申请人是不可以看到 EDMF 保密部分的。其中 EDMF 的公开部分和保密部分组成的一个完整副本由原料药生产厂家直接寄给欧洲的相关的评审机构。公开部分的一个副本由原料药生产厂家提前寄给申请人,并由申请人将此部分包括在上市许可证的申请文件中。因此,EDMF 程序仅适用于当原料药的生产厂家(ASM)不是药品上市许可证申请人的情况。

如果欧洲的药品评审机构经验证,证明递交的 EDMF 申请文件是真实有效的,则给予药品上市许可证的申请人一个 EDMF 登记号(reference No.)。这样我们作为原料药的生产厂家,就可以将我们的原料药产品出口到欧洲,用于该制剂厂家的药品生产。

(4) EDMF 的评估

当 EDMF 文件被提交后,欧洲各国的主管当局或欧洲药物评审局(european agency for the evaluation of medicinal product,EMEA)会对 EDMF 的公开部分和保密部分进行评估并提问。对 EDMF 公开部分的提问会写进整个评估报告并转给申请人,对 EDMF 保密部分的提问则被包含在评估报告的保密附件内直接转给 EDMF 持有人(EDMF Holders),但主管当局或 EMEA 会将上述情况连同所提问题的性质通知申请人。申请人负责 EDMF 持有人及时解答这些问题。一旦因为这些针对保密部分的提问和解答使得公开部分内容发生变动,EDMF 持有人将有责任向申请人提供更新的公开部分的文件,并由申请人提供给评审机构。

(5) COS 认证介绍

COS(certificate of suitability)认证指的是欧洲药典适用性认证,目的是考察欧洲药典是否能够有效地控制进口药品的质量,这是中国的原料药合法地被欧盟的最终用户使用的另一种注册方式。这种注册途径的优点是不依赖于最终用户,可以由原料药生产厂商独立地提出申请。中国的原料药生产厂商可以向欧盟药品质量指导委员会(EDQM)提交产品的 COS 认证文件(COS Dossier),申请 CEP 证书,同时生产厂商必须要承诺产品生产的质量管理严格遵循 GMP 标准,在文件审查和可能的现场考察通过之后,EDQM 会向原料药品的生产厂商颁发 COS 认证。

1999 年,在 EDQM 制订的 COS 认证指南中提出:原料药生产企业在 COS 认证的申请文件中必须附加两封承诺信,一封信承诺其申报的原料药是按照国际 GMP 规范(ICH Q7A)进行生产的,另一封信要求承诺同意欧洲 GMP 检查机构的官员进行现场检查。自 2000 年开始中国部分 COS 认证的申请厂家受到了来自欧洲的 GMP 检查,并且检查的频率正在逐年提高。

随着美国、欧盟和日本三方在药品注册程序和法规上的相互协调,欧盟在进口的原料药注册中逐步接近美国 FDA 的偏重现场 GMP 检查的办法,今后有可能对每一家提出 COS 认证的生产厂家进行现场的 GMP 检查。COS 认证过程对企业是有积极意义的,会使企业的 GMP 管理达到国际水平,而且随着美、欧、日三方协调的进一步发展,通过欧盟的 GMP 检查和 COS 认证最终有可能直接进入美国和日本市场,至少会使美国 FDA 的注册变得更为容易。

因此,尽管目前 EDQM 还没有对 COS 认证的申请人全部进行 GMP 检查,但中国的原料药生产厂家在提出 COS 认证申请的同时,应当为欧盟 GMP 检查做好充分的准备。如果企业认为自己的 GMP 管理水平已经十分完善,甚至应当主动请求 EDQM 来做 GMP 现场检查,以取得欧洲 GMP 检查的认可。国外的制药企业主动请求 GMP 检查机构来做现场检查是很常见的。

欧盟 GMP 现场检查的依据是国际原料药 GMP 指导规范(ICH Q7A),此规范是 ICH 指导委员会推荐欧洲共同体、日本和美国的药政部门共同采取的原料药生产的 GMP 标准。欧洲委员会于 2001 年 7 月 18 日发布公告,对于制药过程中的活性物质的 GMP 执行 ICH

Q7A标准,并且纳入了欧盟GMP标准(Eudralex Volume 4)的附件18之中。

(6) EDMF登记和COS证书的比较

EDMF和COS证书都是原料药进入欧洲市场有效而必需的支持性材料,二者都是用于证明制剂产品中所使用的原料药质量的文件以便支持使用该原料药的制剂产品在欧洲的上市申请(MAA)。它们之间究竟有什么不同呢?

首先,评审方式不同。EDMF是由单个国家的机构评审的,是作为制剂上市许可申请文件的一部分而与整个制剂的上市许可的申请文件一起进行评审的。针对不同的制剂,不同的评审机构有不同的侧重,因而会对文件有不同的要求,提出不同的问题。无论原料药物用于哪个制剂的生产,也无论该EDMF是否已进行过登记,都要进行重新评审,因而对我们这些原料药的生产厂家来说是多次申请登记,要花费更多的时间和精力。而COS申请文件是由有关当局组成的专家委员会集中评审的,评审结果将决定是否发给COS证书。一个原料药一旦取得COS证书,就可以用于欧洲药典委员会的31个成员国内的所有制剂生产厂家的制剂生产。

其次,针对的情况不同。EDMF与使用该原料药的制剂药物的上市许可申请(MAA)不可分离,必须由使用该原料药的欧洲终端用户申请;而COS证书则是直接将证书颁发给原料药的生产厂家,因此可由原料药生产厂家独立申请,并不需要现成的中间商和终端用户,因而生产厂家在申请过程中更加主动。

第三,适用的范围不同。EDMF程序适用于所有的原料药品,只要是原料药,无论是否已收载入欧洲药典,都可以通过EDMF文件的方式进入欧洲市场,而COS证书只能处理欧洲药典已收载的物质,当然不仅是原料药,也包括生产制剂所用的辅料,我国的药用辅料也可以申请COS证书。

第四,所要求提供的资料不同。例如EDMF文件必须包括药物的稳定性研究资料,而COS证书的申请文件并不强求这些资料。

第五,申请的结果不同。申请COS证书的结果是直接颁发给原料药的生产厂家一个证书,只要将这个证书的复印件提供给欧洲方面的中间商或终端用户,对方就可以购买我们的原料药,而EDMF文件登记的结果是只告诉制剂生产厂家一个EDMF文件的登记号,欧洲评审机构不会将这个登记号告诉原料药的生产厂家,原料药的生产厂家只能从负责申请登记的欧洲药品制剂的生产厂家那儿查询这个登记号。

(7) CTD文件简介

随着由美国、欧盟和日本三方发起的国际协调会议(international conference of harmonization,ICH)的进程,在上述三个地区对于在人用药申请注册的技术要求方面已经取得了相当大的协调统一,但直到目前为止,各国对于注册申请文件仍然没有一个统一的格式。每个国家对于提交的技术报告的组织及文件中总结和表格的制作都有自己的要求。在日本,申请人必须准备一个概要来介绍技术方面的信息;在欧洲则必须提交专家报告和表格式的总结;而我们在第一期的介绍中了解到美国FDA对于新药申请的格式和内容也有自己的指南。为解决这些问题,ICH决定采用统一的格式来规范各个地区的注册申请,并在2003年7月起首先在欧洲实行。这就是我们下面要向大家介绍的常规技术文件(CTD)。

CTD文件是国际公认的文件编写格式,用来制作一个向药品注册机构递交的结构完善的注册申请文件,共由五个模块组成,模块 1 是地区特异性的,模块 2、3、4 和 5 在各个地区是统一的。

模块 1:行政信息和法规信息　本模块包括那些对各地区特殊的文件,例如申请表或在各地区被建议使用的标签,其内容和格式可以由每个地区的相关注册机构来指定。

模块 2:CTD 文件概述　本模块是对药物质量,非临床和临床实验方面内容的高度总结概括,必须由合格的和有经验的专家来担任文件编写工作。

模块 3:质量部分　文件提供药物在化学、制剂和生物学方面的内容。

模块 4:非临床研究报告　文件提供原料药和制剂在毒理学和药理学试验方面的内容。

模块 5:临床研究报告　文件提供制剂在临床试验方面的内容。

在提交 CTD 文件时,同样为了保护原料药生产厂家的技术机密而需要由申请人配合原料药生产厂家的负责人单独提交一份符合欧洲 CTD 格式的保密文件,以确保所有注册申请要求的相关资料直接提供给有关当局,这个保密文件包括模块 3 中关于生产工艺的详细描述,生产过程的质量控制,工艺验证和数据评价的内容。此外,还需要单独提供一个整体质量概述,其内容不在药品上市许可申请各部分内。整个保密文件必须符合 CTD 的格式要求。

(8) CTD 文件实行的意义

在国际药品注册申请的技术文件编写中采用统一的格式将会显著减少企业财力和物力的投入,缩短申请编写的时间,并且将简化电子递交的操作。这些标准化的文件还将有助于注册机构的评审并加强同申请人之间的交流。此外,在各注册机构之间注册资料的交换也将随之被简化。通过 CTD 所提供的资料将更加清晰和透明,以利于文件中基础数据的评审和帮助评审人快速定位所申请的内容。总之,在全球经济一体化的大背景下,采用协调一致的注册申请文件格式也是大势所趋。

如今应该说我国越来越多具有远见的企业已经开始为进入欧美市场在积极准备,同时也可喜的看到已经有一些企业通过注册申请的认证,率先取得了在欧美市场销售的合法资格,不仅在国际市场上树立了自己的品牌,而且获得了丰厚的利润回报。但是我们也看到许多企业,虽然有优质的产品和良好的发展商机,由于缺乏编写注册申请文件的经验以及与欧美注册机构沟通的有效手段,浪费了大量的时间和精力却始终无法顺利通过欧美药物评审机构的评审,白白把市场拱手让给他人。可以说药品的注册申请是一个技术性和专业性都非常强的工作,加之欧美对注册申请的评审又是非常严格,更加大了我们申请的难度。请专业的咨询公司帮助厂家制作申请文件,可以最大限度的保证厂家所提交文件的规范性,并且凭借专业公司同欧美注册机构的良好沟通来帮助厂家完善申请材料和生产管理。作为业界有经验和有信誉的专业公司,我们愿意竭诚提供我们优质的咨询服务,协助广大有志于进入欧美市场的原料药企业共同开拓国际市场。

(9) 有关术语介绍

ANDA:abbreviated new drug application,美国简略新药申请。是 FDA 规定的仿制药申请程序。

SM:start material,起始物料。起始物料通常标志着生产过程的开始。合成工艺原料药的起始物料是指构成原料药主要结构片断的一种原材料、中间体或者原料药;它可以是一种商品,也可以是内部生产的物质;起始物料一般具有明确的性质和结构。

　　BPR:British pharmacopoeia reference,英国药典对照品。

　　EPR:european pharmacopoeia reference,欧洲药典对照品。

　　COA:certificate of analysis,分析报告单。

　　food additive:食品添加剂。FDA 对食品添加剂的定义是指任何一种物质,它的预期的用途可以或被期望可以直接或间接地使这种物质成为某一食品中的成分或影响食品的特征。GRAS 物质及无渗移或极少渗移的食品接触性物质除外。

　　dietary supplement:饮食补充剂。美国 1994 年颁布的《饮食补充剂健康与教育法》(DSHEA)中,确立了饮食补充剂的定义。饮食补充剂是指含有“饮食成分”的口服产品。这些产品中所含有的“饮食成分”包括维生素、矿生物、草本或其他植物、氨基酸以及酶、器官组织、腺体和代谢物之类的物质。饮食补充剂也可以是萃取物或浓缩物,而且可以制成片剂、胶囊、软胶等多种形式。

本章参考文献

[1] 国家食品药品监督管理总局. 药品生产质量管理规范. 2010.

[2] 宋雪梅. 中国药政法规的演变与趋势. 中国医药技术经济与管理,2010,(1):70 - 72.

[3] 张珂良,汪丽,贾娜,等. 中国药品注册管理法规概况及最新进展. 中国医药技术经济与管理,2011,(2):78 - 81.

[4] 吕高辉,曹翊婕,任伟. 新版《药品注册管理办法》的主要特点. 中国药业,2008,17(8):11 - 12.

[5] 王东海. 解读新修订的《药品注册管理办法》. 中国产业经济动态,2007,(14):14 - 22.

[6] 于磊,田晓娟,李慧芬,等.《药品注册管理办法》主要修订内容简介. 首都医药,2007,14(09):12 - 13.

[7] 美国 ICH 指导委员会. 药品注册的国际技术要求(2009—2011). 北京:中国医药科技出版社,2012.